"十三五" 国家重点出版物出版规划项目
卓越工程能力培养与工程教育专业认证系列规划教材（电气工程及其自动化、自动化专业）

高电压工程

主　编　马爱清
副主编　赵　璐
参　编　段大鹏
主　审　江秀臣

U0185633

机 械 工 业 出 版 社

本书为"十三五"国家重点出版物出版规划项目——卓越工程能力培养与工程教育专业认证系列规划教材（电气工程及其自动化、自动化专业）之一，也是上海市一流课程"高电压技术"的配套教材。全书共分为8章，内容基本涵盖了高电压工程中的所有问题：高电压绝缘、高电压试验技术和电力系统过电压及防护等。本书力求内容精简，加强基础，突出适用性，兼顾不同水平读者的需求。

本书主要作为普通高等院校电气工程及其自动化专业本科学生学习高电压工程专业知识的教材，也可作为电气工程学科研究生和其他专业学生学习了解高电压技术基本知识的基础教材，同时还可供电力、电工以及其他领域从事高电压与绝缘技术相关工作的人员参考。

本书配有免费电子课件，欢迎选用本书作教材的老师登录 http://www.cmpedu.com 注册下载。本书每章后还提供了在线测试题，读者可扫描二维码进行在线测试。

图书在版编目（CIP）数据

高电压工程/马爱清主编.—北京：机械工业出版社，2020.7（2023.7 重印）
"十三五"国家重点出版物出版规划项目 卓越工程能力培养与工程教育专业认证系列规划教材. 电气工程及其自动化、自动化专业
ISBN 978-7-111-65930-3

Ⅰ.①高… Ⅱ.①马… Ⅲ.①高电压-高等学校-教材 Ⅳ.①TM8

中国版本图书馆 CIP 数据核字（2020）第 110541 号

机械工业出版社（北京市百万庄大街 22 号 邮政编码 100037）
策划编辑：王雅新 责任编辑：王雅新
责任校对：刘雅娜 封面设计：鞠 杨
责任印制：刘 媛
涿州市般润文化传播有限公司印刷
2023 年 7 月第 1 版第 4 次印刷
184mm×260mm · 13.5 印张 · 334 千字
标准书号：ISBN 978-7-111-65930-3
定价：39.00 元

电话服务 网络服务
客服电话：010-88361066 机 工 官 网：www.cmpbook.com
　　　　 010-88379833 机 工 官 博：weibo.com/cmp1952
　　　　 010-68326294 金 书 网：www.golden-book.com
封底无防伪标均为盗版 机工教育服务网：www.cmpedu.com

序

　　工程教育在我国高等教育中占有重要地位，高素质工程科技人才是支撑产业转型升级、实施国家重大发展战略的重要保障。当前，世界范围内新一轮科技革命和产业变革加速进行，以新技术、新业态、新产业、新模式为特点的新经济蓬勃发展，迫切需要培养、造就一大批多样化、创新型卓越工程科技人才。目前，我国高等工程教育规模世界第一。我国工科本科在校生约占我国本科在校生总数的1/3。近年来我国每年工科本科毕业生占世界总数的1/3以上。如何保证和提高高等工程教育质量，如何适应国家战略需求和企业需要，一直受到教育界、工程界和社会各方面的关注。多年以来，我国一直致力于提高高等教育的质量，组织实施了多项重大工程，包括卓越工程师教育培养计划（以下简称卓越计划）、工程教育专业认证和新工科建设等。

　　卓越计划的主要任务是探索建立高校与行业企业联合培养人才的新机制，创新工程教育人才培养模式，建设高水平工程教育教师队伍，扩大工程教育的对外开放。计划实施以来，各相关部门建立了协同育人机制。卓越计划要求试点专业要大力改革课程体系和教学形式，依据卓越计划培养标准，遵循工程的集成与创新特征，以强化工程实践能力、工程设计能力与工程创新能力为核心，重构课程体系和教学内容；加强跨专业、跨学科的复合型人才培养；着力推动基于问题的学习、基于项目的学习、基于案例的学习等多种研究性学习方法，加强学生创新能力训练，"真刀真枪"做毕业设计。卓越计划实施以来，培养了一批获得行业认可、具备很好的国际视野和创新能力、适应经济社会发展需要的各类型高质量人才，教育培养模式改革创新取得突破，教师队伍建设初见成效，为卓越计划的后续实施和最终目标达成奠定了坚实基础。各高校以卓越计划为突破口，逐渐形成各具特色的人才培养模式。

　　2016年6月2日，我国正式成为工程教育"华盛顿协议"第18个成员，标志着我国工程教育真正融入世界工程教育，人才培养质量开始与其他成员达到了实质等效，同时，也为以后我国参加国际工程师认证奠定了基础，为我国工程师走向世界创造了条件。专业认证把以学生为中心、以产出为导向和持续改进作为三大基本理念，与传统的内容驱动、重视投入的教育形成了鲜明对比，是一种教育范式的革新。通过专业认证，把先进的教育理念引入我国工程教育，有力地推动了我国工程教育专业教学改革，逐步引导我国高等工程教育实现从以教师为中心向以学生为中心转变、从以课程为导向向以产出为导向转变、从质量监控向持续改进转变。

　　在实施卓越计划和开展工程教育专业认证的过程中，许多高校的电气工程及其自动化、自动化专业结合自身的办学特色，引入先进的教育理念，在专业建设、人才培养模式、教学内容、教学方法、课程建设等方面积极开展教学改革，取得了较好的效果，建设了一大批优质课程。为了将这些优秀的教学改革经验和教学内容推广给广大高校，中国工程教育专业认证协会电子信息与电气工程类专业认证分委员会、教育部高等学校电气类专业教学指导委员会、教育部高等学校自动化类专业教学指导委员会、中国机械工业教育协会自动化学科教学委员会、中国机械工业教育协会电气工程及其自动化学科教学委员会联合组织规划了"卓越工程能力培养与工程教育专业认证系列规划教材（电气工程及其自动化、自动化专业）"。本套教材通过国家新闻出版广电总局的评审，入选了"十三五"国家重点图书。本套教材密切联系行业和市场需求，以学生工程能力培养为主线，以教育培养优秀工程师为目标，突出学生工程理念、工程思维和工程能力的培养。本套教材在广泛吸纳相关学校在"卓越工程师教育培养计划"实施和工程教育专业认证过程中的经验和成果的基础上，针对目前同类教材存在的内容滞后、与工程脱节等问题，紧密结合工程应用和行业企业需求，突出实际工程案例，强化学生工程能力的教育培养，积极进行教材内容、结构、体系和展现形式的改革。

经过全体教材编审委员会委员和编者的努力，本套教材陆续跟读者见面了。由于时间紧迫，各校相关专业教学改革推进的程度不同，本套教材还存在许多问题，希望各位老师对本套教材多提宝贵意见，以使教材内容不断完善提高。也希望通过本套教材在高校的推广使用，促进我国高等工程教育教学质量的提高，为实现高等教育的内涵式发展积极贡献一份力量。

卓越工程能力培养与工程教育专业认证系列规划教材
（电气工程及其自动化、自动化专业）
编审委员会

前　言

高等教育的专业工程认证，可以促进我国工程专业教育体系与国际接轨，提高人才培养质量，使其具备国际化视角。卓越工程师教育培养计划注重培养和提高工科专业学生的工程能力。本书即为实现卓越工程师人才培养计划与工程教育专业认证的深度融合而编写的。

在党的二十大报告提出的积极稳妥推进碳达峰碳中和，深入推进能源革命，加快规划建设新型能源体系目标指引下，大力发展特高压输电是促进能源消纳的有力手段。"高电压技术"是电气工程及其自动化专业的一门专业基础课。从事强电工作的工程技术人员需要具备高电压技术的基本知识，并需要经常运用高电压知识解决工程实际问题。本书的主要读者对象是电气工程及其自动化专业本科生和从事高电压工作的工程技术人员。

本书在编写过程中，基本沿袭了传统的体系，同时参考了许多国内外相关教材和资料，并采用了最新的国际标准和国家标准，在着重于基本概念和基本原理的同时，也注意和生产实际相结合，内容深入浅出，以便于自学和教学。同时力求做到概念清楚，数据正确，能反映高电压工程的发展。本书在课后习题中设置了选择题及简答题，便于学生对基本概念的梳理和巩固。

马爱清担任本书主编，主持制定编写大纲并对全书进行统稿和把关，主要负责编写绪论及第1~4章，并进行全书的内容协调与补充和文字修改；赵璐编写第5~8章；国网北京电力科学研究院段大鹏高工（教授级）对第4章试验内容及工程实际提供了宝贵的资料并辅助马爱清编写；硕士研究生秦波等人参加了部分图表的绘制工作。本书是在编者多年来讲授"高电压技术"相关课程的经验基础上完成的，同时参考了国内相关的教材和专著，在此谨向这些参考文献的作者深致谢意。

本书由上海交通大学江秀臣教授负责主审。江教授为提高书稿质量付出了大量精力，提出了许多宝贵的建议，谨在此表示衷心感谢。

由于编者的水平有限，书中难免存在不妥和疏漏之处，恳请读者批评指正。

编　者

目　　录

绪　　论

　　高电压技术是 20 世纪初为实现高压输电而形成的一门电力工程的分支学科,主要研究高压输变电过程中涉及的绝缘、试验以及过电压等工程技术。随着电力工业的发展,高电压、大功率、远距离电能输送促进了高电压工程与技术的发展。而能源分布和负荷需求的极不平衡,促使输电由超高压(Extra HV)进入了特高压(Ultra HV)的新时代,我国已率先建成并投运了直流 ±800kV、±1100kV 和交流 1000kV 特高压输电工程,形成了西电东送、南北互供、全国联网的主干网架,装机容量和年发电量在世界各国中遥遥领先。

　　高电压是针对某种极端条件下电磁现象的相对物理概念,在电压数值上尚无确定的划分界限,国际上,一般将电压在 1kV 以上、220kV 以下的电压等级称为高压(HV);交流 330 ~ 765kV、直流 ±620kV 以上, ±750kV 以下电压等级称为超高压;交流 1000kV 及以上、直流 ±750kV 及以上称为特高压。我国超高压电网是指交流 330kV、500kV、750kV 电网和直流 ±500kV 输电系统;特高压电网是指交流 1000kV 电网和直流 ±800kV、±1100kV 输电系统。

　　随着电能应用的日益广泛,电力系统所覆盖的范围越来越大,输电电压等级也越来越高。电压等级的提高带来了输电线路的电晕放电现象、过电压的防护和限制以及静电场、电磁场对环境的影响等工程问题,解决这些问题以及相应各种高电压装置的研制又促进了高电压技术的进步。例如,为了适应大城市电力负荷增长的需要,以及克服城市架空输电线路走廊用地的困难,地下高压电缆输电发展迅速,由 220kV、275kV、345kV 发展到 400kV、500kV 电缆线路,而为了进一步提高输送容量,2004 年超导电缆也开始进入示范运行阶段;为减少变电站占地面积和保护城市环境,气体绝缘全封闭组合电器(Gas Insulated Switchgear, GIS)得到越来越广泛的应用。为提高输送能力,电压等级不断提高,新疆准东(昌吉)到安徽宣城(古泉)的 ±1100kV 特高压直流输电工程于 2019 年正式投运。这是世界上首个电压等级最高、输送容量最大、输电距离最长、技术水平最高的直流输电工程。作为华东特高压交流环网合环运行的关键工程,世界上电压等级最高、输送容量最大、技术水平最高的超长距离 1000kV 苏通 GIL(Gas Insulated Line, GIL)综合管廊工程于 2019 年正式投运。所有这些输电工程的发展,也会提出许多高电压与绝缘技术的新问题,这就需要对各类绝缘介质的特性及其放电机理进行深入的研究。设备额定电压和容量的提高,使得对绝缘材料和绝缘结构的研究,以及对绝缘参数的测试技术成为很重要的研究内容。为研究各种绝缘材料的电气性能,就必须使用各种高电压和大电流发生装置以及对应的测试技术,高电压试验技术就成为高电压工程领域的重要研究手段。除了高电压设备之外,还面临着电力系统过电压等工程课题,特别是随着输电电压等级的进一步提高,内部过电压已成为决定绝缘水平的主要因素。因此,研究电力系统中过电压产生的机理及限制措施,研究新型的限制过电压的方法和设备,已成为建设超高压及特高压电力系统所面临的重要课题。

　　图 0-1 描述了高电压技术永恒的研究主题:"电气设备绝缘"与"过电压"这对矛盾的统一体。一方面,要求尽可能提高绝缘的抗电强度,如采用各种新技术、新材料、新工艺

等；另一方面，要求尽可能将绝缘所要承受的过电压限制在绝缘强度以内，如采用各种措施限制过电压和采用各种新型过电压保护装置，由此使高电压技术领域的研究内容变得十分宽阔和极为丰富。

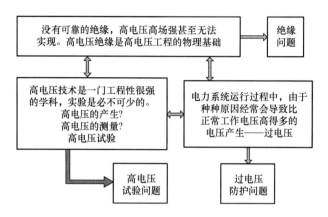

图 0-1　高电压工程研究内容之间的联系

由此可见，高电压工程是以试验研究为基础的应用技术，其基本任务是：研究在高电压作用下各种绝缘介质的性能和不同类型的放电现象，高电压设备的绝缘结构设计，高电压试验和测量的设备及方法，电力系统的过电压、高电压或大电流产生的强电场、强磁场或电磁波对环境的影响和防护措施，以及高电压在其他领域的应用等。其特点为：

1）实验性强。影响绝缘介质在高电压下的性能的因素很多，且相互间又互相影响，在某些特定条件下所得出的结论具有较大的局限性，因此，有必要通过实验研究得到反映事件本质的普遍性规律。高电压与绝缘领域不少现象至今不能用理论解释，只能通过实验研究。

2）理论性强。高电压与绝缘技术涉及的理论知识包括电磁场理论、电介质物理、等离子体物理学、气体动力学、基础热力学和材料学等，知识面广。例如，气体放电和击穿过程复杂，影响因素众多，要研究透彻需要很多理论知识。

3）交叉性强。高电压与绝缘技术在吸收其他学科，如材料科学、计算机技术和核能技术的最新研究成果，促进自身不断发展的同时，也不断地向其他学科渗透并成为新兴学科的理论和技术基础。如利用电子计算机计算电力系统的暂态过程和变电站的波过程；采用激光技术进行高电压下大电流的测量；采用光纤技术进行高电压的传递和测量；采用信息技术进行数据处理用于绝缘在线监测等。

随着研究的深入，高电压工程在其他领域的应用也越来越广泛。

1）在新能源发展中，受控核聚变、太阳能发电、风力发电以及燃料电池等新能源技术要得到飞跃发展，依赖于高电压技术范畴的大能量脉冲电源技术、等离子控制技术等关键技术必须取得突破性进展。

2）在环保领域中，采用高压窄脉冲电晕放电处理烟气脱硫、脱硝、除尘，汽车尾气处理以及污水处理。通过高压脉冲产生的高浓度臭氧和大量活性自由基，能有效地消毒杀菌。

3）在生物医学领域中，静电场或脉冲电磁场对于促进骨折愈合效果明显。适当的电磁场环境能促进骨细胞生长，一些大型的医疗诊断仪器或治疗仪器上，高电压技术是其核心技术。

4）在材料领域中，等离子聚合所形成的薄膜具有机械强度高、耐热好、耐化学侵蚀等优点。介电常数非常大的等离子聚合膜可用于集成电路芯片制造，电导率高的等离子聚合膜可作为防静电的绝缘保护膜，通过低温等离子体技术研制新型的半导体材料。

5）在军事领域中，生产轨道炮等新型武器，舰艇供电系统与电子系统的电磁兼容问题。

6）在交通运输领域中，电气化铁路的发展需要高压输电系统的安全稳定运行。

显然，电力工业的发展离不开高电压工程，电气工程类专业的学生在进入电力行业后，也必然会面对高电压工程方面的诸多生产实际问题。因此，希望学生通过本课程的学习，掌握高电压绝缘的基础理论知识；学会测试电气设备绝缘特性的基本原理和方法；弄清楚高电压发生装置及测量设备的工作原理；熟悉过电压产生的机理和防护措施。这些内容都将为今后从事高电压工程相关生产实际工作提供良好的理论与技术基础。

第 **1** 章
电介质的基本电气特性

电介质是用作隔离不同电位导体的绝缘材料。按其物质形态，可分为气体电介质、液体电介质和固体电介质。气体电介质中使用最多的是空气，例如架空输电线路各相导线之间、导线与大地之间和导线与杆塔之间，都是利用空气作为绝缘介质。应用得最多的液体电介质是变压器油，用于变压器绕组和绕组之间、绕组和外壳之间的绝缘。最常见的固体电介质有绝缘纸、环氧树脂、玻璃纤维板、云母、电瓷、硅橡胶及塑料等。固体电介质不仅用作绝缘，同时还能起到支撑带电导体的作用。不过在实际绝缘结构中，所采用的多是由几种电介质联合构成的组合绝缘，气体和固体联合组成的多用于电气设备的外绝缘，例如输电线路中的空气和绝缘子串；固体和液体电介质联合组成的多用于电气设备的内绝缘，例如油浸纸绝缘。

一切电介质的绝缘性能都是有限的，超过某种限度，就会很快或逐步丧失其原有的绝缘性能。

在电场的作用下，电介质的物理特性主要表现在：

1）弱电场作用下，主要是极化、电导和损耗，此时，电介质仍然具有绝缘性能。

2）强电场作用下，主要是击穿，此时电介质已经突变为导体。

另外，电气设备在长期运行中会发生一系列物理和化学变化，致使其电气、机械及其他性能逐渐劣化，这是电介质的老化。

1.1 电介质的极化、电导和损耗

一切电介质在弱电场的作用下都会出现极化、电导和损耗等电气物理现象。不过气体电介质的极化、电导和损耗都很小，一般忽略不计，而液体和固体电介质的比较大。

1.1.1 电介质的极化

1. 极化的定义及介电常数

实测两个结构、尺寸完全一致的电容器，在极间放不同的电介质，电容量不同。以图 1-1

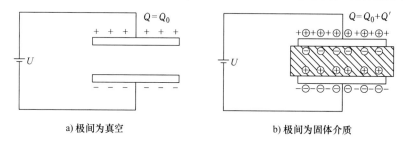

a) 极间为真空   b) 极间为固体介质

图 1-1　电介质的极化现象

所示的最简单的平行电容器为例，当两端加相同的电压时，电荷量由图1-1a中的Q_0增加到图1-1b中的$Q_0 + Q'$，这种现象是由极化造成的。在电场作用下，电介质的正、负电荷沿电场方向产生了位移，形成电矩，使电介质表面出现了束缚电荷，该束缚电荷与极板上的电荷异号。由于外施电压不变，为保持电场强度不变，必须从电源再吸收一部分电荷Q'到极板上，所以极板上的电荷增多，造成电容量增大。这种沿电场方向的电介质两表面呈现电极性（或出现束缚电荷）的过程，称之为极化。

真空时的介电常数为ε_0（其值为$8.85 \times 10^{-14}\text{F/cm}$），其电容量为

$$C_0 = \frac{Q_0}{U} = \frac{\varepsilon_0 A}{d} \tag{1-1}$$

式中，A为极板面积（cm^2）；d为极间距离（cm）。

固体介质的介电常数为ε，其电容量将增大为

$$C = \frac{Q_0 + Q'}{U} = \frac{\varepsilon A}{d} \tag{1-2}$$

介质的相对介电常数ε_r为

$$\varepsilon_r = \frac{C}{C_0} = \frac{Q_0 + Q'}{Q_0} = \frac{\varepsilon}{\varepsilon_0} \tag{1-3}$$

用介电常数ε_r的大小来表示电介质极化的强弱程度。它与该电介质分子的极性强弱有关，还会受到温度、外加电场频率等因素的影响。具有极性分子的电介质称为极性电介质，由中性分子构成的电介质称为中性电介质。

表1-1列出了一些常用电介质在工频（50Hz）电压20℃时的ε_r值。气体电介质的间距很大、密度很小，ε_r接近于1；而液体、固体电介质的ε_r大多在2~6之间。

表1-1 常用电介质的ε_r值

材料类别		名　称	相对介电常数ε_r（工频，20℃）
气体电介质（标准大气条件）		空气	1.00058
液体电介质	弱极性	变压器油 硅有机液体	2.2~2.5 2.2~2.8
	极性	蓖麻油 氯化联苯	4.5 4.6~5.2
	强极性	丙酮 酒精 水	22 33 81
固体电介质	中性或 弱极性	石蜡 聚丙烯 聚苯乙烯 聚四氟乙烯 松香 沥青	2.0~2.5 2.2 2.5~2.6 2.0~2.2 2.5~2.6 2.6~2.7
	极性	纤维素 胶木 聚氯乙烯	6.5 4.5 5~6
	离子性	云母 电瓷	5~7 5.5~6.5

工程实际中选择电容器的绝缘材料时，为了使单位电容的体积减小和重量减轻，常常选用 ε_r 大的电介质。但其他电气设备的绝缘结构设计中，为了减小通过绝缘的电容电流及由极化引起的发热损耗，则不宜选择 ε_r 太大的电介质。例如，采用 ε_r 较小的绝缘材料可以减小电缆的充电电流、提高套管的沿面放电电压等。

组合绝缘时，利用不同 ε_r 的电介质组合来改善绝缘中的电场分布，使之尽可能趋于均匀，这是由于在交流和冲击电压作用下，串联的多层电介质中的电场强度分布与各层电介质的 ε_r 成反比。比如，在采用多层不同绝缘材料的电缆绝缘中，由于电场沿径向分布不均匀，靠近电缆芯处的电场最强，远离芯线处较弱，为优化电场分布，应选择内层绝缘的 ε_r 大于外层绝缘的 ε_r。

电介质受潮或脏污后，其 ε_r 将会变大，ε_r 对温度及频率的变化会呈现一定的规律，工程上常利用这些规律来判断材料的受潮和脏污程度，从而决定设备能否投运。

2. 极化的基本形式

不同电介质分子结构的不同，极化过程所表现的形式也不同。电介质极化的基本类型包括电子式极化、离子式极化、偶极子式极化和夹层极化。

（1）电子式极化

外电场作用下，介质原子中的电子运动轨道相对于原子核发生弹性位移，出现偶极距，如图1-2所示。这种由电子轨道位移所形成的极化称为电子式极化。

电子式极化具有这样的特点：① 完成极化所需时间极短，约 10^{-15} s，不受外电场频率的影响；② 原子核的位移是弹性位移，外电场消失，介质恢复中性。这种极化不产生能量损耗；③ 受温度的影响不大，只是在温度升高时，电介质体积略有膨胀，单位体积内的分子数减少，ε_r 稍有减小。

（2）离子式极化

对于离子式固体化合物，分子结构如图1-3所示，正负离子对称排列，平均偶极距为零。出现电场后，正负离子将发生方向相反的偏移，使平均偶极距不为零。这种由正、负离子相对位移所形成的极化称为离子式极化。

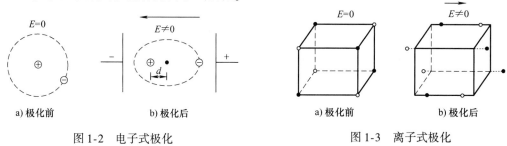

图1-2　电子式极化　　　　　图1-3　离子式极化

●—正离子　○—负离子

离子式极化具有这样的特点：① 所需时间也很短，约 10^{-13} s；② 属于弹性极化，外电场消失后即恢复原状，几乎无损耗；③ 一般随着温度的升高 ε_r 增大。这是由于温度升高，离子间结合力减小，极化增强；而另一方面，温度升高，离子密度减小也会使极化程度减弱，但前者影响比较大。

（3）偶极子式极化

极性分子的正、负电荷作用中心永不重合，具有固定的电距，每个分子就是一个偶极

子，这种具有偶极子的电介
质称为极性电介
质。当没有外电场作用时，偶极子杂乱无序
排列，宏观电距等于零。出现电场后，偶极
子都将沿电场方向转动，规则排列，显示出
极性，如图 1-4 所示。

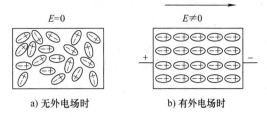

图 1-4　偶极子式极化

　　偶极子式极化具有这样的特点：① 所需
时间较长，约 $10^{-10} \sim 10^{-2}$ s；极化与电源频
率有关，频率太高时偶极子转向跟不上电场
方向的改变，极化减弱，ε_r 变小；② 因为偶极子转向要克服分子间作用力，偶极子极化是
非弹性的，会消耗一定的能量；③ 温度对 ε_r 有较大影响，温度升高时，分子热运动加剧，
极化减弱。对气体而言，ε_r 有负的温度系数；对固体或液体而言，ε_r 随温度的升高先增大后
减小，因为温度太低时分子间联系紧密，转向比较困难，ε_r 很小。

　　（4）夹层极化（属于空间电荷极化）

　　很多绝缘结构中电介质都是层式结构，电介质中可能存在晶格缺陷，带电粒子在电场作
用下，可能被晶格俘获，或在两层界面上堆积，造成电荷在介质空间新的分布，这种由空间
电荷的移动造成的极化称为空间电荷极化。

　　夹层极化是最明显的空间电荷极化。高压电气设备的绝缘结构常采用几种不同电介质构
成组合绝缘。即便是采用单一电介质，由于电介质不可能完全均匀和同质，例如可能含有杂
质等。由不同介电常数电介质组成的绝缘结构，在外施电压时，各电介质在电场作用下都要
发生极化。各部分电压将从开始时按介电常数分布逐渐过渡到稳态时按电导率分布。在电压
重新分配的过程中，夹层界面上会集聚起一些电荷，界面处呈现出极性。这种使夹层电介质
分界面上出现电荷积聚的过程叫做夹层极化。

　　图 1-5 是直流电压 U 作用下双层电
介质的极化模型，设两层电介质的介电
常数分别为 ε_1、ε_2，厚度分别为 d_1、
d_2，电导分别为 G_1、G_2，电容分别为
C_1、C_2，分配到的电压分别是 U_1、U_2。

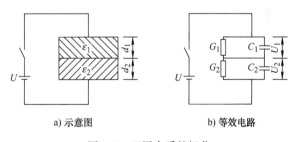

图 1-5　双层介质的极化

　　开关闭合的初瞬间（$t = 0$），频率
趋于无穷大，起分压作用的是电容，两
层电介质上的电压分配将与电容成反
比，即 $U_1/U_2 = C_2/C_1$，电压分配按电容反比分压；到达稳定的时候（$t \to \infty$），起分压作用
的主要是电导，电压分配将按电导反比分压，即 $U_1/U_2 = G_2/G_1$。一般情况下，$C_2/C_1 \neq G_2/G_1$，可见有一个电压重新分配的过程，亦即 C_1、C_2 上的电荷要重新分配。

　　夹层极化是通过介质的电导完成的，高压绝缘电介质的电导很小，极化过程很慢，只有
在直流或低频电压下才有意义。

　　空间电荷极化（含夹层极化）的特点是：① 极化进行的很缓慢，从几十分之一秒到几
分钟甚至更长；② 极化过程需要消耗能量；③ 极化在频率较低的电场中存在，在高频下空
间电荷来不及移动，没有这种极化现象。

3. 极化的等效电路及各种形式极化特点

在高电压技术研究中，有时需要定性分析极化这一过程，无损极化（电子式极化和离子式极化）所需极化时间极短，这种过程可以用一个纯电容 C_0 来等效。有损极化（偶极子极化和夹层极化）所需时间较长，这种过程可以用一个电阻 r_a 和一个纯电容 C_a 相串联来等效，具体电路参见表 1-2，同时为了便于比较，表 1-2 也将各种极化及其特点列入。

表 1-2　电介质极化种类及比较

极化种类	产生场合	所需时间	能量损耗	产生原因	等效电路
电子式极化	任何电介质	约 10^{-15} s	无	束缚电子运行轨道偏移	C_0 ⊣⊢
离子式极化	离子式结构电介质	约 10^{-13} s	几乎没有	离子的相对偏移	
偶极子式极化	极性电介质	$10^{-10} \sim 10^{-2}$ s	有	偶极子的定向排列	r_a C_a
夹层极化	多层介质的交界面	10^{-1} s ~ 数小时	有	自由电荷的移动	

1.1.2　电介质的电导

任何电介质都不可能是理想的绝缘体，都不同程度地存在导电性，对于导体而言，电阻较小，可用电阻值作为其参数，而电介质的电阻较大，不易反映电介质的特性，因此用电导作为其参数，电导是电阻的倒数。

表征电介质电导的物理量是电导率 γ（或电阻率 $\rho = 1/\gamma$）。电介质电阻率很大，只有很小的泄漏电流（一般以 μA 计）流过电介质，对应的电阻（一般以 MΩ 计，即 $10^6 \Omega$）很大，称为绝缘电阻。绝缘电阻的大小取决于绝缘介质的电阻率、尺寸大小、温度等因素。而泄漏电流的大小除了与上述因素有关之外，还与施加电压的高低有关。气体电介质在正常情况下的电导过程是极其微弱的，常忽略不计。液、固体电介质的电导过程则不能忽略，而且受各种因素影响很大。

1. 电介质电导的特性

电介质电导可分为离子电导和电子电导，由于电介质中自由电子数极少，电子电导一般都比较弱，主要是离子电导，这与金属导体的电导主要是电子电导有本质的区别。若介质出现可观的电子电导，说明介质已被击穿。离子电导又可分为本征离子电导和杂质离子电导，中性或弱极性电介质中主要是杂质离子电导，纯净的中性电介质中电导率很小，而极性电介质中本征离子比较多，电导率就比较大。

液体电介质中还有一种电泳电导，其载流子是带电分子团，通常是乳化状态的胶体粒子（例如绝缘油中的悬浮胶粒）或细小水珠，它们吸附电荷后变成了带电粒子。工程上使用的液体电介质会含有一些固体杂质（纤维、灰尘等）、液体杂质（水分等）和气体杂质（氮气、氧气等），它们往往是弱电场下液体介质中载流子的主要来源。当温度升高时，分子离解度增大，液体介质中离子数增多，电导增大。

固体和液体电介质的电导率 γ 与温度 T 的关系可近似用下式表示：

$$\gamma = A e^{-\frac{B}{T}} \tag{1-4}$$

式中，A 和 B 为常数，与介质特性有关；T 为热力学温度（K）。

固体电介质除了通过电介质内部的电导电流之外，还有沿介质表面流过的电导电流。由电介质内部电导电流所决定的电阻称为体积电阻。由表面电导电流决定的电阻称为表面电阻。气体和液体电介质只有体积电阻。固体电介质表面电导与表面所吸附的水分和污秽有关，测量固体电阻时一定要排除表面电导的影响，采取烘干、清污等措施。

2. 电介质在直流电压作用下的吸收现象

一固体电介质加上直流电压 U，如图1-6a 所示。然后观察开关 S_1 合上之后流过介质电流 i 的变化情况。可以观察到电路中的电流从大到小随时间衰减，最终稳定于某一数值，此现象就称为"吸收"现象。将此电流画成曲线如图1-6b 所示。电流 i 的曲线也称为吸收曲线。这里的"吸收"是比较形象的说法，好像有一部分电流被介质吸收掉似的，以致于电流慢慢减小。

根据电介质在电压作用下发生的极化和电导过程，就可以解释为什么会出现"吸收"现象。在直流电压作用下，电介质的并联等效电路如图1-7所示。显然，流过电介质的电流 i 由三个分量组成，即 $i = i_a + i_c + i_g$，其中，无损极化电流 i_c，它存在时间极短，很快衰减至零；有损极化（夹层极化和偶极子式极化）电流 i_a，随时间衰减，被称为吸收电流；电导电流 i_g，流过电介质绝缘电阻的纯阻性电流，不随时间变化，称为泄漏电流。将上述三个电流 i_c、i_a、i_g 在每个时刻叠加起来就得到流过介质的电流 i，此电流是可以用微安（μA）表直接测量出来的。

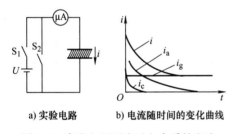

a) 实验电路　　b) 电流随时间的变化曲线

图1-6　直流电压下流过电介质的电流

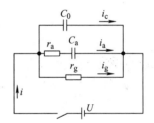

图1-7　电介质并联等效电路

在工程中常利用吸收现象，通过测绝缘介质的吸收比来判断绝缘是否良好，吸收比 K 定义为加上直流电压后15s 和60s 时的绝缘电阻值之比，即

$$K = R_{60s}/R_{15s} \tag{1-5}$$

也可表示成

$$K = i_{15s}/i_{60s} \tag{1-6}$$

若绝缘良好，i_g 很小，i 衰减很多后才达到稳定值 i_g，这样 i_{15s} 和 i_{60s} 比值相差较大（一般 $K \geqslant 1.3$），而若绝缘裂化、受潮或有缺陷，则 i_g 较大，i 衰减不多就达到稳定值，这样，i_{15s}/i_{60s} 就接近于1，因此绝缘试验中可以根据吸收比 K 的大小来判断绝缘性能的好坏。

i 的衰减主要与吸收电流 i_a 有关，i_a 衰减的快慢程度取决于电介质的材料及结构因素，普通设备的绝缘，一般60s 就衰减至零，但大的设备（如大型变压器、发电机）可达10min，因此，对于等效电容量大的设备绝缘，工程上通过测量极化指数 PI 来反映绝缘性能的良好与否，即

$$PI = R_{10min}/R_{1min} \tag{1-7}$$

式中，R_{10min} 为加电压10min 测得的绝缘电阻；R_{1min} 为加电压1min 测得的绝缘电阻。

对良好的绝缘，一般 $PI\geqslant1.5$，当绝缘受潮或劣化时，PI 接近等于1。

3. 电介质电导的工程意义

在绝缘预防性试验中，通过测量绝缘电阻和泄漏电流来反映绝缘的电导特性，以判断绝缘是否受潮或存在其他劣化现象。在测试过程中应消除或减小表面电导对测量结果的影响，同时还要注意测量时的温度。

对于串联多层电介质的绝缘结构，在直流电压下的稳态电压分布与各层介质的电导成反比。因此设计用于直流的设备绝缘时要注意所用电介质的电导率的搭配，一般尽可能使材料得到合理使用，同时电介质的电导随着温度的升高而增加，这对正确使用和分析绝缘状况有指导意义。

表面电阻对绝缘电阻的影响使人们注意到如何合理地利用表面电阻。当为了减小表面泄漏电流时，应设法提高表面电阻，如对表面进行清洁、干燥处理或涂敷憎水性涂料等。当为了减小某部分的电场强度时，则需要减小这部分的表面电阻，如在高压套管法兰附近涂半导体釉、在高压电机定子绕组露出槽口的部分涂半导体漆等，都是为了减小该处的电场强度，以消除电晕。

1.1.3　电介质的损耗

电介质损耗主要包含由电导引起的损耗和某些有损极化（例如偶极子极化、夹层极化等）引起的损耗，总称为介质损耗。

在直流电压作用下，电介质中没有周期性的极化过程，只要没有局部放电，介质中的损耗仅由电导引起，电导率或电阻率已能表征电介质的损耗特性。在交流电压作用下，除了电导损耗外还存在由于周期性反复进行的极化而引起的不可忽略的极化损耗，需要引入介质损耗的概念及新的物理量来描述电介质的损耗特性。

1. 介质损耗角正切 $\tan\delta$

电介质两端施加交流电压时，其并联等效电路也可由图 1-7 化简得到，可表示为电阻和电容两个元件并联或串联的等效电路，分别如图 1-8 和图 1-9 所示。

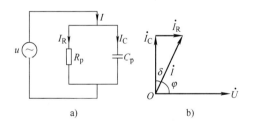

图 1-8　电介质的并联等效电路及相量图

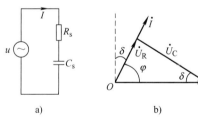

图 1-9　电介质的串联等效电路及相量图

如图 1-8a 所示，在交流电压下，流过电介质的电流 I 包含有功分量 I_R 和无功分量 I_C。图 1-8b 所示的向量图中，电流与电压的夹角 φ 为功率因数角，其余角 δ 为介质损耗角，是容性电流与总电流的夹角 δ，其正切 $\tan\delta$ 称为介质损耗因数，常用百分数（%）表示。

$$\tan\delta=\frac{I_R}{I_C}=\frac{U/R_p}{U\omega C_p}=\frac{1}{\omega C_p R_p} \tag{1-8}$$

电介质消耗的功率为

$$P = UI\cos\varphi = UI_R = UI_C\tan\delta = U^2\omega C_p\tan\delta \qquad (1-9)$$

从式(1-9)可见,介质损耗功率 P 与外施电压 U 的二次方成正比,与电源角频率 ω、电容 C_p 及介质损耗角正切 $\tan\delta$ 也均成正比关系。

因为 P 值与试验电压、试品大小等因素有关,不同试品间难以比较。而介质损耗角正切 $\tan\delta$ 则是一个仅取决于材料损耗特性,而与其他因素无关的物理量。通常用它来表征介质损耗的强弱程度,其值越大,说明这种材料的介质损耗越大。

测量各种电气设备绝缘的 $\tan\delta$ 值已成为绝缘预防试验的重要项目之一。表1-3列出了一些常用绝缘材料的 $\tan\delta$ 值。

表1-3　一些常用材料的 $\tan\delta$ 值（工频，20℃）

电介质	$\tan\delta$（%）	电介质	$\tan\delta$（%）
变压器油	0.05 ~ 0.5	聚乙烯	0.01 ~ 0.02
蓖麻油	1 ~ 3	交联聚乙烯	0.02 ~ 0.05
沥青云母带	0.2 ~ 1	聚苯乙烯	0.01 ~ 0.03
电瓷	2 ~ 5	聚四氟乙烯	<0.02
油浸电缆纸	0.5 ~ 8	聚氯乙烯	5 ~ 10
环氧树脂	0.2 ~ 1	酚醛树脂	1 ~ 10

有损电介质也可用一个理想的无损等效电容 C_s 和电阻 R_s 相串联的电路来等效,如图1-9所示。

由图1-9b中相量图可得

$$\tan\delta = U_R/U_C = IR_s/(I/\omega C_s) = \omega C_s R_s \qquad (1-10)$$

$$P = I^2 R_s = \frac{U^2\omega^2 C_s^2 R_s}{1 + (\omega C_s R_s)^2} = \frac{U^2\omega C_s\tan\delta}{(1 + \tan^2\delta)} \qquad (1-11)$$

对比式(1-9)和式(1-11),同一种电介质用不同的等效电路表示时,其功率不变,因此可以得到电容量的关系表达式,如式(1-12)所示,串联电路和并联电路的电容量是不相同的。

$$C_p = \frac{C_s}{(1 + \tan^2\delta)} \qquad (1-12)$$

所以,在进行 $\tan\delta$ 测量时,设备的电容量计算公式与采用的等效电路有一定关系。由表1-3可知,绝缘电介质的 $\tan\delta$ 一般都很小,$1 + \tan^2\delta \approx 1$,故 $C_p \approx C_s$。此时介质损耗在两种电路中都可以用同一公式表示,即 $P = U^2\omega C\tan\delta$。

一般情况下,如果损耗主要是由电导引起的,选用并联等效电路;如果损耗主要是由极化及连接导线的电阻引起,则采用串联等效电路;如果计算多种介质损耗,则应根据计算是否方便,灵活选用。

2. 电介质的损耗特性

气体分子距离大,极化过程中不会引起损耗,当外电场还不足以引起局部放电时,气体中的电导损耗很小,工程中可以不用考虑,主要关心液体和固体电介质的损耗特性,影响介质损耗的主要因素是温度、频率和电压等。

（1）与温度的关系

中性或弱极性液体介质极化损耗很小（无偶极子式极化）,主要由电导损耗引起,由于电导率随温度的升高按指数规律升高，因此其损耗也随温度的升高按指数规律升高。

极性液体电介质中除了电导损耗，还存在着极化损耗，极性电介质中损耗与温度的关系如图 1-10 所示。当温度较小时，损耗比较小，随着温度的升高，黏度减小，偶极子极化强，电导损耗也随温度指数增大，总的损耗增加。到 t_1 时，温度再升高，分子热运动加强，极化反而减弱，极化损耗的减少超过了电导损耗的增加，到 t_2 时达到最小，之后随着温度的增加，电导损耗急剧增加，总的损耗也开始增加。

（2）与频率的关系

图 1-11 为极性液体电介质损耗 $\tan\delta$ 与外加电源频率 f 的关系。

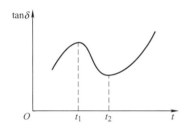

图 1-10　极性电介质损耗 $\tan\delta$ 与温度关系　　图 1-11　极性液体电介质损耗 $\tan\delta$ 与频率关系

当电源频率较低时，尽管偶极子极化充分发展，但偶极子单位时间内转向次数不多，因此损耗也不大；若频率减小到很小，由于此时电容电流减小，因此损耗略有增大。随着频率的增大，偶极子极化转向速度加快，介质损耗增大，$\tan\delta$ 随频率升高也会增大；当频率增大到 f_0 时损耗最大，频率继续增加，由于偶极子质量的惯性及相互间的摩擦作用，使其来不及随电压极性的改变而转向，极化程度减弱，介质损耗也减小到很小，此时 $\tan\delta$ 随频率升高而减小。

对于固体电介质，由玻璃、石英材料的实验结果表明，极性固体电介质的 $\tan\delta$ 随频率的升高而增大，其他许多工程材料也有此特性，对此已有的极化理论尚未能给出有说服力的解释。

（3）与电压的关系

电压对 $\tan\delta$ 的影响主要表现为电场强度对 $\tan\delta$ 值的影响。当电场强度较低时，介质的损耗仅有电导损耗和一定的极化损耗，处于某一较为稳定的数值。当电场强度达到某一临界值后，会使介质中产生局部放电，损耗急剧增加。

（4）与湿度的关系

湿度较大的环境下，电介质吸湿会导致电介质的电导增大，泄露电流增加，从而导致介质损耗的增加。

3. $\tan\delta$ 的工程意义

在进行绝缘结构设计时，必须注意绝缘材料的 $\tan\delta$ 值，如果过大会引起严重发热，将使材料容易劣化，甚至可能导致热不平衡发生热击穿，因此要尽可能选择 $\tan\delta$ 较小的材料。另外，用于冲击测量的信号传输电缆，其绝缘的 $\tan\delta$ 必须很小，否则冲击波在电缆中传播时波形将发生严重畸变，影响测量精确度。

作为绝缘材料，一般希望其 $\tan\delta$ 值小，但介质损耗引起的电介质发热有时也可以利用，例如电瓷泥坯的阴干需要较长时间，如果在泥坯两端加上适当的交流电压，则可利用介质损耗发热来加速干燥过程。

在绝缘预防性试验中，$\tan\delta$ 值是一个基本的测试项目。当绝缘受潮或恶化时，$\tan\delta$ 会急剧增大，因此通过监测 $\tan\delta$ 值并进行对比，可判断绝缘的状况以便及时发现问题。通过测量 $\tan\delta$ 与电压的关系曲线，可判断绝缘内部是否发生了局部放电。

1.2 电介质的击穿和老化

1.2.1 电介质的击穿

电介质在强电场的作用下，即当电介质中的电场强度增大到某个临界值时，流过电介质的电流就会急剧增大，说明此时电介质已失去绝缘性能而成为导体，电介质由绝缘状态突变为良好导电状态的过程称为击穿（Breakdown）。发生击穿时的临界电场强度（kV/cm）称为击穿场强或绝缘强度，发生击穿时的临界电压称为击穿电压（kV）。

电介质的击穿场强（或击穿电压）值与电介质的材料有关，固体电介质和液体电介质的电气强度一般都比空气的电气强度高得多，其用作内绝缘可以大大减小电气设备的结构尺寸，因此被广泛用作电气设备的内绝缘和绝缘支撑等。固体电介质和液体电介质与气体电介质的电气特性有很大不同。首先，固体及液体的有机介质在运行过程中会逐渐发生老化，从而影响绝缘的电气强度和寿命；其次，固体电介质一旦发生击穿即对绝缘造成不可逆转的永久性破坏，故称其为非自恢复绝缘，而气体、液体电介质击穿后则只引起绝缘性能的暂时失去，击穿后撤去电压，其绝缘性能能够自行恢复，例如 SF_6 断路器灭弧室内的 SF_6 气体，在断路器分闸引起的电弧熄灭后，能自行恢复原来的绝缘性能；最后，固体电介质和液体电介质的击穿机理与气体电介质也不同。目前人们对固体和液体电介质击穿过程的理解不如气体的那么清楚，但也提出了几种不同的击穿机理。在第二章将分别介绍气体、液体和固体电介质的击穿过程。

1.2.2 电介质的老化

液体、固体电介质有一个不同于气体电介质的特点，就是在运行（即受电压作用）过程中会逐渐出现老化，使它们的物理、化学性能及各种电气参数发生改变，从而影响电气绝缘强度和绝缘寿命。促使绝缘老化的原因很多，主要有电、热、机械力、光、辐射的作用，此外还有臭氧、酸、碱、潮湿、微生物、霉菌等因素的作用，这些因素往往同时存在、彼此影响、相互加强，使老化过程加速。

1. 电老化

电老化是由电介质内部的局部放电引起的。在强电场作用下，液、固体电介质存在气泡、气隙等缺陷时易发生局部放电，这种局部放电并不会形成贯穿性放电通道，但在持续电压的作用下局部放电逐渐发展，最后导致电介质击穿。

各种绝缘材料局部放电的性能有很大差别。

云母、玻璃纤维等无机材料有很好的耐局部放电能力，在旋转电机等无法采用绝缘油的场合，想要完全消除绝缘中的局部放电是不可能的，所以这时应该采用云母等作为绝缘材料，同时其黏合剂和浸渍剂也应采用耐局部放电性能优良的树脂。

有机高分子聚合物等绝缘材料的耐局部放电性能就比较差了，因此，它们的长时击穿场强要比短时击穿场强低很多，所以在采用这一类绝缘材料时，应该在设计时把工作场强选得比局部放电起始场强低，以保证设备有足够长的寿命。

绝缘油的电老化主要因局部放电引起油温升高而导致油的裂解和产生出一系列微量气体。此外，油中的局部放电还可能产生聚合蜡状物，它附着在固体介质的表面上而影响散热，加速介质的热老化。

2. 热老化

热老化是指电介质在受热作用下所发生的劣化。固体电介质的热老化过程为热裂解、氧化裂解、交联以及低分子挥发物的逸出，主要表现为机械强度变低（如失去弹性、变脆）以及电性能变差。液体电介质的热老化为介质在热作用下的氧化，而氧化所需的氧气为油箱中残留的空气，或者油中纤维因热分解产生的氧气。绝缘油氧化后，酸价升高，颜色加深，黏度增大，绝缘性能降低。

热老化的进程与电介质工作温度有关，温度越高，电介质的热老化速率越高，寿命越短。耐热性是绝缘材料的一个十分重要的性能指标，工程实际中通常将固体和液体电介质按其耐热性划分为若干等级，每一级都有自己相应的最高允许工作温度，如表1-4所示。为了保证绝缘具有必要的较长寿命，运行温度要尽可能低于此最高允许工作温度。

表1-4　绝缘材料耐热等级

耐热等级	最高允许工作温度/℃	绝缘材料
Y（O）	90	木材、纸、纸板、棉纤维、天然丝；聚乙烯、聚氯乙烯；天然橡胶
A	105	油性树脂漆及其漆包线；矿物油和浸入其中或经其浸渍的纤维材料
E	120	酚醛树脂塑料；胶纸板、胶布板、聚酯薄膜、聚乙烯醇缩甲醛漆
B	130	沥青油漆制成的云母带、玻璃漆布、玻璃胶布板；聚酯漆；环氧树脂
F	155	聚酯亚胺漆及其漆包线；改性硅有机漆及其云母制品和玻璃漆布
H	180	聚酰胺亚胺漆及其漆包线；硅有机漆及其制品；硅橡胶及其玻璃布
C	>180	聚酰胺亚胺漆及薄膜；云母；陶瓷、玻璃及其纤维；聚四氟乙烯

表1-4列出了国际电工委员会规定的耐热等级划分。当工作温度超过表中所规定的温度时，绝缘材料将迅速劣化，寿命大大缩短。对于A、E级绝缘，在最高允许工作温度下持续运行的寿命约为10年。若运行温度低于此最高允许温度，绝缘寿命会大大延长，一般能安全运行20~25年。反之，若工作温度超过表1-4中规定的最高允许值，绝缘将加速老化，绝缘寿命缩短。对A级绝缘，每增加8℃，寿命便缩短一半左右，这通常称为热老化的8℃规则。其他级别的绝缘，也有类似的规则，例如B级和H级绝缘，则当温度每升高10℃与12℃，寿命也将缩短一半左右。对于液体电介质绝缘，温度的影响也很大，例如变压器油，当温度低于60~70℃时，油的氧化作用很小，而在此温度之上，温度每增加10℃，油的氧化速度加快约一倍。

此外，空气中氧气及水分、电场、机械负荷等因素对热老化也有影响。当存在水分或空气时，热老化过程加速。

3. 其他老化

1）机械老化：机械应力对绝缘老化的速度有很大的影响。例如电机绝缘在制造过程中可能多次受到机械力的作用，在运行过程中又长期受到电动力和机械振动的作用，它们会加速绝缘的老化、缩短电机的寿命。

机械应力过大时还可能使固体电介质内部产生裂缝或气隙而导致局部放电。例如瓷绝缘子的老化往往与机械应力有明显的关系，通常悬式绝缘子串中最易损坏的元件是靠近横担的那一片，而该片绝缘子在串中分到的电压并不高，不过受到的机械负荷是最大的。

2）环境老化：环境条件对绝缘的老化也有明显的影响，例如紫外线的照射会使包括变压器油在内的一些绝缘材料加速老化，有些绝缘材料不宜用于日晒雨淋的户外条件。对在湿热地区应用的绝缘材料还应注意其抗生物（如霉菌、昆虫等）作用的性能。对于有机绝缘电介质，特别是暴露在户外大气中的固体有机绝缘，环境老化是主要因素之一。

思考题与习题

1. 解释绝缘电阻、吸收比、泄漏电流、$\tan\delta$ 的基本概念。为什么可以用这些参数表征绝缘介质的特性？

2. 为什么一些电容量较大的设备如电容器、电力电缆等经过直流高压试验后，要用接地棒将其两极间短路放电长达 $5\sim10min$？

3. 试比较气体、液体、固体电介质的击穿场强大小及绝缘恢复特性。

4. 何谓电介质的吸收现象？用电介质极化、电导过程的等效电路说明出现此现象的原因。为什么可以说绝缘电阻是电介质上所加直流电压与流过电介质的稳定体积泄漏电流之比？

5. 介质损耗为电介质的功率损耗，为何不用损耗功率 P 而要用 $\tan\delta$ 来表征电介质在交流电压下的损耗特性？为何电源中存在较严重高次谐波时容易引起电气设备绝缘老化加快？

6. 简述电介质电导与金属电导的区别。

7. 下列双层电介质串联，在交流电源下工作时，哪一种电介质承受的场强较大？哪一种电介质比较容易击穿？

（1）固体电介质和薄层空气串联　　（2）纸和油层串联

8. 什么叫热老化的8℃规则？

9. 何谓绝缘材料的耐热等级？降低电气设备工作温度有何意义？

10. 一双层介质绝缘结构的电缆，第一层（内层）和第二层（外层）介质的电容和电阻分别为：$C_1 = 4000pF$、$R_1 = 1500M\Omega$；$C_2 = 3000pF$、$R_2 = 1000M\Omega$。当加 50kV 直流电压时，试求：

（1）当 $t=0$ 合闸初瞬，C_1、C_2 上各有多少电荷？

（2）当 $t=\infty$ 时，流过绝缘介质的电导电流各为多少？这时 C_1、C_2 上各有多少电荷？

11. 变压器绝缘普遍受潮以后，绕组绝缘电阻、吸收比和极化指数（　　）。

（a）均变小　　　　（b）均变大　　　（c）不变　　　　　（d）变得不稳定

12. 电介质的电导率随温度升高而（　　）。

（a）按一定规律增大　　（b）呈线性减小　　（c）按指数规律减小　（d）不变化

13. 对电介质施加直流电压时，由电介质的弹性极化所决定的电流称为（　　）。

（a）泄漏电流　　　　（b）电导电流　　　（c）吸收电流　　　　（d）电容电流

14. 对电介质施加直流电压时，由电介质的电导所决定的电流称为（　　）。

（a）泄漏电流　　　　（b）电容电流　　　（c）吸收电流　　　　（d）位移电流

15. 电气设备外绝缘形成的电容，在高电压作用下的能量损耗是（　　）。

（a）无功功率损耗　　（b）磁场能损耗　　（c）电场能交换损耗　（d）介质损耗

16. 衡量电介质损耗的大小用（　　）表示。

（a）相对电介质　　　　（b）电介质电导　　　　（c）电介质极化　　　　（d）介质损耗角正切

17. 以下哪种因素与 $\tan\delta$ 无关（　　）。

（a）温度　　　　（b）外加电压　　　　（c）湿度　　　　（d）电压的频率

18. 变压器油浸纸及纸板属（　　）绝缘材料。

（a）H 级　　　　（b）C 级　　　　（c）A 级　　　　（d）F 级

19. 下面的电介质中，介电常数最小的是（　　）。

（a）空气　　　　（b）聚乙烯　　　　（c）酒精　　　　（d）变压器油

20. 选择制造电缆的绝缘材料时，希望材料的相对介电系数（　　）；选择电容器的绝缘时，希望材料的相对介电系数（　　）。

（a）大、小　　　　（b）小、大　　　　（c）大、大　　　　（d）小、小

第1章自测题

第2章
电介质的击穿特性

2.1 气体放电与带电粒子

2.1.1 气体放电

处于正常状态并隔绝各种外游离因素作用的气体是完全不导电的。由于受到宇宙射线以及来自地球内部辐射线的作用，通常气体电介质如空气中总存在极少量带电粒子（约每立方米 500～1000 对正、负带电粒子），即使如此，弱电场作用下，因带电粒子极少而电导极小，所以气体电介质是良好的绝缘介质。

强电场作用下，气体由良好的绝缘状态突变为良好的导电状态，气体电介质被击穿，在击穿过程中可观察到各种形式的放电现象，因此气体电介质的击穿也称为气体放电。根据电源容量、电极形状、气体压力等的不同，气体间隙放电有以下几种形式：

1）辉光放电。当气体压力低、电源容量小时，放电表现为充满整个气体间隙两电极之间的空间辉光，这种放电形式称为辉光放电。霓虹灯管中的放电就属于辉光放电。辉光放电时的电流密度较小。

2）火花放电。在大气压力或更高气压下，电源容量不大时放电表现为从一电极向对面电极伸展的火花而不再是充满整个间隙空间，这种放电形式称为火花放电。火花放电常常会瞬时熄灭，接着又突然出现。开关触头分离时常出现火花放电。

3）电晕放电。不均匀电场中，在曲率半径很小的电极附近会出现紫蓝色的放电晕光，并发出"嗤嗤"的噪声，这种放电形式称为电晕放电。若不继续提高电压，则这种放电就局限在较小范围内，间隙中的大部分气体尚未失去绝缘性能。电晕放电时的电流很小。高压输电线表面出现的气体放电就是电晕放电。

4）电弧放电。在大气压力下，当电源容量足够大时，气体发生火花放电之后便立即发展至对面电极，出现非常明亮的连续电弧，这种放电形式称为电弧放电。电弧放电可持续的时间长，甚至外加电压降至比起始放电电压还低时仍能维持。电弧放电时的电流很大，电弧中的温度很高。

2.1.2 气体中带电粒子的产生和消失

1. 带电粒子的产生

正常情况下，电子总是尽量先填满离原子核较近的轨道，而让外层轨道空着，这样势能最小。气体原子在外界因素（电场、高温等）的作用下获得外加能量，这时气体原子核外的电子将从离原子核较近的轨道跃迁到较远的轨道上去，这种现象称为激励，产生激励所需要的能量等于两轨道能级的差值。激励状态存在的时间很短（$10^{-8} \sim 10^{-7}$ s 数量级），然后就自发地迅速恢复到正常状态。原子由激励态恢复到正常状态时，所吸收的能量以辐射能（光子）的形式放出。

若原子获得的能量足够大，可以摆脱原子核的约束而成为自由电子，这时原来中性的原子发生游离（也称电离），分解成自由电子和正离子。游离是激励的极限状态，使基本状态原子或分子中结合最松弛的那个电子游离出来所需要的最小能量称为游离能 W_i。

按照引起游离所需要的能量不同，游离主要可分为光游离、热游离、碰撞游离三种空间游离以及表面游离。

（1）光游离

频率为 ν 的光子能量为 $W = h\nu$，h 为普朗克常数，产生光游离的条件为

$$h\nu \geqslant W_i \tag{2-1}$$

将 $\nu = c/\lambda$ 带入式(2-1)，所以 $\lambda \leqslant hc/W_i$。可见，要使气体发生游离，波长必须有一定的限制。各种可见光都不能使气体直接发生光游离，紫外线也只能使少数集中金属蒸气发生光游离。高能辐射线才能使气体发生游离。

值得注意的是，在气体光游离的过程中，光子不止来源于外界辐射光，也可来源于气体放电本身。

（2）热游离

在常温下，气体分子发生热游离的概率极小。只有在温度超过 10000K 时，才考虑热游离。而在温度达到 20000K 时，几乎全部空气分子都已处于热游离状态。

（3）碰撞游离

在电场中获得加速的电子在和气体分子的碰撞过程中，把自己的动能转给分子而引起碰撞游离。电荷量为 q 的电子在电场强度为 E 的电场中移过 x 的距离后所获得的动能为 qEx，引起碰撞游离的条件为

$$qEx \geqslant W_i \tag{2-2}$$

电子为造成碰撞游离必须飞越的距离 $x_i = W_i/(qE) = U_i/E$，其中 U_i 为气体的游离电位，数值上等于以 eV 为单位的 W_i。碰撞游离是气体中产生带电粒子的最重要方式。而且碰撞游离主要是由电子完成的，在分析气体放电发展过程时，往往只考虑电子引起的碰撞游离。

（4）表面游离

电子从金属表面逸出需要一定的能量，称为逸出功。并且金属的逸出功要比气体分子的游离能小得多，因此金属表面游离比气体空间游离更容易发生，阴极表面游离在气体放电过程中起着相当重要的作用。

与以上三种空间游离不同的是，表面游离只产生电子，没有正离子出现。阴极表面游离主要有以下几种形式。

1）正离子冲击阴极表面。正离子在电场中向阴极运动，碰撞阴极时引起阴极表面的电子从金属表面逸出。

2）光电子发射。用高能辐射线照射阴极，只要光子的能量大于金属的逸出功，就会引起光电子发射，紫外线就可引起光电子发射。

3）热电子发射。金属中的电子在高温下获得足够的动能而从金属表面逸出。

4）强场发射。也称冷发射，在阴极表面附近空间施加很强的电场，使阴极发射电子。一般常态气隙的击穿过程完全不受强场发射的影响，强场发射对高真空下的气隙击穿或对某些高电气强度气体在高气压下的击穿有重要意义。

2. 带电粒子的消失

气体中发生放电时，除了有不断形成带电粒子的游离过程，同时还存在着相反的过程，即带电粒子的消失过程，也叫去游离过程。带电粒子的运动、扩散、复合以及电子的附着效应都属于去游离过程。

1）带电粒子的定向运动。在电场驱动下定向运动，到达电极时，消失于电极，形成电流。

2）带电粒子的扩散。因扩散现象而逸出气体放电空间。

3）带电粒子的复合。也即气体中带异号电荷的粒子相遇时，发生电荷的中和而成为中性粒子的过程。电子与正离子之间的复合称为电子复合，正离子与负离子之间的复合称为离子复合，这两种复合形式都会以光子的形式放出多余能量，光电子可以导致气体分子的游离，使气体放电出现跳跃式的发展。

4）附着效应。电子与气体分子碰撞时，可能引起游离，也可能电子与中性分子结合而形成负离子，这种过程称为附着。某些气体分子对电子具有亲和性，它们与电子结合成负离子时会放出能量，亲和能为正，称为电负性气体。而另一些气体要与电子结合必须吸收能量。负离子的形成使自由电子数目减少，对气体放电的发展起抑制作用。SF_6 是一种强电负性气体，很容易附着电子，抑制气体放电的发展，其电气强度远大于一般气体。

2.2　均匀电场中气隙的击穿特性

气体放电的过程与规律因气体的种类、气压和气体间隙中电场均匀程度的不同而不同，但都是从电子碰撞游离开始，并发展形成电子崩，这是气体放电的最基本阶段。

2.2.1　自持放电和非自持放电

图 2-1a 中放置在空气中的平行板电极，不考虑电极板的边缘效应，极间电场是均匀的。当在两电极间加上从零起逐渐升高的直流电压时，间隙中的电流 I 与极间电压 U 的关系，即均匀电场中气体间隙的伏安特性如图 2-1b 所示。

在 Oa 段电流随电压升高而升高，在外部电源（天然辐射或人工紫外线光源）的照射下，两电极间施加电压后，回路中出现了电流；在 ab 段电流趋于稳定，此时由外游离因素产生的带电粒子全部落入电极。由于外游离因素产生的带电粒子数很少（每 $1cm^3$ 空气中有 3×10^{19} 个气体分子，而正、负离子仅有 $500 \sim 1000$ 对），因此饱和电流密度极小（约 $10^{-19} A/cm^2$）。此时气体间隙仍处于良好绝缘状态。在 bc 段电流又

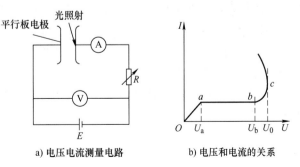

a) 电压电流测量电路　　　b) 电压和电流的关系

图 2-1　空气间隙电压电流测量电路及关系曲线

随电压而增加，这说明出现了新的游离因素，这就是电子的碰撞游离。

外施电压小于 U_0 时，间隙电流极小，取消外游离因素，电流也将消失，这类放电称非自持放电。电压达到 U_0 后，气体发生了强烈游离，且气体中的游离过程可只靠电场的作用自行维持，而不再需要光照射等外游离因素，因此 U_0（c 点）以后的放电就是自持放电。曲线上 c 点就是非自持放电和自持放电的分界点。U_0 就是该平板间隙的击穿电压。

2.2.2 汤逊理论和巴申定律

20 世纪初，汤逊（J. S. Townsend）根据在均匀电场、低气压、短间隙条件下（$Ps < 26\text{kPa·cm}$）的大量实验结果，提出了比较系统的放电理论和电流、电压计算公式，解释了整个间隙的放电过程和击穿条件。

1. 初始自由电子发展形成电子崩（α 过程）

当外加电场强度不能在气隙中产生碰撞游离时，气隙中的电流是由外界游离因素引起的电子和离子所形成的，其数量极少，故电流也很小，只能看作是微小的泄漏电流。假设外游离因素先使阴极表面出现一个自由电子，此电子随着气隙场强的增大，加速获得足够动能时产生碰撞游离，出现一个正离子和两个自由电子（初始电子和新产生电子）。两个自由电子在电场中运动又造成新的碰撞游离，电子数又变成四个。游离出的电子和离子在电场驱动下又参加到碰撞游离过程中，四个变为八个……于是电子数在游离过程中就像雪崩似的增长起来，称为电子崩，其形成如图 2-2a 所示。

电子崩的带电粒子分布如图 2-2b 所示。由于电子的迁移率比正离子大两个数量级，所以电子总是跑在崩头部分，正离子则相对很缓慢向阴极移动。

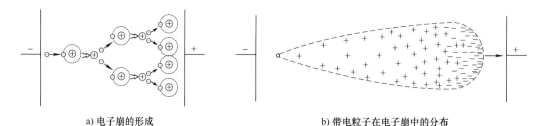

a) 电子崩的形成　　　　　　　　b) 带电粒子在电子崩中的分布

图 2-2　电子崩形成及其带电粒子示意图

电子崩的发展过程也称作 α 过程。α 是电子碰撞游离系数，它表示一个电子沿电场方向运动 1cm 行程中所完成的碰撞游离次数的平均值。在图 2-3 所示的均匀电场中，间隙距离为 s，设在外界游离因素作用下，每秒钟使阴极表面发射出来的初始电子数为 n_0，这 n_0 个电子在向阳极运动并不断产生碰撞游离，经过距离 x 后，电子数已经增加到 n，这 n 个电子再经过 $\mathrm{d}x$ 距离，又会产生出 $\mathrm{d}n$ 个新电子。则有 $\mathrm{d}n = \alpha n \mathrm{d}x$，对 x 积分，可以得到

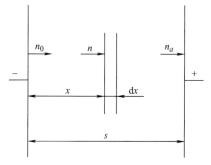

$$\int_{n_0}^{n} \frac{1}{n}\mathrm{d}n = \int_0^x \alpha \mathrm{d}x \qquad (2-3)$$

由于在均匀电场中，α 值是不变的，由式(2-3)　图 2-3　均匀电场中的电子崩电子数计算

可知，电子数与电子行程的关系为

$$n = n_0 e^{\alpha x} \tag{2-4}$$

抵达阳极的电子数为

$$n_a = n_0 e^{\alpha s} \tag{2-5}$$

将式(2-5)两侧乘以电子的电荷 q_e，即可得到电子崩的电流关系式

$$I = n_0 q_e e^{\alpha s} = I_0 e^{\alpha s} \tag{2-6}$$

式中，I_0 为由外界游离因素所造成的饱和电流。

由式(2-6)可知，电子崩电流按指数规律随极间距离 s 增大，此时放电是依赖于外界游离因素（n_0 一旦为零，I 即变为零），还不能自持。

2. 自持放电条件（γ 过程）

由图 2-1b 可以看出，当外加电压达到 U_0 时，电流随电压的变化不再遵循式(2-6)的指数规律，而是更快速增加，可见此时又出现了促进自由电子增长的新因素，使得放电能够达到自持，实际上，这是由于正离子开始影响放电发展的原因。

在一次电子崩行程过程中，新增加的电子数为 $\Delta n = n_a - n_0 = n_0 (e^{\alpha s} - 1)$，同时产生的正离子个数也为 $n_0 (e^{\alpha s} - 1)$。这些正离子在电场作用下撞击阴极表面会产生表面游离。引入阴极表面游离系数 γ，设 γ 表示一个正离子撞击到阴极表面时产生出来的自由电子数目，则 $n_0 (e^{\alpha s} - 1)$ 个正离子到达阴极，将从阴极游离出 $\gamma n_0 (e^{\alpha s} - 1)$ 个电子，若 $\gamma n_0 (e^{\alpha s} - 1) \geq n_0$，即外界产生的初始电子完全可以由电子崩中正离子撞击阴极板导致表面游离的作用来提供，此时放电就不需要依靠外界游离因素的作用，可以自行维持下去。可见自持放电条件为

$$\gamma (e^{\alpha s} - 1) \geq 1 \tag{2-7}$$

即 $\alpha s \geq \ln (1 + 1/\gamma)$。

不均匀电场中，碰撞游离系数与各点的场强有很大关系，各处的 α 值不同，自持放电条件可以写成 $\gamma (e^{\int_0^s \alpha dx} - 1) \geq 1$。

低气压、短间隙情况下气体放电过程如图 2-4 所示。

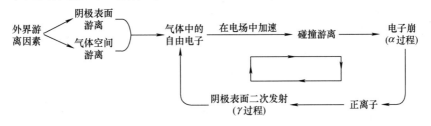

图 2-4 自持放电过程

放电由非自持转为自持时的电场强度为放电起始场强，相应的电压为放电起始电压。在较均匀电场中，它们就是气隙的击穿场强和击穿电压，而在不均匀电场中，游离过程仅仅存在于电场强度等于或大于放电起始场强的区域，即使放电可以自持，整个气隙未必击穿，放电起始电压低于击穿电压。不均匀电场中当电压达到自持放电起始电压时会出现电晕放电。

下面再来探讨一下自持放电条件下气隙的起始放电电压 U_0。

若电子与气体分子发生两次碰撞之间的平均自由行程为 λ，则它运动过 1cm 的距离内将

与气体分子发生 $1/\lambda$ 次碰撞，根据 2.1.2 节中碰撞游离的定义，只有电子碰撞前在电场方向运动了距离 x_i 时，才能积累到足够能量引起游离，而 λ 实际是一个随机量，具有很大的分散性，粒子的自由行程长度等于或大于某一距离 x_i 的概率为 $e^{-x_i/\lambda}$，所以它也是碰撞时能引起游离的概率。根据式(2-2)，再结合碰撞游离系数 α 的定义，则有

$$\alpha = \frac{e^{-x_i/\lambda}}{\lambda} = \frac{e^{-U_i/\lambda E}}{\lambda} \tag{2-8}$$

当温度 T 越高、气压 P 越低时，电子的平均自由行程长度越大，即 $\lambda \propto T/P$。

当气体温度不变时，式(2-8) 可改写为

$$\alpha = AP e^{-BP/E} \tag{2-9}$$

式中，A、B 为两个与气体种类有关的常数。

由式(2-9) 可知：① 电场强度越大，α 也急剧增大；② 气压很高、或气压很低时，α 均不大。这是因为气压很高时，平均自由行程很小，单位长度上的碰撞次数很多，但是能引发游离的概率很小；反之，当气压很低，平均自由行程很大时，电子虽然能积累足够多的能量，但是总的碰撞次数太少，因而 α 也比较小。因此提高气压或高真空都可以提高气体的电气强度。

由式(2-7) 可知，自持放电的临界条件是 $\gamma\left(e^{\alpha s}-1\right)=1$，即

$$\alpha s = \ln(1 + 1/\gamma) \tag{2-10}$$

将均匀电场中间隙击穿时的电场强度与电压的关系式 $E = U_0/s$ 代入式(2-9)，并结合式(2-10)，可以得到自持放电起始电压为

$$U_0 = \frac{B(Ps)}{\ln\left[\dfrac{A(Ps)}{\ln(1 + 1/\gamma)}\right]} = f(Ps) \tag{2-11}$$

由式(2-11) 可得，U_0 是 (Ps) 的函数。

3. 巴申定律

均匀电场的击穿电压 U_b 等于放电起始电压 U_0，也即均匀电场的击穿电压是气压和极间距乘积的函数，表示为

$$U_b = f(Ps) \tag{2-12}$$

式(2-12) 描述规律称为巴申定律，1889 年由物理学家巴申先于汤逊由实验总结得出。

它表明，当气体种类和电极材料一定时，只要气压和极间距的乘积相等，气隙的击穿电压彼此相等。

图 2-5 为均匀电场中几种气体的巴申曲线。以空气为例，它是一条 U 形曲线，在某一个 Ps 值下，U_b 具有极小值。根据巴申定律，设 s 不变，改变气压 P，当 P 增大时，气体相对密度增大，电子很容易与气体分子相碰撞，碰撞次数增加，电子的平均自由行程缩短，不易积

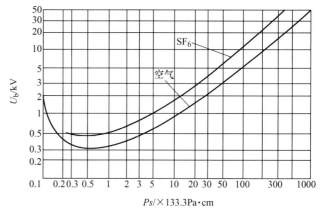

图 2-5　均匀电场中几种气体的巴申曲线

累动能, 引起游离的可能性减小, 击穿电压升高; 而当 P 减小时, 气体相对密度减小, 虽然电子的平均自由行程增大, 电子在两次碰撞间可积累很大的动能, 但碰撞的概率减小, 引起游离的次数减少, 击穿电压也会升高。另一方面, 如果气压值 P 固定, 改变间隙距离 s, 当间隙距离 s 增大时, 由于距离增大后电场强度降低, 电子获得的动能减小, 欲得到一定的电场强度, 击穿电压就必须增大; 而当间隙距离 s 减小时, 电子从阴极到阳极的运动距离缩短, 发生碰撞的次数减少, 因此游离概率减小, 击穿电压升高。

击穿电压的此规律在实际工程中得以应用, 空气断路器和真空断路器就是利用这一规律来提高击穿电压和减小体积尺寸。

值得注意的是, 巴申定律是在气温 T 保持不变的条件下得出的。若气温不恒定, 则式(2-12) 可以改写为

$$U_b = f(\delta s) \tag{2-13}$$

式中, δ 为气体的相对密度, 即实际气体密度与标准大气条件下的气体密度之比。

2.2.3 流注放电理论

汤逊理论只适用于低气压、短间隙的情况, 而工程上经常接触到的是气压较高的情况 (从一个大气压到数十个大气压), 间隙距离通常也很大。对于 Ps 很大 ($Ps \gg 26\text{kPa} \cdot \text{cm}$) 和不均匀电场中的气体放电现象, 都无法在汤逊理论的范围内加以解释。以大自然中最常见的雷电放电现象为例, 它会出现有分支的明亮通道, 而低气压下的气体放电却是均匀连续的发展 (如辉光放电); 雷电放电发生在雷云和雷云之间或雷云对大地之间, 并没有阴极金属材料, 这与汤逊理论中强调的 γ 过程及二次电子发射是无关的。对此, Meek 和 Loeb 等人1937 年在实验基础上建立了流注放电理论, 能较好地解释高气压长间隙均匀电场以及不均匀电场中的气体放电现象。

流注理论与汤逊理论的不同之处在于: 前者认为电子碰撞游离及空间光游离是维持自持放电的主要因素, 并强调了空间电荷畸变电场的作用, 后者则只是强调电子碰撞游离及阴极上的 γ 过程对放电的影响。

1. 流注放电理论解释放电过程

(1) 流注放电初始阶段

在外界游离因素的作用下, 在阴极附近产生初始有效电子, 当外施场强足够强时, 发生碰撞游离导致电子崩, 这一阶段的过程与汤逊理论解释完全相同。

(2) 空间电荷对原有电场的畸变

由于电子崩中的电子迁移率远大于正离子, 绝大多数电子都集中在朝着阳极方向的电子崩头部, 游离过程也集中于电子崩头部。受空间电荷分布影响, 气体间隙内的合成电场发生畸变, 如图 2-6 所示, 电子崩头部的场强大大增强, 尾部也有所增强, 而在这两个强场区之间出现了一个电场强度很小的区域, 即此处电场被削弱了。

(3) 空间光游离的作用

电子崩头部的电荷密度大, 分子和离子容易受到激

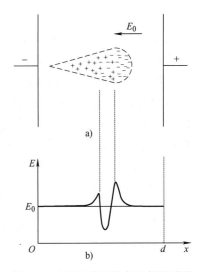

图 2-6 空间电荷对均匀电场的畸变

励，当它们从激励态恢复到正常状态时，将辐射出光子。而电子崩前方和尾部之间的电场虽然很小，但是正离子和电子的浓度很大，有利于产生强烈的复合作用并辐射出许多光子。这些光子会引发空间光游离，进而产生二次电子（光电子）。这些二次电子在电场的作用下，又会在气隙中引发二次电子崩。

（4）流注的产生和主放电的形成

流注放电的形成与发展如图 2-7 所示。图 2-7a 为初始电子崩。图 2-7b 表示初始电子崩头部成为引发新的空间光游离辐射源后，它们所造成的二次电子崩在崩头的强场区中，将以更大的游离强度向阳极发展。与此同时，游离出的新生电子迅速跑向初始电子崩的正离子群中与之汇合，形成充满正负带电粒子的等离子通道，这个通道称为流注。流注导电性能良好，端部又有二次崩留下的正电荷，因此大大加强了前方的电场，促使更多的新电子崩相继产生并与之汇合，从而使流注迅速向前发展，这一过程称为流注发展阶段，如图 2-7c 所示。一旦流注将两极接通，就将导致间隙的完全击穿，如图 2-7d 所示，这一击穿过程称为流注放电的主放电阶段。

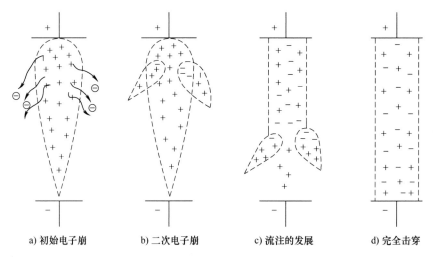

a) 初始电子崩　　b) 二次电子崩　　c) 流注的发展　　d) 完全击穿

图 2-7　流注的形成与发展

因此，流注放电的过程可概括描述为：当电子崩发展到一定程度后，某一初始电子崩的头部积聚足够数量的空间电荷，这些电荷使得外施电压在间隙中产生的电场明显畸变，畸变后的电场使得反激励（强电场区）和复合（弱电场区）频繁，辐射出大量光子在强电场区很容易成为引发新的空间光游离的辐射源。因此，流注理论认为，二次电子的主要来源是空间的光游离。间隙中一旦出现流注，放电就可以由放电本身所产生的空间光游离自行维持，不再依赖外界游离作用，因此出现流注的条件就是自持放电的条件。

出现流注的条件是初始电子崩头部的空间电荷必须达到某一临界值，才能造成必要的局部电场的强化和足够的空间光游离。对于均匀电场，其流注形成（自持放电）的条件为

$$e^{\alpha s} \geqslant 常数 \tag{2-14}$$

实验得出，$\alpha s \geqslant 20$，则 $e^{\alpha s} \geqslant 10^8$ 便可满足上述条件，可见初始电子崩头部电子数要达到 10^8 才能转为自持流注放电。

2. 流注理论与汤逊理论的主要区别

综上所述，流注理论与汤逊理论的主要区别如表 2-1 所示。

表 2-1　汤逊理论与流注理论的区别

理论	使用范围	气体自持放电原因	电场畸变	放电和击穿现象
汤逊理论	$Ps \leq 26\text{kPa} \cdot \text{cm}$ 均匀电场	碰撞游离，与电极材料有关（表面游离）	均匀电场，无畸变	充斥整个空间的辉光放电
流注理论	$Ps > 26\text{kPa} \cdot \text{cm}$ 均匀电场以及所有不均匀电场	碰撞游离和光游离	强调空间电荷对电场的畸变	细线型流注并有分支

应该强调的是，这两种理论各适用于一定条件下的放电过程，不能用一种理论来取代另一种理论。对 Ps 值较小的情况，初始电子不可能在穿越极间距时完成足够多的碰撞游离次数，难以积聚到所要求的电子数，不会发展为流注，放电的自持只有依靠阴极上的 γ 过程了。

2.2.4　均匀电场气隙的静态击穿电压

电力系统中，常见的电压类型归纳起来主要有四种：即工频交流电压、直流电压、雷电冲击电压和操作冲击电压。工频交流电压和直流电压可持续作用于气隙上，称为稳态电压；存在时间极短、变化速率很大的雷电冲击电压和操作冲击电压，称为暂态电压。气隙在稳态电压作用下的击穿电压也称为静态击穿电压。

均匀电场中，从自持放电开始到间隙完全击穿的放电时延可以忽略不计，因此相同间隙的直流击穿电压与工频击穿电压（幅值）都相同，且击穿电压的分散性也较小，也不存在极性效应。

由试验得到均匀电场空气间隙的击穿电压经验公式为

$$U_b = 24.55\delta s + 6.66\sqrt{\delta s} \tag{2-15}$$

式中，U_b 为击穿电压峰值（kV）；s 为极间距（cm）；δ 为空气相对密度。

式(2-15) 也可以写作 $U_b = f(\delta s)$，与巴申定律形式一致，因为这也是一种小间隙、低气压的放电。

平均击穿场强 E_b（kV/cm）为

$$E_b = U_b/s = 24.55\delta + 6.66\sqrt{\delta/s} \tag{2-16}$$

由式(2-16) 可以估算标准大气条件（$\delta = 1$）下不同间隙距离时空气的击穿场强，工程应用中，间隙距离为 1~10cm 时，均匀电场气体间隙击穿场强一般取 30kV/cm。

2.3　不均匀电场中气隙的击穿特性

与均匀电场相比，不均匀电场气体间隙的放电具有均匀电场气体间隙放电所没有的特点，而电气设备和线路绝缘结构中气体间隙的电场大多是不均匀的，研究不均匀电场中气体间隙的放电特性更具实际意义。

2.3.1 不均匀电场的放电特征

不均匀电场又可以划分为稍不均匀电场和极不均匀电场，为比较各种结构电场的不均匀程度，引入不均匀系数 f，它是最大场强 E_{max} 和平均场强 E_{av} 的比值

$$f = E_{max}/E_{av} \tag{2-17}$$

通常用电场不均匀系数 f 可将电场划分为：均匀电场，$f = 1$；稍不均匀电场，$1 < f < 2$；极不均匀电场，$f > 4$。

稍不均匀电场的放电特性与均匀电场类似，一旦出现自持放电，便一定导致整个气隙的击穿。

极不均匀电场则很不相同，当所加电压达到某一临界值时，曲率半径较小的电极附近电场强度首先达到了起始场强，这个局部区域里最先出现碰撞游离和电子崩，甚至出现流注，这种仅仅发生在强场区的局部放电称为电晕放电，环绕电极表面发出蓝紫色晕光。开始出现电晕的电压称为电晕起始电压，当外加电压进一步增大时，电晕区亦随着增大，放电电流也会变大，但是整个气隙还没有击穿。电晕放电是极不均匀电场所特有的一种自持放电形式。

极不均匀电场的另一个放电特征是，放电过程存在极性效应。

2.3.2 电晕放电

1. 电晕起始电压和电晕起始场强

电晕放电可以是极不均匀电场击穿的第一阶段，也可以是长期稳定存在的放电形式。开始爆发电晕时的电压称为电晕起始电压 U_c，而电极表面的场强称为电晕起始场强 E_c。

影响电晕起始电压大小的因素很多，按放电原理计算十分复杂且结果并不准确，实际上一般用试验方法求取。以输电线路为例，皮克（F. W. Peek）公式被广泛采用，它的电晕起始场强经验公式如下：

$$E_c = 30m\delta(1 + 0.3/\sqrt{r\delta}) \tag{2-18}$$

式中，E_c 为电晕起始场强（kV/cm）；m 为导线表面粗糙系数（光滑导线 $m = 1$，绞线 $m = 0.8 \sim 0.9$）；δ 为空气相对密度；r 为输电导线半径。

若两根平行导线间距为 D、半径为 r，当 $D \gg r$ 时，导线表面场强为

$$E = \frac{U}{2r\ln(D/r)} \tag{2-19}$$

式中，U 为导线间电压（线电压）。

由式（2-19）可以得到电晕起始电压 U_c 为

$$U_c = 2E_c r\ln\frac{D}{r} \tag{2-20}$$

由于电晕起始场强与导线表面粗糙系数有关，在雨、雪、雾等天气时，导线表面会出现许多水滴，它们在强场和重力作用下，将克服本身的表面张力而被拉成锥形，从而使导线表面电场发生变化，在较低的电场强度和电压下就会发生电晕放电。

2. 电晕放电的两种不同形式

根据电晕层中放电的强度，电晕放电有两种形式：电子崩形式和流注形式。当外施电压较低，电晕放电较弱时，电晕层很薄且比较均匀，放电电流比较稳定，自持放电采取汤逊放

电的形式，即出现电子崩形式的电晕。当外施电压较高，电晕放电较强时，电晕层不断扩大，个别电子崩形成流注，出现放电的脉冲现象，开始转入不均匀、不稳定的流注形式的电晕放电。值得注意的是，由于冲击电压下电压上升极快，来不及出现分散的大量的电子崩，因此电晕一开始就具有流注的形式。

3. 电晕放电带来的效应

电晕放电在电力生产中有许多明显的害处。电晕放电所引起的光、声、热等效应引起化学反应，需要消耗一定能量，随着输电电压等级的提高，电晕损耗成为超、特高压输电线路设计时必须考虑的因素；电晕放电过程中，由于流注的不断消失和重新产生会出现放电脉冲，形成高频电磁波，对无线电和电视广播产生干扰；此外，电晕放电发出的噪声有可能超过环境保护的标准；电晕放电使空气发生化学反应，产生臭氧和氧化氮等产物，会腐蚀导体及绝缘材料。

为防止及减小电晕放电的危害，最根本的措施是限制和降低导线的表面电场强度。对于超、特高压输电线路来说，为了满足条件，所需的导线直径往往很大，经济性不好，可以采用扩径导线或空芯导线来解决这个问题，更好的措施是采取分裂导线，即每相都用若干根直径较小的平行分裂导线来替换大直径单导线。

电晕也有可以利用的地方，在输电线路上传播的雷电波将因电晕而衰减其幅值，并降低其波前陡度，这对防雷是有利的；操作过电压的幅值也会受到电晕的抑制。电晕还在一系列工业设施中有所应用，例如净化工业废气的静电除尘器、净化水用的臭氧发生器和静电喷涂等。

2.3.3 极不均匀电场的放电过程

极不均匀电场的放电过程，总是从曲率半径小的电极开始，当间隙上电压低于间隙击穿电压时，表现为电晕放电，随着电压的升高，放电发展过程和气隙的击穿过程与该电极的极性有很大关系，也就是说，极不均匀电场中的放电存在明显的极性效应。

当极不均匀电场间隙上电压达到间隙击穿电压时，在间隙距离较长（如极间距离 >1m）时，放电发展到流注阶段，由于距离较长，流注不足以贯通整个间隙，还存在与短间隙放电不同的先导放电阶段。

1. 极性效应

极性效应是指间隙的击穿电压和电晕起始电压与电极的正、负极性有关，也就是说同一气体间隙两电极的正、负极性不同时，其击穿电压与电晕起始电压是不同的。以棒板气隙为例，正棒—负板间隙的电晕起始电压比负棒—正板高，而正棒—负板间隙的击穿电压比负棒—正板低，解释说明如下。

（1）正极性

图 2-8 为正棒—负板间隙中游离产生的正空间电荷对外电场的畸变作用示意图。棒极带正电，棒极附近强场区内的电晕放电将在棒极附近空间留下许多正空间电荷，正空间电荷缓慢的向板极移动，这些正空间电荷削弱了棒极附近的电场强度，难以造成流注，使得电晕放电难以形成；同时，这些正空间电荷加强了正离子群外空间的电场，当电压进一步升高，随着电晕区的扩展，强场区也逐渐向板极方向推进，促进了流注的发展，放电的发展是顺利的。

（2）负极性

图2-9为负棒—正板间隙中游离产生的正空间电荷对外电场的畸变作用示意图。棒极带负电位时，崩头电子离开强场区后，在弱电场作用下继续向板极运动，留在棒极附近的是大批正空间电荷，这时它们将加强棒极附近电场而削弱电晕圈外的电场，棒电极附近的电场增强使得自持放电条件易于得到满足、易于转入流注而形成电晕放电。而当电压进一步升高时，由于电晕圈外电场被削弱，电晕区不易向外扩展，整个气隙的击穿将是不顺利的，气隙的击穿电压要比正极性高得多，完成击穿的时间也比较长。

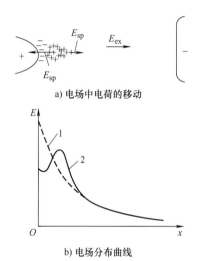

图2-8　正棒—负板间隙中游离产生的正空
间电荷对外电场的畸变作用
E_{sp}—外电场　E_{sp}—正空间电荷的电场
1—理想曲线　2—实际曲线

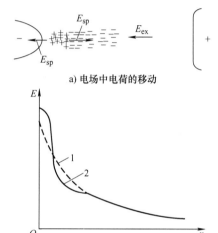

图2-9　负棒—正板间隙中游离产生的正空
间电荷对外电场的畸变作用
E_{ex}—外电场　E_{sp}—正空间电荷的电场
1—理想曲线　2—实际曲线

显然，空间电荷对外电场的畸变是产生极性效应的根本原因。输电线路和电气设备外绝缘的空气间隙大部分属于极不均匀电场的情况，所以在工频高压作用下，击穿均发生在外加电压为正极性的那半个周期内；在进行外绝缘高压试验时，也往往施加正极性冲击电压。

2. 长间隙击穿过程

实际上，工程中经常遇到长空气间隙（>1m的间隙），例如高压输电线的绝缘、高压实验室高压设备对墙壁或天花板的绝缘以及雷云对大地的长空气间隙等。

以正棒—负板为例说明。放电也是从初始电子发展形成电子崩，再到光游离后出现新的电子崩而形成流注，当气隙较长时，流注往往不能一次就贯通整个气隙，而是出现逐级推进的先导放电现象，图2-10为正先导形成的示意图。先导 jk 头部正流注通道 km 中的电子被阳极吸引，将有较多的电子沿流注通道流向棒电极，电子在沿流注通道运动过程中，在电场作用下不断获得动能，产生更多的碰撞，有很大一部分能量在碰撞中会转化为中性分子的动能，此处温度将大大升高出现新的强游离过程——热游离，这一段热游离火花通道的电导增大，形成先导通道，加大了先导头部区域的电场强度，并引发新的流注 mn（图2-10中虚线所示），导致先导进一步推进。

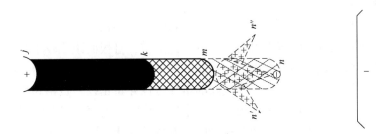

图 2-10　正棒—负板间隙中先导逐级推进示意图

先导头部的流注放电区到达板极（短间隙时是流注到达板极），都将导致完全击穿，但这时击穿过程尚未完成。先导的导电性很好，场强较小，因而好像将棒极延长了似的，通道头部的电位接近棒极的电位（当然还应减去通道中的压降）。因此，当先导头部极为接近板极时，这一很小间隙中的场强可达极大数值，以致引起强烈的游离，使这一间隙中出现了离子浓度远大于先导的等离子体。由于其头部场强极大，所以主放电通道的发展速度及电导都远大于先导通道，又以极高的速度向相反方向传播，此过程称为主放电。主放电通道贯穿电极间隙后，间隙就类似被短路，失去绝缘性能，击穿过程完成。

综上所述，在间隙距离较长时，长间隙放电大致可分为先导放电和主放电两个阶段，在先导放电阶段包含了电子崩和流注的形成和发展过程。短间隙的放电没有先导放电阶段，只有电子崩、流注和主放电阶段。

2.3.4　稳态电压下不均匀电场气隙的击穿特性

气体间隙的电气强度与电场的均匀程度、所加电压类型等因素有关。例如，均匀或稍不均匀电场中空气的击穿场强大约为 30kV/cm，极不均匀电场中气隙击穿时的平均场强远低于 30kV/cm。

1. 稍不均匀电场气隙

稍不均匀电场中的放电过程与均匀电场相似，间隙各处的场强大致相等，平均击穿场强大约为 30kV/cm，击穿前不产生电晕；电场分布不对称时，极性效应不明显；冲击击穿电压与工频交流和直流下的击穿电压基本相等；击穿的分散性也不大。

稍不均匀电场的结构形式多种多样，测量电压用的球—球空气间隙（简称球隙）就是典型的稍不均匀电场间隙（球隙结构详见图 4-28）。电场不均匀度随球间距 s 和球极直径 D 之比（s/D）的增大而增大。当 $s/D < 1/4$ 时，电场比较均匀，击穿特性与均匀电场相似。当 $s/D > 1/4$ 时，电场不均匀程度增大，大地对球隙中电场分布的影响增大，平均击穿场强变小，电压分散性增大。因此为保证必要的测量精度，间隙距离应保证在 $s/D < 1/2$ 范围之内。

2. 极不均匀电场气隙

在极不均匀电场中，棒—棒间隙具有完全的对称性（例如两根输电线之间），棒—板间隙具有最大的不对称性（例如输电线与大地之间）。对于其他类型的不均匀电场气隙的击穿特性，均可基于这两种典型气隙的击穿特性来估计。

当极间距不大时，棒间隙的击穿电压与棒极端面的具体形状有关，正棒—负板气隙表现更明显；当极间距较大时，棒极端面的具体形状对气隙击穿电压无明显影响。

（1）直流电压作用下

直流电压作用下棒—棒和棒—板空气间隙击穿电压 U_b 与击穿距离 s 之间的关系如图2-11所示，极不均匀电场在直流电压下的击穿具有极性效应，且极间距比较小时，负棒—正板的击穿电压远高于正棒—负板的击穿电压，而且各自的耐受电压与各自的极间距接近成正比；棒—棒气隙的极性效应不明显，棒—棒气隙的击穿特性介于正棒—负棒和负棒—正板情况下的击穿特性之间。这是由于棒—棒电极中有一个正极棒，放电容易发展，耐受电压比负棒—正板电压低；另外，棒—棒间隙有两个强场区，电场均匀化，耐受电压比正棒—负板的耐受电压高；极间距比较大时，平均击穿场强都有比较大的下降。

随着超、特高压直流输电技术的发展，有必要掌握极间距离更大的棒间隙的直流击穿特性，图2-12即为"棒—板"气隙实验结果，这时负极性下的平均击穿场强降至10kV/cm左右，而正极性下只有约4.5kV/cm，都比均匀电场中的击穿场强（约30kV/cm）小得多。

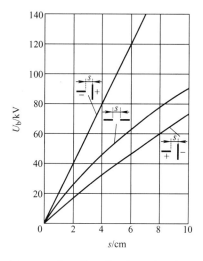

图2-11　棒—棒和棒—板间隙的直流
击穿电压与极间距离的关系

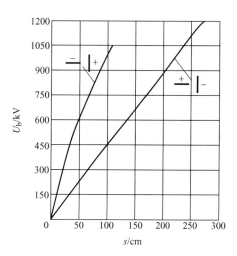

图2-12　棒—板长气隙的直流击穿
电压与极间距离的关系

（2）工频交流电压作用下

图2-13为工频交流电压下棒—棒和棒—板空气间隙的击穿特性。若慢慢升高工频交流电压，气隙的击穿总是发生在棒极为正极性的那半周的峰值附近；棒—棒气隙的电场相对比较均匀，工频击穿电压比棒—板气隙高；在中等极间距范围内（50~250cm），棒—板气隙比棒—棒气隙击穿电压低，但低得不多；并且，随着极间距的增大，两者的差别越大。

长气隙棒—板和棒—棒间隙的击穿特性曲线如图2-14所示，随着气隙长度的增大，棒—板间隙的平均击穿场强明显降低，即存在"饱和"现象，显然这时再增大棒板间隙的长度已不能有效地提高工频击穿电压，这是一个应该引起注意的问题。

当间隙距离大于40cm时，棒—棒和棒—板间隙的工频交流击穿电压（幅值）可分别采用相应的近似计算公式进行估算。

棒—棒间隙

$$U_b = 70 + 5.25s \tag{2-21}$$

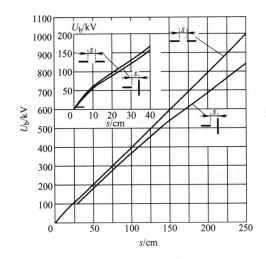

图 2-13　棒—棒和棒—板间隙的工频击穿电压和间隙距离的关系

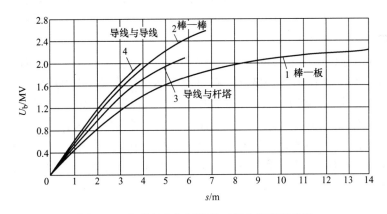

图 2-14　各种长空气间隙的工频击穿特性曲线

棒—板间隙

$$U_b = 40 + 5s \tag{2-22}$$

式中，U_b 为击穿电压幅值（kV）；s 为间隙距离（cm）。

2.4　雷电冲击电压下气隙的击穿特性

前面章节描述的是稳态电压下气隙的击穿特性。而雷电冲击电压一般是指持续时间很短，只有约几个微秒到几十个微秒的非周期性的电压。由雷电产生的过电压就属于这样的电压，将雷电冲击电压及下节介绍的操作冲击电压归类为非持续性工作电压（暂态电压）。暂态电压作用下空气间隙的击穿特性有别于稳态电压作用下的击穿特性。

2.4.1　标准波形

气隙在冲击电压作用下的击穿电压和放电时间都与冲击电压的波形有关，在求取气隙的冲击击穿电压时，必须先将冲击电压波形标准化，才能使各种试验结果具有可比性。

在制定冲击电压的标准波形时，应以电力系统绝缘在运行中所受到的过电压波形作为原始数据，并做一些简化和等效处理。我国规定的雷电冲击电压标准波形如图 2-15 所示，可以用波前时间 T_1 和半峰值时间 T_2 来表征。由于实验室中用示波器摄取的冲击电压波形图在原点附近往往模糊不清，波峰附近波形较平，不易确定原点及峰值的位置。因此，取波形中峰值 $0.3U_m$ 和 $0.9U_m$ 两点连成直线，该直线与横坐标的交点 O_1 定义为视在原点，直线与峰值所在水平线的交点为 P。O_1 点与 P 点之间的时间间隔定义为 T_1，从 O_1 点到半峰值电压点的时间间隔定义为 T_2。我国国家标准的雷电冲击电压波形规定：$T_1 = 1.2\mu s$，容许偏差 ±30%；$T_2 = 50\mu s$，容许偏差 ±20%，考虑到雷电波的极性，通常表示成 ±1.2/50μs，与国际电工委员会（IEC）标准规定一致。

2.4.2 放电时延

气隙击穿必须具备三个条件：足够大的电场强度；在气隙中存在能引起电子崩并导致流注和主放电的有效电子；需要有一定时间。

如果气隙上所加的是直流电压或工频电压，作用时间都很长，只要满足前两个条件就一定可以击穿。而对于冲击电压，由于其作用时间极短、变化速度很快，其有效作用时间也很短，放电时间就成为一个重要因素。

图 2-16 为冲击电压作用下放电时间 t_{lag} 的组成示意图。在一气隙上施加电压，它从零迅速上升至峰值 U，然后保持不变，该气隙在直流电压下的击穿电压为 U_s（称为静态击穿电压），当所加电压由零上升到 U_s 这段时间 t_1 内，击穿过程尚未开始。当到达 t_1 后，击穿过程也不一定立即开始，这是因为气隙中可能还没有有效电子出现，从 t_1 开始到气隙中出现第一个有效电子所需的时间称为统计时延 t_s。有效电子的出现是一个随机事件，因而等候有效电子出现所需的时间具有统计性。出现有效电子后，击穿过程才真正开始，该有效电子从引起强烈的游离到发展到流注及主放电，这个过程也需要一定的时间，通常称为放电形成时延 t_f，也具有统计性。

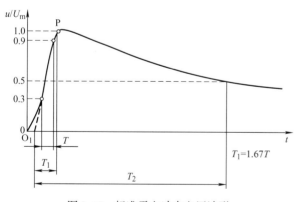

图 2-15　标准雷电冲击电压波形

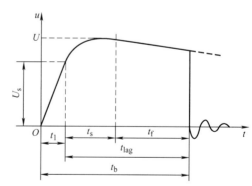

图 2-16　放电时间的组成

总的放电时间由三部分组成，可表述为

$$t_b = t_1 + t_s + t_f \tag{2-23}$$

式中，$t_s + t_f$ 称为放电时延，记为 t_{lag}。

一般来讲，所加电压越高，放电过程发展越快，时延越短。

2.4.3　50%击穿电压和冲击系数

1. 50%击穿电压

若保持波形不变，逐渐提高冲击电压的峰值，并将每一档峰值的冲击电压重复作用于某一气隙，可以观察到：当电压不够高时，虽然多次重复施加冲击电压，该气隙均不会击穿，随着电压峰值的升高，放电时延减小，已经有可能出现击穿现象，由于放电时延和放电时间具有分散性，因而在多次重复施加电压时，有几次可能导致击穿，另有几次没有发生击穿。随着电压峰值的继续升高，发生击穿的机率越来越大。最后，当电压峰值超过某一数值后，气隙在每次施加电压时都将发生击穿。

工程中广泛采用击穿百分比为50%的电压（$U_{50\%}$）来表征气隙的冲击击穿特性。在以实验方法来确定50%击穿电压时，施加电压的次数越多，结果越准确，但工作量太大。实际上，如果施加10次电压中有4～6次击穿了，这一电压就可认为是气隙的50%冲击击穿电压。

当采用$U_{50\%}$来决定应有的气隙长度时，必须考虑一定的裕度，因为当电压低于$U_{50\%}$时，气隙也可能会击穿。其中裕度的大小取决于气隙冲击击穿电压的分散性。

2. 冲击系数

50%冲击击穿电压与静态击穿电压U_s的比值，称为绝缘的冲击系数，用β表示，即

$$\beta = U_{50\%}/U_s \tag{2-24}$$

电场不均匀度对冲击击穿电压的分散性影响较大，从而也影响了冲击系数β：

1）均匀和稍不均匀电场中，冲击击穿电压的分散性很小，$U_{50\%}$与静态击穿电压U_s几乎相同，其冲击系数等于1，由于放电时延短，击穿通常发生于波峰附近；

2）极不均匀电场中，由于放电时延较长，冲击击穿电压的分散性较大，通常冲击系数大于1，其标准偏差可取为3%，击穿通常发生在冲击电压的波尾处。

2.4.4　伏秒特性

由于气隙的击穿电压存在时延现象，其冲击击穿特性最好用电压和时间两个参量来表示，在坐标系中以"电压－时间"形成的曲线，通常称为伏秒特性曲线。

伏秒特性曲线可用实验方法求取，如图2-17所示。对于同一间隙施加冲击电压，保持标准冲击电压的波形不变，逐渐提高冲击电压的峰值。当电压还不很高时，击穿一般发生在波尾，取冲击电压的峰值作为击穿电压，它与放电时间的交点为伏秒特性的一个点。当电压很高时，击穿电压可能发生在波前或波峰，取击穿时的瞬时值作为击穿电压，它与放电时间的交点也为伏秒特性的一个点。如此做出一系列的点，依次连接图2-17中1、2、3……各点得到的曲线即为所要作的伏秒特性曲线。

由于放电时间具有统计分散性，所以在每一电压下可得出一系列放电时间，伏秒特性实际上是一个以上、

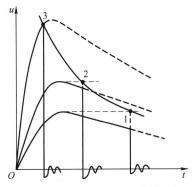

图2-17　伏秒特性曲线的绘制示意
（虚线表示所加的原始冲击电压波形）

下包线为界的带状区域。通常采用将平均放电时间各点相连所得出的平均伏秒特性或50%伏秒特性曲线来表征一个气隙的冲击击穿特性，如图2-18所示。

由于气隙的放电时间不会太长，随着时间延伸，一切气隙的伏秒特性最后都将趋于平坦，击穿电压不再受放电时间的影响。但是特性曲线变平的时间与电场形式有关，如图2-19中曲线所示，均匀或稍不均匀电场中放电时延短，其伏秒特性很快就平了；极不均匀电场中，放电时延长，其伏秒特性到达变平点时间较长。

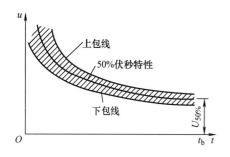

图2-18　伏秒特性带与50%伏秒特性　　　图2-19　均匀电场和不均匀电场气隙的伏秒特性

伏秒特性在考虑防雷保护设备（如避雷器）与被保护设备（如变压器）的绝缘配合上具有重要的意义。在图2-20和图2-21中，S_1表示被保护设备绝缘的伏秒特性，S_2表示与其并联保护设备（或间隙）的伏秒特性。若S_2总是低于S_1，如图2-20所示，说明在同一电压（包括过电压）作用下，总是保护设备先动作（或间隙击穿），从而限制了过电压的幅值，这时保护设备就可对被保护设备起到可靠的保护作用。但S_2若与S_1相交，如图2-21所示，虽然在电压较低的情况下保护设备有保护作用，但在电压较高时，被保护设备绝缘就会先被击穿（因放电时间短），此时保护设备已起不到保护作用了。

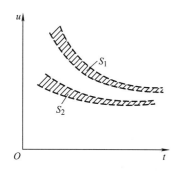

图2-20　S_2低于S_1时两个间隙伏秒特性　　　图2-21　S_2与S_1相交叉时两个间隙伏秒特性

伏秒特性是防雷设计中实现保护设备和被保护设备间绝缘配合的依据。要使被保护设备得到可靠保护，被保护设备绝缘的伏秒特性曲线的下包线必须始终高于保护设备的伏秒特性曲线的上包线。为了得到较理想的绝缘配合，保护设备绝缘的伏秒特性曲线总希望平坦一些，分散性小一些，为此，保护设备应采用电场比较均匀的绝缘结构。

2.5 操作冲击电压下气隙的击穿特性

电力系统在操作或发生故障时，会产生操作过电压，为模拟操作过电压对电气设备绝缘的影响，有必要研究操作冲击电压下气隙的击穿特性。

2.5.1 标准波形

用来模拟电力系统中的操作过电压波，采用双指数波，但是其波前时间和波峰时间都比雷电冲击波长得多。IEC 标准和我国国家标准规定：波前时间 $T_1 = 250\mu s$，容许偏差 $\pm 20\%$，半峰值时间 $T_2 = 2500\mu s$，容许偏差为 $\pm 60\%$。可以写成

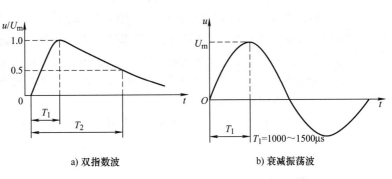

a) 双指数波   b) 衰减振荡波

图 2-22 操作冲击试验电压波形

$250\mu s/2500\mu s$ 冲击波，如图 2-22a 所示。当在试验中采用上述标准操作冲击电压波形不能满足要求或不适用时，推荐采用 $100\mu s/2500\mu s$ 和 $500\mu s/2500\mu s$ 冲击波。此外，也可采用衰减振荡波来表示，如图 2-22b 所示。

2.5.2 放电特点

均匀电场和稍不均匀电场中，操作 50% 冲击电压与雷电 50% 冲击电压、直流放电电压、工频放电电压幅值几乎相同；作用时间介于工频电压与雷电冲击电压之间。

极不均匀电场中，操作冲击电压作用下气体间隙的击穿有如下特点：

1. U 形曲线

图 2-23 可以看出，操作 50% 冲击击穿电压 $U_{50\%}$ 与波前时间 T_1 的关系呈 U 形曲线，即在某一 T_1 气隙有最小的 $U_{50\%}$。操作冲击击穿通常发生在波前部分，其击穿电压仅仅与波前时间 T_1 有关而与半峰值时间无关。在工程实际所遇到的气隙长度 d 范围内，T_1 时间大约在 $100 \sim 500\mu s$，这就是将标准操作冲击电压波的波前时间规定为 $250\mu s$ 的主要原因，而且随着气隙长度的增加，T_1 的值也随之增大。

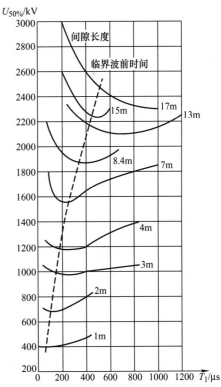

图 2-23 棒—板间隙正极性操作冲击
$U_{50\%}$ 与波前时间 T_1 的关系

上述现象可以用前面介绍的气体放电理论予以解释。任何气隙的击穿过程都需要一定的时间，当波前时间 T_1 较小时，说明电压上升极快，击穿电压将会超过静态电压许多，所以击穿电压较高；当波前时间 T_1 较大时，说明电压上升较慢，使极不均匀电场长间隙中的冲击电晕和空间电荷都有足够的时间形成和发展，从而使棒极附近的电场变得较小，使整个气隙电场的不均匀程度降低，从而使击穿电压稍有提高。而 T_1 处在 $100 \sim 500 \mu s$ 范围内时，既保障击穿所需要的时间，又不至于减小棒极附近的电场，所以此时的击穿电压最低。

2. 操作冲击击穿电压幅值有可能低于工频击穿电压

实验表明，在某些波前时间范围内，气隙的操作冲击击穿电压甚至比工频击穿电压还低，在确定电气设备的空气间距时，必须考虑这一重要情况。因此，在额定电压大于 300kV 的超高压及特高压系统中，往往按操作过电压下的电气特性进行绝缘设计；超高压及特高压电气设备的绝缘也应采用操作冲击电压进行试验，而不宜像一般高压电气设备那样用工频交流电压作等效性试验。

棒—板间隙的 50% 操作冲击击穿电压的最小值 $U_{50\%(\min)}$ （单位 kV）的经验公式为

$$U_{50\%(\min)} = \frac{3.4 \times 10^3}{1 + \dfrac{8}{d}} \qquad (2\text{-}25)$$

式中，d 为气隙长度（m）（适用范围 $d = 2 \sim 15 m$）。

当 $15 m < d < 27 m$ 时，可改用式（2-26）计算

$$U_{50\%(\min)} = (1.4 + 0.055d) \times 10^3 \qquad (2\text{-}26)$$

3. "饱和" 效应

极不均匀电场长间隙的操作冲击击穿特性具有显著的"饱和"效应，这一现象的出现与间隙击穿前先导阶段能够较为充分地发展有关。气隙的增大并不能有效地提高其击穿电压，尤以正极性棒—板间隙的"饱和"现象最为严重。如图 2-24 所示，长间隙的雷电冲击电压远比操作冲击电压要高，且当气隙长度大于 5m 以后，操作冲击电压就开始明显地表现出"饱和"现象，这对发展特高压输电技术是一个极为不利的制约因素。

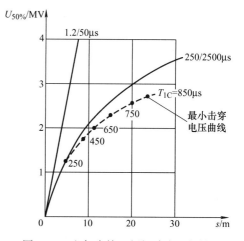

图 2-24 空气中棒—板间隙在正极性雷电冲击和操作冲击电压下的击穿电压（T_{1C} 为临界波前时间）

4. 操作冲击击穿电压的分散性大

操作冲击电压下的气隙击穿电压和放电时间的分散性均比雷电冲击电压下大得多，此时极不均匀电场气隙的相应标准偏差 σ 值可达 $5\% \sim 8\%$。

2.6 提高气隙击穿电压的措施

从实用的角度出发，提高气隙的击穿电压可以有效地减小电气设备的气体绝缘间隙距离，使整个电气设备的尺寸缩小。提高气体间隙击穿电压的措施主要通过两个途径：改善气

隙中的电场分布使之尽量均匀；削弱或抑制气体中的游离过程。

2.6.1 改善电场分布

由前述可知，均匀电场和稍不均匀电场中气体间隙的平均击穿场强比极不均匀电场中气体间隙的平均击穿场强要高得多。电场分布越均匀，则间隙的平均击穿场强也越高，因此改善电场分布可以有效地提高间隙的击穿电压。改善间隙的电场分布可以采用如下几种办法。

1. 改进电极形状以改善电场分布

通过增大电极的曲率半径可以改善间隙中的电场分布，以提高其击穿电压。同时对于电极表面及其边缘，尽量避免毛刺、尖角等，近年来随着电场数值计算的应用，在设计电极时常使其具有最佳外形，以提高间隙的击穿电压。

采用屏蔽来增大电极曲率半径是一种常用的方法。为了避免在工作电压下出现强烈的电晕放电，一些高压设备的高压出线端都加装屏蔽罩（如球形电极或环形电极等）以减小出线端附近空间的最大场强，提高电晕起始电压。图 2-25 反映了不同直径屏蔽球时的效果，例如在极间距离为 100cm 时，采用一直径为 75cm 的球形屏蔽极就可使气隙的击穿电压提高一倍。

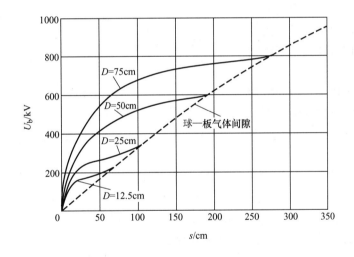

图 2-25　球—板气体间隙（不同球隙直径 D）工频击穿电压 U_b（有效值）与间隙长度 s 的关系

2. 利用空间电荷改善电场分布

在极不均匀电场中，由于间隙击穿前先发生电晕放电，因此在一定条件下可以利用放电自身产生的空间电荷来改善电场分布，提高击穿电压。例如"导线—平板""导线—导线"气隙，当导线直径减小到一定程度以后，由于电晕放电的细线效应使导线周围形成均匀电荷空间，能改善不均匀电场中的电场分布使之均匀化，会提高气隙的工频击穿电压。当导线直径较大时，由于导线表面不可能绝对光滑，电晕放电将产生刷状放电，破坏比较均匀的电晕层，其击穿电压将下降。

此种利用细线效应提高击穿电压的方法只在持续性电压作用下有效，在雷电冲击电压作用下并不适用。

3. 极不均匀电场中采用屏障改善电场分布

在极不均匀电场的棒—板间隙中，放入薄层固体绝缘材料（如纸或纸板等），在一定条件下，可显著提高间隙的击穿电压。所采用的薄层固体材料称为极间障，也叫屏障。因屏障极薄，屏障本身的耐电强度无多大意义，而主要是屏障阻止了空间电荷的运动，造成空间电荷改变电场分布，从而使击穿电压提高。

屏障的作用与电压类型及极性有关，通常屏障置于正棒—负板之间，如图 2-26 虚线所示。在间隙中加入屏障后，屏障机械地阻止了正离子的运动，使正离子聚集在屏障向着棒的一面，且由于同性电荷相互排斥，使其均匀地分布在屏障上。这些正空间电荷削弱了棒极与屏障之间的电场，从而提高了其间隙的绝缘强度。屏障与负板极之间的电场接近于均匀，均匀电场的击穿场强最大，因而也提高了其间隙的击穿电压，这样就使整个气体间隙的击穿电压提高了。

带有屏障的正棒—负板间隙的击穿电压与屏障的位置有关，在直流电压下，两者的关系曲线如图 2-26 中的虚线所示。屏障离棒极

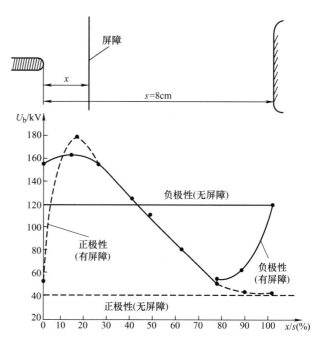

图 2-26　在直流电压下极间屏障位置对间隙击穿电压的影响

距离越近，均匀电场所占部分越大，击穿电压就越高；当屏障离棒极太近时，由于空间电荷不能均匀地分布在屏障上，屏障提高击穿电压的作用也就不显著；当屏障与棒极之间的距离约等于间隙距离的 15%～20% 时，间隙的击穿电压提高得最多，可达无屏障时的 2～3 倍。

当棒极为负板性时，如图 2-26 的实线所示，电子形成负离子积聚在屏障上，同样在屏障与板极间会形成较均匀的电场，原则上与棒为正极时屏障的作用相同。但当屏障离棒极距离较远时，负极性棒极与屏障间的正空间电荷加强了棒极前面的电场，使棒对屏障之间首先发生击穿，从而导致整个间隙的击穿，使整个间隙的击穿电压反而下降。

在工频电压作用下，由于棒为正极性时间隙的击穿电压比棒为负极性时的击穿电压低得多，故棒—板间隙的击穿总是发生在棒为正极时的半波。显然，在间隙中加入屏障的作用也与直流电压作用下，棒为正极时加入屏障的作用相同。

在冲击电压作用下，正极性棒对屏障的作用约与持续电压作用下一样；负极性棒对屏障基本上不起作用，这说明屏障对负极性棒时流注的发展过程没有多大影响。

2.6.2　加强去游离

通过改善电场分布提高常压下气体间隙击穿电压的方法效果有限，其极限是均匀场强下的击穿电压。如果设法削弱或抑制游离过程，使间隙中发生碰撞游离和自持放电的概率大为

下降，也可以提高间隙的击穿电压。

1. 采用高气压

由巴申定律可知，距离一定时，提高气体压力可以提高气隙的击穿电压。因为气压提高后气体的密度增大，减少了电子的平均自由行程，从而削弱了游离过程。比如早期的压缩空气断路器就是利用加压后的压缩空气作内部绝缘的，在高压标准电容器中也有采用加压后的空气或氮气作绝缘介质的，在 SF_6 电气设备中则是用加压后的 SF_6 气体作绝缘介质。

图 2-27 为不同气压的空气和 SF_6 气体与其他绝缘介质的电气强度比较。由图可见，2.8MPa（1 个标准气压为 0.1MPa）的压缩空气已具有很高的耐电强度，但采用这样高的气压会对电气设备外壳的密封性和机械强度提出很高的要求。如果采用高耐电强度的 SF_6 气体来代替空气，要达到同样的电气强度，则只需采用 0.7MPa 左右的气压就够了。在均匀电场中提高气压对击穿电压的影响比较大，不均匀电场中击穿电压提高有限。

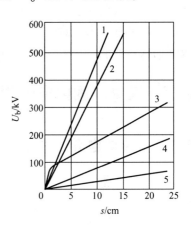

图 2-27　不同气压下的气体
介质绝缘强度的比较

1—空气，2.8MPa　2—SF_6，0.7MPa

3—高真空　4—SF_6，0.1MPa

5—空气，0.1MPa

2. 采用高电气强度气体

在众多的气体中，有些含卤族元素的强电负性气体［例如六氟化硫（SF_6）、氟利昂（CCl_2F_2）等］的电气强度特别高（比空气高得多），因而可称之为高电气强度气体。采用这些气体来替换空气，当然可以大大提高气隙的击穿电压，甚至在空气中混入一部分这样的气体也能显著提高其电气强度。

应该指出，这一类气体要在工程上获得实际应用，单靠其电气强度高是不够的，它们还必须满足某些其他方面的要求，诸如：液化温度要低（这样才能同时采用高气压）；良好的化学稳定性，该气体在出现放电时不易分解、不燃烧、不爆炸、不产生有毒物质；生产不太困难，价格不过于昂贵。

能同时满足上述各种要求的气体是很少的，目前工程上已得到采用的只有 SF_6 及其混合气体，在正常压力下，其绝缘性能约为空气的 2.5 倍，提高压力，可得到相当于（甚至高于）一般液体或固体绝缘的绝缘强度，SF_6 气体同时还具备优异的灭弧能力，它的灭弧能力是空气的 100 倍，其他有关的技术性能也相当好。利用 SF_6 气体作为绝缘媒质和灭弧媒质制成了各种电力设备，如 SF_6 断路器、避雷器和电容器等；还发展制成各种组合设备，如气体绝缘封闭式组合电器 GIS、气体绝缘输电管道 GIL 等。这些 SF_6 组合设备具有一系列突出的优点，例如大大节省占地面积和空间体积、运行安全可靠、安装维护简单等，因而发展前景十分广阔。

当然，SF_6 绝缘设备使用中要全面考虑影响 SF_6 气体击穿场强的因素及理化特性方面的若干问题，例如电场的均匀程度、电极表面缺陷及导电微粒、液化问题、毒性分解物、含水量等，通过充分研究和深入了解这些特性及问题，使得在超高压和特高压输电领域中，GIS 显示出常规开关设备无法与之相比的优势。

3. 采用高度真空

采用高真空，大大降低空气密度，削弱游离过程从而提高击穿电压。当极间距较小时，高真空削弱了气隙中的游离过程，电子到达阳极动能不是很大，从而抑制放电的发展。当极间距很大时，电子在向阳极移动过程中几乎没有碰撞，积累很大的动能轰击阳极释放出正离子和光子，正离子在向阴极移动过程中几乎无碰撞，又将加强阴极处的电子发射，高能离子轰击电极使之局部高温气化，金属蒸气进入气隙空间，增强撞击游离。因此随着极间距的增大，平均击穿场强会变小，击穿电压升高不多。

由于在高真空状态下存在固体绝缘材料逐渐释放其原来吸附的气体以及在高真空状态下金属电极的气化问题，所以电气设备中还很少用真空作绝缘，而主要是用于电真空器件、真空电容器和真空断路器中。在真空断路器中，不仅利用了真空的良好绝缘性能，还利用了其很强的灭弧性能。

2.7 液体、固体电介质的击穿

2.7.1 液体电介质的击穿

液体电介质的电气强度一般比气体高，液体电介质除用作电气设备的绝缘介质外，还用做冷却介质（如在变压器中）或灭弧介质（如在断路器中）。一般工程上使用的多是矿物油，按不同成分和精练过程可分为变压器油、电容器油、电缆油和开关油。

对液体电介质击穿机理的研究远不及对气体电介质的研究那么深入，还提不出一个较为完善的击穿理论，其主要原因在于工程用液体电介质中总含有某些气体、液体或固体杂质，这些杂质的存在对液体电介质的击穿过程影响很大。因此，从击穿机理的角度，可将液体电介质分为两类：纯净的和工程用的（不很纯净的）。常遇到的是工程上常用的液体电介质，其中尤以变压器油最为广泛，故在以后的描述中，将以变压器油为主要对象，也称作"油"。

纯净的和工程用的这两类液体电介质的击穿机理有很大不同，归纳起来，通常有以下几种不同的理论，下面分别讨论。

1. 纯净液体电介质的击穿理论

（1）电击穿理论

纯净液体电介质的击穿机理与气体击穿相似，是由最初的自由电子在电场作用下运动产生碰撞游离而造成的。由于液体密度比气体大得多，电子的平均自由行程很小，因此纯净液体电介质的击穿场强比气体电介质高得多。如纯净液体电介质在均匀电场小间隙中的击穿场强可达1MV/cm，而空气只有30kV/cm。纯净液体电介质的击穿属于电击穿。

（2）气泡击穿理论（小桥理论）

当外加电场较高时，液体电介质中由于各种原因产生气泡，并最终导致击穿。产生气泡的主要原因为：① 由阴极的场致发射等产生的电子电流加热液体电介质，使之分解出气体；② 电子在电场驱动卜加速碰撞液体分子，使之解离产生气体；③ 在电极表面吸附的气泡表面积聚了电荷，它们在电场作用下产生的静电斥力克服表面张力，使气泡变大；④ 电极表面的毛刺、尖端等高场强区中的电晕放电引起液体气化。

在交流电压作用下，气泡中电场强度与油中电场强度按其各自介电常数成反比分布，由于气泡的介电常数比较小，气泡分配较大的场强，而且气泡的电气强度又很低，气泡必然先发生游离，气泡游离后导致液体电介质温度上升，体积膨胀，密度减小，促使游离进一步发展。游离出来的带电粒子撞击油分子使之分解出气体，导致气体通道不断扩大。游离出来的气泡排成连通两电极的所谓"小桥"，击穿在此通道发生，此过程属于热击穿。

    2. 工程用变压器油的击穿理论及其特点

    工程用变压器油属于不很纯净的液体电介质，在运行中不可避免地会混入气体（即气泡）、水分、纤维等杂质，如液体电介质与大气接触，会从大气中吸收气体和水分，也容易被氧化；设备制造和运行中纸、布等纤维性杂质的脱落混入液体电介质中；液体电介质本身的老化，也会分解出气体。

    气泡击穿理论同样可用于含有这些悬浮杂质的液体电介质的击穿。由于水和纤维的介电常数很大，在电场作用下很容易极化定向，并逐渐沿电场方向排成杂质"小桥"，如果杂质"小桥"贯穿两个电极表面，由于小桥电导大，泄漏电流大，发热多，使水分汽化形成气泡，促使游离发展，形成气泡"小桥"连通两极，导致油的击穿；即使小桥还没有接通整个电极气隙，杂质"小桥"与油串联，由于纤维介电常数高于油的介电常数，使得纤维等杂质端部液体中场强增大，引起游离，分解出气体，气泡扩大，游离增强，形成气泡小桥并最终导致液体击穿。由于这种击穿依赖于"小桥"的形成，所以也称此为解释工程用变压器油热击穿的"小桥"理论。

    工程变压器油的击穿有闪烁特点，这是由于小桥火花放电后，纤维被烧掉、水滴汽化、油扰动以及油具有一定的灭弧能力等原因而使杂质小桥遭到破坏，造成火花放电出现后又旋即熄灭的多次反复现象，最后才会发生稳定的击穿。

    判断变压器油的质量，主要依靠测量其电气强度、$\tan\delta$ 和含水量等。其中最重要的试验项目是用标准油杯测量油的工频击穿电压（例如测 5 次，取其平均值）。我国采用的标准油杯如图 2-28 所示，极间距离为 2.5mm，电极是直径等于 25mm 的圆盘形铜电极，为了减弱边缘效应，电极的边缘加工成半径为 2.5mm 的半圆，可见极间电场基本上是均匀的。

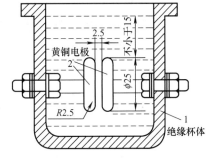

图 2-28　我国采用标准油杯（单位：mm）

    我国规定不同电压等级电气设备中变压器油的电气强度应符合表 2-2 的要求。由表 2-2 可见，变压器油在标准油杯和标准试验条件下的击穿电压在 20～60kV 之间，相应的击穿场强有效值为 80～240kV/cm，这比空气击穿场强高得多。

表 2-2　不同电压等级电气设备中变压器油的电气强度要求

用标准油杯测得的 工频击穿电压有效值/kV	额定电压等级/kV				
	15 及以下	20～35	63～220	330	500
新油，不低于	25	35	40	50	60
运行中的油，不低于	20	30	35	45	50

    顺便指出，工程用变压器油作冷却介质时，油的凝固点至关重要，因此按照油的凝固点不同将油分为各种不同的牌号。比如，25 号变压器油其凝固点温度为 -25°C。由此可见，高寒地区运行的变压器应选用高牌号的变压器油。

3. 液体电介质击穿电压的影响因素

（1）液体电介质的品质

液体电介质的品质决定于其所含杂质的多少。含杂质越多，品质越差，击穿电压越低。变压器油的品质通常采用图 2-28 所示的标准油杯测试变压器油的工频击穿电压来衡量。影响油品质的包含水分和其他杂质。

1）含水量。溶解状态的水对击穿电压影响不大，悬浮状态的水易形成"小桥"对击穿电压影响很大，如图 2-29 所示。当含水量增加到超过溶解度时（25℃时水在变压器油中的溶解度为 50×10^{-6}），多余的水分常以悬浮状态出现。这种悬浮状态的小水滴在电场作用下极化并形成小桥，导致击穿，所以击穿电压随含水量的增加而降低。当含水量超过 0.02% 时，多余的水分沉淀到容器底部，击穿电压不再降低。

2）含纤维量。纤维是极性介质，含量越多，纤维极化后易形成"小桥"，击穿电压越低。由于纤维容易吸潮，因此，纤维和水的联合作用对击穿电压的影响尤为强烈。

（2）油温的影响

温度对液体电介质击穿电压的影响随介质的品质、电场均匀程度以及电压种类的不同而异。

图 2-30 为标准油杯中变压器油的工频击穿电压与温度的关系。均匀电场中工频电压作用下，曲线 1 干燥油的击穿电压随油温的升高略有下降；曲线 2 潮湿的油击穿电压则是随着温度的升高先减小、后增大，再减小，这是由水在油中的状态决定的。当温度很低时（零下），水滴冻成冰粒，使击穿电压有所升高；温度在 0~5℃时，水分全部以悬浮状态存在于油中，最容易形成小桥导电击穿，出现击穿电压最小值；随着温度的升高，一部分水变成溶解状态，击穿电压也会升高，当温度超过 80℃，水开始汽化，产生气泡，击穿电压下降。

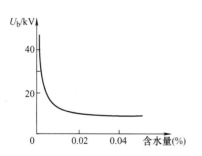

图 2-29　变压器油的工频击穿
电压（有效值）与油中含水量关系

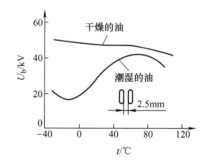

图 2-30　变压器油的工频击穿电压与温度的关系

极不均匀电场中工频电压作用下，击穿电压随油温的升高略有下降。

在冲击电压作用下，无论是均匀电场或极不均匀电场，其冲击击穿电压均随温度的升高稍有下降。杂质的影响比较小，因为杂质小桥还来不及形成。

（3）电场均匀度

保持油温不变，工频击穿电压作用下，改善电场均匀度可使优质油的工频击穿电压显著升高；但是对劣质油效果不明显。在冲击击穿电压作用下，与油的品质好坏无关，改善均匀度总可以提高油的击穿电压。

（4）电压作用时间

液体电介质的击穿强度与外加电压类型及电压作用时间有关。当电压作用时间较长时，油中杂质有足够时间在电极间形成"小桥"，击穿电压就较低。当电压作用时间较短，例如在冲击电压作用下，油中杂质来不及形成"小桥"，击穿电压显著提高。除了加压后短至几个微秒击穿（表现为电击穿）的击穿电压非常高之外，一般情况下液体电介质的击穿都属于热击穿。击穿电压随电压作用时间的增加而降低。在油不太脏的情况下，1min 的击穿电压已与更长时间的击穿电压相差不大，因此变压器油的工频交流耐压试验（品质试验）通常加电压 1min 即可。

（5）油压的影响

对于脱气的油，击穿电压与油压几乎没有关系。没有经过脱气处理的油工频击穿电压随油压的增加而升高，这是由于气体在油中溶解度增大，气泡减少，且气泡的游离电压增高。

4. 提高变压器油击穿电压的方法

油中杂质是降低油的工频击穿电压的决定性因素。因此，设法减少油中杂质，提高油的品质，是提高工程用变压器油击穿电压的首要措施。

（1）减少杂质

1）过滤。将绝缘油在压力下连续通过装有大量事先烘干的过滤纸层的过滤机，将油中碳粒、纤维等杂质滤去，油中部分水分及有机酸也被滤纸所吸收。运行中，常采用此法来恢复使用一段时期的绝缘油的绝缘性能。

2）防潮。油浸式绝缘在浸油前必须烘干，必要时可用真空干燥去除水分。有些电气设备如变压器，不可能全密封时，则可在呼吸器的空气入口处放置干燥剂，以防止潮气进入。

3）祛气。常用的脱气方法是将油加热、喷成雾状，且抽真空，除去油中的水分和气体。电压等级较高的油浸绝缘电气设备，常要求在真空下灌油。

（2）采用固体电介质

1）覆盖层。在绝缘结构设计中采用对金属电极覆盖一层很薄（小于1mm）的固体绝缘层。覆盖层可以有效地隔断杂质小桥连通电极，减小回路流经杂质小桥的电导电流，阻碍热击穿过程的发展。而且油的品质越差，此法提高击穿电压的效果越显著。

2）绝缘层。主要用在不均匀电场中曲率半径很小的电极上，绝缘层比较厚，有的达到几十毫米，利用绝缘层的介电常数比油的大，可有效地使被覆盖的电极附近的电场强度减弱，减少电极附近油的局部放电，从而提高油的击穿电压。

3）采用极间障（绝缘屏障）。与提高气隙击穿电压所使用的绝缘屏障相类似，在油间隙中也可以设置极间障来提高油隙的击穿电压。通常是用电工厚纸板或胶布压板做成，形状可以是平板或圆筒，视具体情况而定，厚度通常为 2~7mm。

极间障的作用：① 阻隔杂质小桥的形成；② 在不均匀电场中利用极间障一侧所聚积的均匀分布的空间电荷使极间障另一侧油隙中的电场变得比较均匀，从而提高油隙的击穿电压。

在油间隙中，有时甚至设置几个极间障，可以使油隙的击穿电压提高更多。在变压器和充油套管中经常采用多个极间障，如此处理可将有的击穿电压提高30%以上。

2.7.2　固体电介质的击穿

在电场作用下，固体电介质的击穿可能会因电、热或电化学的作用所引起，击穿过程比较复杂，主要有三种形式：电击穿、热击穿和电化学击穿。

1. 固体介质的击穿理论

（1）电击穿理论

与气体击穿相似，固体电介质内部存在的少量自由电子在电场作用下加速，与固体介质晶格节点上的原子发生碰撞游离，形成电子崩，致使电子数迅速增加，破坏了固体介质的晶格结构，使电导增大而导致击穿。

电击穿的特点是：电压作用时间短，击穿电压高，电介质发热不显著。击穿电压与环境温度无关；电场均匀程度对击穿电压影响显著。

（2）热击穿理论

若固体介质长时间承受电压作用，介质损耗使电介质发热，温度升高；而介质的电阻具有负的温度系数，即温度升高电阻变小，这又使电流进一步增大，发热也跟着增大。电介质的热击穿是由介质内部的热不平衡过程所造成的。如果介质周围散热条件不好，发热量大于散热量，会导致固体介质温度持续上升，引起介质分解、熔化、碳化或烧焦等，这就是热击穿。由于热击穿是温度升至很高情况下导致的，这当然需要一定的电压作用时间。

热击穿的特点是：热击穿电压随着周围媒质温度的上升而下降；固体介质的击穿场强随介质厚度的增大而降低；如果介质导热系数大，散热系数大，热击穿电压上升；介质损耗增大会使热击穿电压下降。

（3）电化学击穿

固体电介质受到电、热、化学和机械力的长期作用时，其物理和化学性能会发生不可逆的老化，击穿电压逐渐下降，长时间击穿电压常常只有短时击穿电压的几分之一，这种绝缘击穿称为电化学击穿。

造成电化学击穿的原因是局部放电。由于固体电介质内部不可避免地存在有缺陷（如气隙），当电场强度超过缺陷区内绝缘材料的击穿场强时，就会在这些区域发生局部放电。局部放电属非完全击穿，并不立即形成贯穿性放电通道，但它使电介质的放电处发生化学离解。长期的局部放电使绝缘介质（特别是有机电介质）逐步劣化，绝缘损伤扩大，最终发展到整个绝缘击穿。

电化学击穿的特点是：由于它是绝缘性能下降之后发生的击穿，因此击穿电压比电击穿和热击穿电压低。电化学击穿不发生在很高电压下，而是在较低电压下甚至是工作电压下发生。

2. 影响固体介质击穿电压的主要因素

影响固体电介质击穿电压的因素主要有以下几个。

（1）电压作用时间

如果电压作用时间很短（例如0.1s以下）固体介质的击穿往往是电击穿，击穿电压当然也较高。随着电压作用时间的增长，击穿电压将下降，如果在加电压后数分钟到数小时才引起击穿，则热击穿往往起主要作用。不过二者有时很难分清，例如在工频交流1min耐压试验中的试品被击穿，常常是电和热双重作用的结果。电压作用时间长达数十小时甚至几年才发生击穿时，大多属于电化学击穿的范畴。

在图2-31中，以常用的油浸电工纸板为例，以1min工频击穿电压（峰值）作为基准值，纵坐标以标幺值来表示。电击穿与热击穿的分界点时间约在 $10^5 \sim 10^6 \mu s$ 之间，作用时间大于此值后，热过程和电化学作用使得击穿电压明显下降。不过 1min 击穿电压与更长时间（图中达数百小时）的击穿电压相差已不太大，所以通常可将 1min 工频试验电压作为基础来估计固体介质在工频电压作用下长期工作时的热击穿电压。许多有机绝缘材料的短时间电气强度很高，但它们耐局部放电的性能往往很差，以致长时间电气强度很低，这一点必须予以重视。在那些不可能用油浸等方法来消除局部放电的绝缘结构中（例如旋转电机），就必须采用云母等耐局部放电性能好的无机绝缘材料。

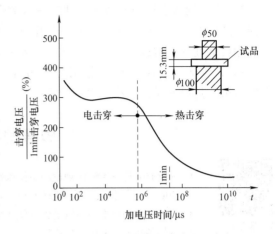

图 2-31　油浸电工纸板的击穿电压与加电压时间的关系（25℃时）

（2）电场均匀度

均匀电场中的固体介质，击穿电压比较高，击穿场强随介质厚度的增加近似线性增加。不均匀电场中的固体介质，介质厚度的增加使电场更不均匀，于是击穿电压不再随厚度的增加而线性上升。当厚度增加使散热困难到可能引起热击穿时，增加厚度的意义就更小了。

（3）温度

固体介质在某个温度范围内其击穿性质属于电击穿，这时的击穿场强很高，且与温度几乎无关；超过某个温度后将发生热击穿，温度越高热击穿电压越低；如果其周围媒质的温度也高，且散热条件又差，热击穿电压将更低。因此，以固体介质作绝缘材料的电气设备，如果某处局部温度过高，在工作电压下即有热击穿的危险。

（4）受潮

受潮对固体介质击穿电压的影响与材料的性质有关。对不易吸潮的材料，如聚乙烯、聚四氟乙烯等中性介质，受潮后击穿电压仅下降一半左右；容易吸潮的极性介质，如棉纱、纸等纤维材料，吸潮后的击穿电压可能仅为干燥时的百分之几或更低，这是因电导率和介质损耗大大增加的缘故。

（5）累积效应

固体介质在不均匀电场下，或者在雷电冲击电压作用下，其内部可能出现局部放电或者绝缘损伤，但并未形成贯穿性的击穿通道，但在多次冲击或工频试验电压作用下，这种局部放电或者伤痕会逐步扩大，这称为累积效应。显然，由于累积效应会使固体介质的绝缘性能劣化，导致其击穿电压下降。因此，在确定电气设备试验电压和试验次数时应充分考虑固体介质的这种累积效应，在设计固体绝缘结构时亦应保证一定的绝缘裕度。

3. 提高固体介质击穿电压的措施

为了提高固体电介质的击穿电压，可从以下几个方面考虑：

1）改进制造工艺。如尽可能地清除固体介质中残留的杂质、气泡、水分等，使介质尽可能均匀致密。这可以通过精选材料、改善工艺、真空干燥、加强浸渍（油、胶、漆等）方法来达到。

2）改进绝缘设计。如采用合理的绝缘结构，使各部分绝缘的耐电强度能与其所承担的场强有适当的配合；改进电极形状，使电场尽可能均匀；改善电极与绝缘介质的接触状态，以消除接触处的气隙或使接触处的气隙不承受电位差（如采用半导体漆）。

3）改善运行条件。如注意防潮，防止尘污和各种有害气体的侵蚀，加强散热冷却（如自然通风，强迫通风，氢冷、水内冷等）。

思考题与习题

第2章自测题

1. 汤逊放电理论与流注理论的主要区别在哪里？它们各自适用什么范围？

2. 说明巴申定律所描述的规律并说明其实用价值。

3. 均匀电场和极不均匀电场中气体间隙的放电特性有何不同？

4. 下列各间隙距离相同，比较击穿电压的高低：正极性棒—板间隙的直流击穿电压、棒—板间隙的工频交流击穿电压、棒—棒间隙的工频交流击穿电压，并简单分析原因。

5. 雷电冲击电压下气体间隙的击穿有何特点？用什么来表示气隙的冲击击穿特性？过电压保护设备的伏秒特性与被保护电气设备绝缘的伏秒特性应如何正确配合？

6. 冲击电压的波形可用哪两个参数来表征？我国规定的标准雷电冲击电压和标准操作冲击电压的波形参数分别为多少？

7. 提高气体间隙击穿电压的思路和具体措施是什么？

8. 气体间隙在操作冲击电压下的击穿与雷电冲击电压下的击穿相比较，有哪些不同的特点？

9. 一般在封闭组合电器中充 SF_6 气体的原因是什么？与空气相比，SF_6 的绝缘特性如何？

10. 试述工程用变压器油的击穿机理及影响其击穿电压的因素。

11. 试述固体电介质三种击穿形式的特点，影响固体电介质击穿电压的因素与提高击穿电压的措施。

12. 下列哪个不是在弱电场下电介质出现的电气现象（   ）。

(a) 极化   (b) 闪络   (c) 电导   (d) 介质损耗

13. 流注理论未考虑（   ）的现象。

(a) 碰撞游离   (b) 表面游离   (c) 光游离   (d) 电荷畸变电场

14. 采用真空提高绝缘强度的理论依据是（   ）。

(a) 汤逊理论   (b) 流注理论   (c) 巴申定律   (d) "小桥"理论

15. 先导通道的形成是以（   ）的出现为特征。

(a) 碰撞游离   (b) 表面游离   (c) 热游离   (d) 光游离

16. SF_6 气体具有较高绝缘强度的主要原因之一是（   ）。

(a) 无色无味性   (b) 不燃性   (c) 无腐蚀性   (d) 电负性

17. 伏秒特性曲线实际上是一条带状区域，因为在冲击电压作用下，间隙放电时间具有（   ）。

(a) 时延性   (b) 准确性   (c) 统计性   (d) 50% 的概率

18. 若固体介质被击穿的时间很短，又无明显的温升，可判断是（   ）。

(a) 电化学击穿   (b) 热击穿   (c) 电击穿   (d) 各类击穿都有

19. 电晕放电是极不均匀电场所特有的一种（   ）。

(a) 自持放电形式 (b) 碰撞游离形式 (c) 光游离形式   (d) 热游离形式

20. 下列选项中不影响固体电介质击穿电压的因素是（   ）。

(a) 小桥效应   (b) 电压作用时间 (c) 受潮   (d) 电压种类

21. 变压器油在变压器内主要起（   ）作用。

(a) 绝缘   (b) 冷却和绝缘   (c) 消弧   (d) 润滑

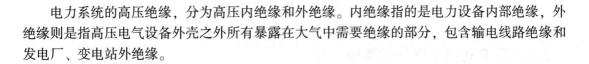

第3章
高压外绝缘及沿面放电

电力系统的高压绝缘，分为高压内绝缘和外绝缘。内绝缘指的是电力设备内部绝缘，外绝缘则是指高压电气设备外壳之外所有暴露在大气中需要绝缘的部分，包含输电线路绝缘和发电厂、变电站外绝缘。

3.1 大气条件对外绝缘放电电压的影响

空气间隙及输变电设备外绝缘的击穿电压会受到气压、温度、湿度等大气条件及海拔高度的影响，因此在不同大气条件下的击穿电压必须换算到标准参考大气条件下才能比较，海拔高度影响的换算也是类似。我国规定的标准大气条件是：大气压力 $P_0 = 101.3\text{kPa}$、温度 $t_0 = 20℃$、湿度 $h_0 = 11\text{g/m}^3$。

实际试验条件下的气隙击穿电压 U 与标准大气条件下的击穿电压 U_0 之间可以这样校正：

$$U = \frac{K_d}{K_h} U_0 \tag{3-1}$$

式中，K_d 为空气密度校正因数，K_h 为湿度校正因数。

式(3-1) 不仅适用于空气间隙的击穿电压，也适用于外绝缘的沿面闪络电压。在进行高压试验时，应根据当时的试验条件，将试验标准中规定的标准大气条件下的试验电压换算得出实际应加的试验电压值。

下面将讨论大气条件及海拔高度的影响及相应的校正因数取值。

3.1.1 空气密度对放电电压的影响

气压和温度的变化都可以反映为空气相对密度的变化，因此气压和温度的影响可归结为空气相对密度的影响。空气相对密度与气压和温度的关系为

$$\delta = \frac{PT_0}{P_0 T} = \frac{273 + t_0}{273 + t} \cdot \frac{P}{P_0} = \frac{2.89P}{273 + t} \tag{3-2}$$

式中，P 为气压（kPa）；t 为温度（℃）。

当气压增大或者温度降低时，空气的相对密度增大，带电粒子在气体中运动的平均自由行程减小，在电场作用下运动中所积累的动能就较小，发生碰撞游离的概率下降，游离能力较弱，因此间隙的击穿电压较高；反之，则击穿电压下降。

在大气条件下，气隙的击穿电压随 δ 的增大而提高。实验表明，当 δ 处于 $0.95 \sim 1.05$ 的范围内时，气隙的击穿电压几乎与 δ 成正比，即此时的空气密度校正因数 $K_d \approx \delta$，因而

$$U \approx \delta U_0 \tag{3-3}$$

当气隙不很长（例如不超过 1m）时，式(3-3) 能足够准确地适用于各种电场型式和各种电压类型下作近似的工程估算。

研究表明，对于更长的空气间隙来说，击穿电压与大气条件变化的关系，并不是一种简单的线性关系，而是随电极形状、电压类型和气隙长度而变化的复杂关系。除了在气隙长度不大、电场也比较均匀或长度虽大、但击穿电压仍随气隙长度呈线性增大（如雷电冲击电压）的情况下，式(3-3) 仍可适用外，其他情况下的空气密度校正因数应按下式求取：

$$K_d = \left(\frac{273 + t_0}{273 + t}\right)^n \cdot \left(\frac{P}{P_0}\right)^m \tag{3-4}$$

式中，指数 n、m 与电极形状、气隙长度、电压类型及其极性有关，具体取值可参考有关国家标准的规定。

3.1.2 湿度对放电电压的影响

湿度反映了空气中所含水蒸气的多少。由于附着效应，空气中所含的水分子能俘获自由电子而形成负离子，这对气体中的放电过程具有抑制作用，可见大气的湿度越大，气隙的击穿电压也会增高。

不过在均匀和稍不均匀电场中，放电开始时，整个气隙的电场强度都较大，电子的运动速度较快，不易被水分子所俘获，因而湿度对击穿电压影响就不太明显，可以忽略不计。例如用球隙测量高电压时，只需要按空气相对密度校正其击穿电压就可以了，而不必考虑湿度的影响。

但在极不均匀电场中，湿度的影响就很明显了，这时可以用下面的湿度校正因数来加以修正：

$$K_h = k^\omega \tag{3-5}$$

式中，k 取决于试验电压类型、绝对湿度和空气相对密度；指数 ω 之值则取决于电极形状、气隙长度、电压类型及其极性，具体取值均可参考有关的国家标准。

3.1.3 海拔高度对放电电压的影响

随着海拔高度的增加，空气变得逐渐稀薄，气压和空气密度减小，带电粒子在气体中运动的平均自由行程增大，在电场驱动下运动所积累的动能增大，游离能力增强，因而空气间隙的击穿电压降低。

海拔高度对气隙的击穿电压和外绝缘闪络电压的影响可利用一些经验公式求得。我国国家标准规定，对于安装在海拔高于 1000m 但不超过 4000m 处的电力设施外绝缘，如在平原地区进行耐压试验，其外绝缘试验电压 U 应为平原地区外绝缘的试验电压 U_0 乘以海拔校正因数 K_a，即

$$U = K_a U_0 \tag{3-6}$$

式中，$K_a = 1/(1.1 - H \times 10^{-4})$；$H$ 为安装点的海拔高度（m）。

3.2 高压绝缘子

3.2.1 绝缘子的作用及分类

在电力系统及电气设备中，绝缘子的作用是将处于不同电位的导电体在机械上相互连

接，而在电气上相互绝缘。在高压输电线路中，绝缘子占总投资百分比随电压等级升高而上升，在 500kV 及以电压等级的架空线路中，占输电线路造价的 20% 以上。

按照功能和结构不同，高压绝缘子可分为三类。

1）绝缘子（狭义）。用于导电体和接地体之间的绝缘和固定连接，如隔离开关安装触头的支柱绝缘子、输电线路固定导线的悬式绝缘子串等。

2）瓷套（亦称空心绝缘子）。用作电器内绝缘的容器，并使内绝缘免遭受周围环境因素的影响，如互感器的瓷套、避雷器的瓷套等。

3）套管。用作导电体穿过接地隔板、电器外壳和墙壁的绝缘部件，如变压器绕组的出线套管、配电装置的穿墙套管等。

按照材料不同，高压绝缘子也可分为三类。

1）瓷绝缘子。使用的电瓷是无机绝缘材料，由石英、长石和黏土作原料经高温焙烧而成。能耐受日晒雨淋和酸碱污秽的长期作用而不受侵蚀，抗老化性能极好，且具有足够的电气性能和机械强度。因而在高压输电中应用广泛。但瓷是一种脆性材料，笨重易碎，耐污秽性能不好，且运输安装成本大，制造能耗高。

2）玻璃绝缘子。使用的钢化玻璃也是一种良好的绝缘材料，具有和电瓷同样的环境稳定性，而且生产工艺简单，生产效率高，但须熔融玻璃，制造能耗也较高。玻璃经过退火和钢化处理后，显著提高了机械强度和耐冷热急变性能，机械强度可比普通电瓷高 1~2 倍，电气强度也高于瓷。玻璃绝缘子种类单一，主要是输电线路上的盘形悬式绝缘子。

玻璃绝缘子具有零值自破、耐雷击、抗舞动和不掉串等特性。在局部损坏后一般能"自爆"，发生"自爆"后整体伞盘脱落，便于巡线时及时发现，失效检出率为百分之百，这对线路维护是非常方便的。

3）复合绝缘子，又称作合成绝缘子。是由芯体和伞套（伞裙和护套）两种绝缘部件组成，并装有端部装配件。芯体大多是环氧树脂浸渍单向增强玻璃纤维制成的玻璃钢引拨棒，机械强度比钢还高，也具有良好的电气性能。其伞套是由硅橡胶材料一次注塑而成，具有一定的机械强度、良好的电气性能和环境稳定性。合成绝缘子出现于 20 世纪 60 年代末期，我国在 20 世纪 70 年代研制出 110kV 合成绝缘子，接着又研制成功 220kV、500kV、1000kV 等更高电压等级的交、直流合成绝缘子。目前合成绝缘子已得到了广泛的应用。合成绝缘子不仅有线路悬式、耐张、横担等，且已发展到支柱、穿墙套管、电器外套、绝缘拉杆等型式。

与瓷或玻璃绝缘子相比，硅橡胶合成绝缘子具有很多优点，除工艺简单、生产过程对环境污染小、重量轻（仅为同等级瓷绝缘子的 1/10）、体积小、运输安装方便外，它的突出优点是耐污闪和湿闪性能优异、运行维护费用低以及用于高电压等级的价格优势。

几种绝缘子的外形及结构见图 3-1。

3.2.2　绝缘子的性能要求

1. 绝缘子的材料

绝缘子主要由绝缘件及固定材料组成。作为绝缘件主要材料的电瓷、玻璃及硅橡胶等均具有良好的环境稳定性和足够的电气强度和机械强度。固定材料包含金属附件和胶装材料，绝缘子的金属附件主要由铸铁和钢组成；胶装材料是将绝缘件和金属附件胶合连接的材料，多采用不低于 500 号硅酸盐水泥，也有个别场合中采用的其他胶合剂等。

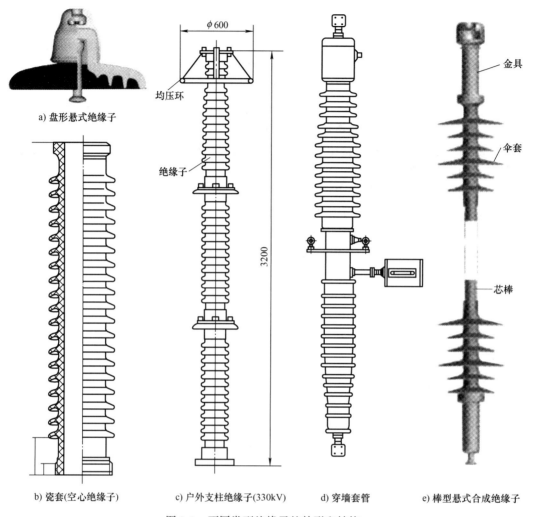

a) 盘形悬式绝缘子

b) 瓷套(空心绝缘子)　　c) 户外支柱绝缘子(330kV)　　d) 穿墙套管　　e) 棒型悬式合成绝缘子

图 3-1　不同类型绝缘子的外形和结构

大多数绝缘子工作在户外，通常处于复杂多变的气候以及各种污染环境之中，户外工作的绝缘子应能在这些不利条件下长期工作并保持优良的电气性能和机械性能。

2. 绝缘子的电气性能和机械强度

对绝缘子的基本要求是有足够的电气绝缘强度，能承受一定的机械负荷，能经受恶劣的环境条件作用。

（1）电气性能

绝缘子的电气性能用沿面闪络电压来衡量，沿面闪络电压即连通绝缘子两端电极的沿绝缘子外部空气的放电电压。运行中的绝缘子应能在正常工作电压和一定幅值的过电压下可靠工作，不发生闪络。

根据绝缘子表面状况的不同，闪络电压可分为以下几种：

1）干闪络电压。指表面清洁、干燥的绝缘子的闪络电压，它反映户内绝缘子的主要性能，包括工频干闪络电压、雷电冲击干闪络电压和操作冲击干闪络电压。

2）湿闪络电压。指表面洁净的绝缘子在淋雨时的闪络电压，它反映户外绝缘子的主要性能。在实验室测试绝缘子的湿闪络电压时应按照相关规定进行。国家标准规定，淋雨条件为：雨水电阻率 $10^4 \times (1 \pm 15\%)$ $\Omega \cdot cm$，雨量 $1.0 \sim 1.5mm/min$，淋雨角为 $45°$。在工频电压作用下，绝缘子的干、湿闪络电压相差较大；而在雷电冲击电压下，两者基本相同；在操作冲击电压下，两者也有差别，但不如工频电压下那么显著。

3）污秽闪络电压。指表面脏污的绝缘子在受潮情况下的闪络电压。目前常用爬电距离来衡量绝缘子在污秽和受潮条件下的绝缘能力。

三种闪络电压中，干闪络电压最高，污秽闪络电压最低，湿闪络电压介于两者之间。有些绝缘子电极间的绝缘可能被击穿，为避免造成不可恢复的损坏，绝缘子本身的击穿电压应比干闪络电压高。运行中的绝缘子电晕将造成高频干扰、引起能量损失，通常要求正常工作电压下不出现这种有害的电晕。

（2）机械性能

绝缘子的机械性能按照它在运行中承受外力的形式分别用以下几项指标表示：

1）拉伸负荷。作用在绝缘子两端的拉伸力，如悬挂输电线的绝缘子受重力和导线拉力作用。

2）弯曲负荷。作用在绝缘子顶部的垂直力，如导线拉力、风力或短路电流电动力作用于支柱绝缘子，因它们的方向与支柱垂直而使支柱受到弯矩作用。

3）扭转负荷。作用在绝缘子顶部的扭矩，如隔离开关的支柱绝缘子常以转动方式来开闭，绝缘支柱承受扭转力矩。

3.3 沿面放电

输电线路的悬式绝缘子、隔离开关的支柱绝缘子、当带电导体需要穿过墙壁或电力设备的油箱时用到的穿墙套管或设备套管等，绝大多数情况下，这些固体绝缘是处于空气之中。当加在这些绝缘子的极间电压超过一定值时，常常在固体介质和空气的交界面上出现放电现象，这种沿着固体介质表面气体发生的放电称为沿面放电。当沿面放电发展成贯穿性放电时，称为沿面闪络，简称闪络。

沿面闪络电压通常比空气间隙的击穿电压低，而且受绝缘表面状态、污染程度、气候条件等因素影响很大。电力系统中的绝缘事故，如输电线路遭受雷击时绝缘子的闪络、污秽工业区的线路或变电所在雨雾天时绝缘子闪络引起跳闸等都是沿面放电造成的。

3.3.1 界面电场分布典型情况

气体介质与固体介质的交界面称为界面，界面电场的分布情况对沿面放电的特性有很大的影响。界面电场的分布有以下三种典型的情况：

1）固体介质处于均匀电场中，且界面与电力线平行，如图 3-2a 所示。这种情况在实际工程中很少遇到，但实际结构中会遇到固体介质处于稍不均匀电场的情况，此时的放电现象与均匀电场中的放电有相似之处。

2）固体介质处于极不均匀电场中，且电力线垂直于界面的分量（以下简称垂直分量）比平行于界面的分量要大得多，如图 3-2b 所示。套管就属于这种情况。

3）固体介质处于极不均匀电场中，在界面大部分地方（除紧靠电极的很小区域外），电场强度平行于界面的分量比垂直分量大，如图 3-2c 所示。支柱绝缘子就属于此情况。

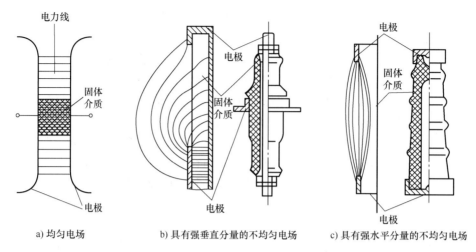

a) 均匀电场　　　　　　b) 具有强垂直分量的不均匀电场　　　　c) 具有强水平分量的不均匀电场

图 3-2　沿面放电的几种典型电力线分布形式

这三种情况下的沿面放电现象有很大的差别，下面分别加以讨论。

3.3.2　均匀电场中的沿面放电

图 3-2a 中的平行板均匀电场中放入固体电介质后，因固体介质的表面与电力线平行，固体介质的存在并未影响电极间的电场分布。当两电极间的电压逐渐增加时，放电总是沿固体介质的表面发生，即在同样条件下，沿固体介质表面的闪络电压比纯空气间隙的击穿电压降低很多，这表明固体介质表面的电场发生了畸变，主要原因如下：

1）固体介质与电极表面没有完全密合或者介质表面有裂纹，存在有极小气隙，气隙中的电场强度将会大很多，造成局部放电引起游离，游离产生的带电粒子到达介质表面后，使原有的电场发生畸变，从而降低了沿面闪络电压。

2）介质表面电阻的不均匀和表面的粗糙不平。若将介质的某一局部放大，粗糙性表现为表面的凹凸不平，凹凸处可看成是空气介质与固体介质的串联，使介质表面的电场发生畸变，贴近介质表面薄层气体中的最大场强将比其他部分大，使沿面闪络电压降低。

3）处在潮湿空气中的介质表面常吸收潮气形成一层很薄的水膜。水膜中的离子在电场作用下分别向两极移动，逐渐在两电极附近积聚电荷，使介质表面的电场分布不均匀，电极附近场强增加，因而降低了沿面闪络电压。这种影响和大气的湿度以及固体介质吸附水分的性能有关。瓷和玻璃等为亲水性材料，影响就较大；石蜡、硅橡胶等为憎水性材料，影响就较小。此外，离子的移动和电荷的积聚都是需要时间的，所以在工频电压下闪络电压降低较多，而在雷电冲击电压下降低得很少。

通常通过以下措施来提高沿面闪络电压：

1）消除缝隙最有效的方法是将电极与绝缘体浇铸嵌装在一起，如电瓷、玻璃等绝缘体与电极常用水泥浇铸在一起，SF_6 气体绝缘装置内的绝缘支撑件也大多是与电极浇铸在一起的。也可以采取在间隙中绝缘介质表面侧喷铝的方法，消除间隙两端的电位差。

2）通过利用憎水性材料或增加憎水性材料涂层，可提高由于介质表面吸潮引起的沿面放电的闪络电压，利用强憎水性的硅有机化合物对纤维素电介质（如电缆纸、电容器纸、布、带、纱等）做憎水处理后，纤维素分子被憎水剂分子所包覆，纤维素中的空隙被憎水剂高分子物质填满，从而降低了纤维素电介质的吸水性，提高了憎水性，使表面不易形成连续的导电膜。对电瓷、玻璃等绝缘也可在其表面涂覆憎水涂料，如室温硫化硅橡胶涂料，提高沿面闪络电压。

3.3.3 极不均匀电场中的沿面放电

1. 极不均匀电场具有强垂直分量时的沿面放电

如图 3-2b 所示，套管中的固体介质处于极不均匀电场中，而且电场强度垂直于介质表面的分量要比切线分量大很多。可以看出，接地的法兰附近的电力线密集、电场最强，不仅有切线分量，还有强垂直分量。

当所加电压不太高时，先出现电晕放电，如图 3-3a 所示。随着外加电压的升高，放电区逐渐变成由许多平行火花细线组成的光带，属于辉光放电，如图 3-3b 所示。当电压超过某一值后，放电性质发生变化，个别细线突然迅速伸长，转变为分叉的树枝状明亮火花通道，称为滑闪放电，如图 3-3c 所示。此后电压的微小升高就会导致火花的急剧伸长，完成沿面闪络或击穿。

从辉光放电转为滑闪放电的机理如下：辉光放电的火花细线中因碰撞游离而存在大量带电粒子，它们在很强的电场垂直分量作用下，将紧贴固体介质表面运动，从而使某些地方发生局部温度升高从而引起气体分子的热游离，火花通道内带电粒子数量迅速增加，电阻骤降，火花通道向前延伸，这就是滑闪放电。滑闪放电特征是气体分子的热游离，只发生在具有强垂直分量的极不均匀电场情况下。当滑闪放电火花中的分支短接了两个电极时，即出现沿面闪络。

图 3-4 的套管等效电路可以解释上述现象。图中 R_s 表示固体介质单位面积的表面电阻，C_0 表示固体介质表面单位面积对导电杆的电容（比电容），工频交流电压作用下，由于体积电阻 R_v 远大于 C_0，为简化分析可略去体积电阻，此时导电杆 A 和法兰 B 之间流过的主要是电容电流，沿着套管表面经过 R_s 的电流使套管表面的电压分布不均匀。由于靠近法兰处沿介质表面的电流密度最大，在该处介质表面电阻上所形成的电位梯度也最大，这也是套管最容易在法兰先出现电晕放电的原因。

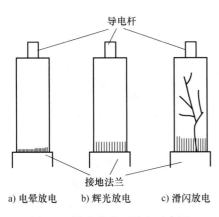

图 3-3 沿套管表面放电示意图

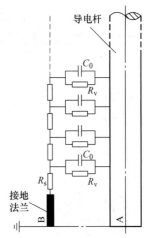

图 3-4 高压实心套管的等效电路

由滑闪放电引起的套管闪络电压 U_f 的经验估算公式为

$$U_f = \frac{E_0}{\sqrt{\omega C_0 \rho}} \tag{3-7}$$

$$C_0 = \frac{\varepsilon_r}{4\pi \times 9 \times 10^{11} \times r_2 \ln \frac{r_2}{r_1}} \tag{3-8}$$

式中，ρ 为套管表面电阻率；ε_r 为介质的相对介电常数；r_1、r_2 分别为介质圆柱的内外半径（cm）。

根据滑闪放电的公式(3-7) 可知，要提高套管的电晕起始放电电压和闪络电压，可从两方面入手。

1）减小表面比电容 C_0。由式(3-8) 所示，可采用介电常数较小的介质，如用瓷 – 油组合绝缘；也可采用加大法兰处套管的外径和壁厚。

2）减小表面绝缘电阻 R_s。可通过减小套管表面的电阻率 ρ（或提高电导率）来实现，如在套管靠近接地法兰处涂半导体釉，减小法兰附近的表面电压和电场。对于电压等级为35kV 以上的高压套管，还需要采用能调节径向、轴向电场分布的电容式套管和绝缘性能更好的充油式套管才能符合技术要求。

2. 极不均匀电场具有强切线分量时的沿面放电

图 3-2c 所示支柱绝缘子结构，界面电场具有强切线分量，在此情况下，电极本身的形状和布置已使电场很不均匀，与均匀电场相比其沿面闪络电压较低，因而介质表面积聚电荷使电压重新分布所造成的电场畸变，不会显著降低沿面闪络电压。

此外，因电场的垂直分量较小，沿介质表面也不会有较大的电容电流流过，放电过程中不会出现热游离，故没有明显的滑闪放电，垂直于放电发展方向的介质厚度对沿面闪络电压实际上没有影响。因此为提高沿面闪络电压，一般从改进电极形状以改善电极附近的电场着手，如采用内屏蔽或采用外屏蔽电极。

屏蔽是指改善电极形状，使电极及电极附近绝缘表面的电场分布趋于均匀，从而提高沿面闪络电压。图 3-5a 所示，电极表面 A 的电场分布不均匀，沿面放电容易从此电极处开始。电极 B 是一种外屏蔽电极，该电极附近的电场分布会得到改善，从而提高沿面闪络电压，很多高压电器出线套管的顶端都采用外部屏蔽电极；

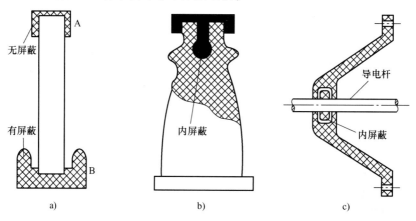

图 3-5 改进电极形状的方法

在固体电介质内嵌入金属以改善电场分布的方法，称为内屏蔽。图 3-5b 所示是内屏蔽电极用在支柱绝缘子中的示意图，其中内嵌的金属球起改善电极与固体介质接触部位电场分布的作用，因而提高沿面闪络电压。图 3-5c 是 SF_6 组合电器内同轴系统支撑绝缘子的结构实例，内嵌的金属环也可起到改善电场分布的作用。

图 3-6 所示支柱绝缘子采用均压环后，不但减弱了电极边缘的场强，而且由于流经均压环与介质表面间的分布电容电流部分地补偿了介质的对地电容电流，改善了电压分布，从而提高了闪络电压。一般高度在 2m 以上的绝缘支柱采用均压环后就有良好的效果。

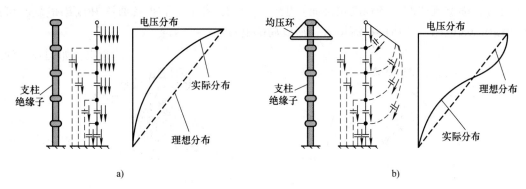

图 3-6　支柱绝缘子有无均压环时的电位分布

3.3.4　绝缘子的污秽放电

1. 污闪的概念及研究意义

户外绝缘子，特别是在工业区、海边或盐碱地区运行的绝缘子，常会受到工业污秽或自然界盐碱、飞尘等污秽的污染。在毛毛雨、雾、露、雪等不利的天气条件下，绝缘子表面的污秽尘埃被润湿，表面电导剧增，使绝缘子的泄漏电流剧增，其结果使绝缘子在工频和操作冲击电压下的闪络电压（污闪电压）显著降低，甚至有可能使绝缘子在工作电压下发生闪络。

统计表明，污闪次数虽然不像雷击闪络那样多，但是它造成的后果却要严重得多。这是因为雷击闪络仅发生在一点，转瞬即逝，外绝缘闪络引起跳闸后，其绝缘性能迅速恢复，自动重合闸往往能够取得成功，不会造成长时间停电；而污闪时，容易发生大面积多点污闪事故，自动重合闸成功率远低于雷击闪络时的情况，容易导致事故扩大和长时间停电。污闪在各类事故中占首位，是威胁电力系统安全运行的大敌，在绝缘水平选择中占有很重要的位置。介质表面的污闪过程与清洁表面完全不同，研究脏污表面的沿面放电对污秽地区的绝缘设计和安全运行有重要意义。

2. 污闪的发展过程

以常用的悬式绝缘子（参考图 3-1a）为例予以说明分析，从绝缘表面开始积污到发生污闪，要经历四个阶段。

1）积污。空气中的各种污秽颗粒在风力、重力、电场力的作用下，逐渐积聚到绝缘的表面，另一方面风雨对污秽层也有自然的清洗作用（所以不同季节积污量有所不同），几年运行下来，两者达到动态平衡，最大积污量不再增加。

2）污秽层受潮湿润。干燥状态下污秽层的电阻还是较大的，对绝缘的安全运行不构成什么危险。污秽层湿润后，其中的可溶性导电物质溶解于水，在绝缘表面形成一层薄薄的导电液膜。

3）产生干区和形成局部电弧。导电液膜形成后，沿绝缘表面的泄漏电流必然大大增加。由于表面不同地方电流密度的不同，如悬式绝缘子在金属铁帽附近电流密度最大，发热最甚，该处湿润的污秽层就被逐渐烘干。烘干区电阻的变大使沿面电压分布随之改变，大部分电压降落在这部分烘干区域，如图 3-7a 所示。这部分烘干区的距离较短而压降很大，因此这部分表面空气中的电场强度很高而发生空气中的火花放电。火花通道中的电阻要低于原来干区内表面电阻，使泄漏电流增大，形成局部电弧。

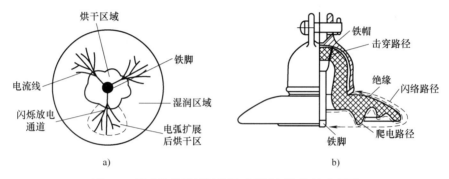

图 3-7 悬式绝缘子污闪发展过程及闪络路径示意图

4）闪络。随后局部电弧处及附近的湿污层被很快烘干，使得干区扩大，电弧被拉长，绝缘子表面这种不断延伸发展的局部电弧现象俗称爬电，爬电路径如图 3-7b 所示，一旦局部电弧达到某一临界长度时，电弧通道温度已很高，弧道的进一步伸长就不再需要更高的电压，而由热游离予以维持，直到延伸到贯通两极，完成污秽状态下的沿面闪络。

由此可见，在污秽闪络过程中，局部电弧不断延伸直至贯通两极所必需的外加电压值，只要能维持弧道就够了，而不必像干净表面的闪络需要很高的电场强度来使空气发生激烈的碰撞游离才能出现。这就是为什么有些已经通过干闪和湿闪试验，沿面放电电压梯度可达每米数百千伏的户外绝缘，一旦污秽受潮后，在工作电压梯度只有每米数十千伏的情况下却会发生污闪的原因。

积污是发生污闪的根本原因，一般来说，积污现象在城区要比农村地区严重，城区中又以靠近化工厂、火电厂、冶炼厂等重污源的地方最为严重。

绝缘污秽度不仅与积污量有关，而且还与污秽的化学成分有关。通常采用"等值附盐密度"（简称等值盐密）来表征绝缘子表面的污秽度，它指的是每平方厘米表面上沉积的等效氯化钠（NaCl）毫克数。等值的方法是：除铁脚和铁帽的黏合水泥面上的污秽外，将所有表面上沉积的污秽收集起来，然后将其溶于 300ml 的蒸馏水中，测出在 20℃ 水温时的电导率；再在另一杯 20℃、300ml 的蒸馏水中加入 NaCl，直到其电导率等于污秽溶液的电导率时，所加入的 NaCl 毫克数，即为等值盐量，再除以绝缘子的表面积即可得到等值盐密（mg/cm^2）。我国国家标准（GB/T26218—2010）规定的线路和发电厂、变电站污秽等级及其对应的等值盐密值见表 3-1。

表 3-1 线路和发电厂、变电站污秽等级

污秽等级	污湿特征	等值盐密/[mg/cm²]	
		线路	发电厂、变电所
0	大气清洁地区及离海岸盐场 50km 以上无明显污染地区	≤0.03	—
Ⅰ	大气轻度污染地区，工业区和人口低密集区，离海岸盐场 10~50km 地区。在污闪季节中干燥少雾（含毛毛雨）或雨量较多时	>0.03~0.06	≤0.06
Ⅱ	大气中等污染地区，轻盐碱和炉烟污秽地区，离海岸盐场 3~10km 地区，在污闪季节中潮湿多雾（含毛毛雨）但雨量较少时	>0.06~0.10	>0.06~0.10
Ⅲ	大气污染较严重地区，重雾和重盐碱地区，近海岸盐场 1~3km 地区，工业与人口密度较大地区，离化学污源和炉烟污秽 300~1500m 的较严重污秽地区	>0.10~0.25	>0.10~0.25
Ⅳ	大气特别严重污染地区，离海岸盐场 1km 以内，离化学污源和炉烟污秽 300m 以内的地区	>0.25~0.35	>0.25~0.35

污层受潮或湿润主要取决于气象条件，例如在多雾、常下毛毛雨、易凝露的地区，容易发生污闪。不过有些气象条件也有有利的一面，例如风既是绝缘子表面积污的原因之一，也是吹掉部分已积污秽的因素；大雨更能冲刷上表面的积污，反溅到下表面的雨水也能使附着的可溶盐流失一部分，此即绝缘子的"自清洗作用"。长期干旱会使积污严重，一旦出现不利的气象条件（雾、露、毛毛雨等）就易引起污闪。

干区出现的部位和局部电弧发展、延伸的难易，均与绝缘子的结构形状有密切的关系，这是绝缘子设计所要解决的重要问题之一。

总之，绝缘子的污闪是一个受到电、热、化学、气候等多方面因素的复杂过程，通常可以分为积污、受潮、干区形成、局部电弧的出现和发展四个阶段，采取措施抑制或阻止其中任一阶段的发展和完成，就能防止污闪事故的发生。

3. 防止绝缘子污闪的措施

随着环境污染的加重、电力系统规模的不断扩大以及对供电可靠性的要求越来越高，防止电力系统中发生污闪事故已成为十分重要的课题。在现代电力系统中实际采用的防污闪措施主要有以下几项。

1）调整爬电比距。目前，我国用爬电比距 λ 来表示绝缘的耐污水平。所谓爬电比距，指的是外绝缘"相对地"之间的爬电距离（cm）与系统最高工作（线）电压（kV，有效值）之比，表 3-2 列出了 GB/T26218—2010 所规定的各级污区应有的爬电比距。

表 3-2　各污秽等级所要求的爬电比距 λ

污秽等级	爬电比距/（cm/kV）			
	线　路		发电厂、变电站	
	220kV 及以下	330kV 及以上	220kV 及以下	330kV 及以上
0	1.39 （1.60）	1.45 （1.60）	—	—
I	1.39 ~ 1.74 （1.60 ~ 2.00）	1.45 ~ 1.82 （1.60 ~ 2.00）	1.60 （1.84）	1.60 （1.76）
II	1.74 ~ 2.17 （2.00 ~ 2.50）	1.82 ~ 2.27 （2.00 ~ 2.50）	2.00 （2.30）	2.00 （2.20）
III	2.17 ~ 2.78 （2.50 ~ 3.20）	2.27 ~ 2.91 （2.50 ~ 3.20）	2.50 （2.88）	2.50 （2.75）
IV	2.78 ~ 3.30 （3.20 ~ 3.80）	2.91 ~ 3.45 （3.20 ~ 3.80）	3.10 （3.57）	3.10 （3.41）

注：爬电比距计算时取系统最高工作电压，括号内数字为按额定电压计算值。

由于爬电比距值是以大量实际运行经验为基础而规定出来的，所以一般只要遵循规定的爬电比距值来选择绝缘子串的总爬电距离和片数，就能保证必要的运行可靠性。

2）选用新型的合成绝缘子。图 3-1e 中的合成绝缘子，其憎水性极强，耐污性能极好，已成为抗污秽绝缘子的首选产品。

3）定期或不定期清洗。定期对绝缘子进行清扫，或采取带电水冲洗的方法清洗。

4）涂覆防污涂料。发生污闪不仅要先积污，而且还要在不利的条件下使污层受潮变成导电层，在绝缘子表面涂憎水性的防污涂料，如有机硅脂、地蜡涂料和室温硫化硅橡胶等，使绝缘子表面不易形成连续的水膜而以孤立的水珠出现。这时污层电导不大、泄漏电流很小，不易形成逐步延伸的电弧，也就不会导致污闪。

5）采用半导体釉绝缘子。这种绝缘子的半导体釉层（表面电阻率为 $10^6 ~ 10^8 \Omega \cdot m$）有一定的导电性，运行中因为有一个比普通绝缘子表面泄漏电流更大的表面电导电流流过而发热，使绝缘子表面保持干燥，同时釉层电导还能缓解干区电场集中现象，使表面电压分布较为均匀，从而能保持较高的闪络电压。值得注意的是，釉层容易被腐蚀和老化，影响了它更广泛的应用。

6）增大爬电距离。如果电力系统在实际运行中出现不应有的污闪事故，则需要进一步增大爬电距离，加强绝缘（如增加绝缘子片数），对于悬垂串来说，在增加绝缘子片数时会增加整个绝缘子串长度，从而减小了风偏时的空气间距，为此可采用 V 形串来固定导线；若增加绝缘子片数有困难，可换用每片爬距较大的耐污型绝缘子。

思考题与习题

1. 外绝缘的湿闪电压是指在什么条件下的闪络电压？外绝缘污秽后，在大雨、毛毛雨天气下的闪络电压哪个高？为什么？

2. 为何线路绝缘子串受污秽后在雾天的闪络应特别加以重视？可采取哪些具体措施避免出现污闪？

3. 试解释沿面闪络电压明显低于纯空气间隙击穿电压的原因。

4. 气压、温度、湿度对空气间隙的击穿电压如何影响？

5. 线路绝缘子串上的电压分布为什么会不均匀？解释其原因，并简述改善电压分布的方法及理由。

6. 110kV 电气设备外绝缘应有 260kV（有效值）工频耐压水平，如该设备将安装到 3000m 的高原，出厂（在海拔低于 1000m 平原）试验时，该试验电压应提高至多少？

7. 为了防止运行中的绝缘子被击穿损坏，要求绝缘子的击穿电压（   ）闪络电压。

（a）高于　　　　　　（b）低于　　　　　　（c）等于　　　　　　（d）低于或等于

8. 以下哪种不是常用的外绝缘材料（   ）。

（a）电瓷　　　　　　（b）玻璃　　　　　　（c）水泥　　　　　　（d）硅橡胶

9. 外绝缘放电电压随着海拔高度的增加而（   ）。

（a）增加　　　　　　（b）降低　　　　　　（c）不变　　　　　　（d）不确定

10. 污层等值附盐密度以（   ）表示。

（a）g/cm^2　　　　（b）mg/cm^2　　　（c）$\mu g/cm^2$　　　（d）mg/mm^2

11. 与瓷或玻璃绝缘子相比，合成绝缘子的优点是（   ）。

（a）耐污闪　　　　（b）运行维护费用高　　（c）涂覆憎水性涂料　　（d）定期测试盐密

12. 沿脏污表面的闪络不仅取决于是否能产生局部电弧，还要看流过脏污表面的泄漏电流是否足以维持一定程度的（   ），以保证局部电弧能继续燃烧和扩展。

（a）碰撞游离　　　　（b）热游离　　　　　（c）光游离　　　　　（d）滑闪放电

13. 支柱绝缘子加装均压环，由于（   ）的原因，可提高闪络电压。

（a）改善电极附近电场分布　　　　　　（b）增大电极面积

（c）减小支柱绝缘子两端电压　　　　　（d）减小绝缘子两端的平均电场强度

14. 当电压高于绝缘子所能承受的电压时，电流呈闪光状，由导体经空气沿绝缘子边沿流入与大地相连接的金属构件，此时即为（   ）。

（a）击穿　　　　　　（b）闪络　　　　　　（c）短路　　　　　　（d）接地

15. （   ）型绝缘子具有损坏后"自爆"的特性。

（a）电瓷　　　　　　（b）钢化玻璃　　　　（c）硅橡胶　　　　　（d）乙丙橡胶

第3章自测题

第4章
电气设备绝缘试验

电气设备绝缘特性的优良与否直接影响到电气设备的安全可靠运行。据统计,电力系统中60%以上的事故都是由绝缘故障所引发,即是由绝缘的老化及击穿而引起的事故。由于设备运行中不可避免会出现绝缘缺陷或绝缘老化,因此人们通常需要通过各种形式的试验来监测电气设备的绝缘状况。目前,电力系统中普遍推行的 DL/T 596—2005《电力设备绝缘预防性试验规程》就是保证电气设备安全可靠运行的重要技术措施之一。

绝缘缺陷通常可以分为两大类:一类是集中性的缺陷,如悬式绝缘子的瓷质开裂,发电机绝缘局部磨损、挤压破裂等;另一类是分布性的缺陷,是指电气设备整体绝缘性能下降,如电机、变压器、套管等绝缘中的有机材料的受潮、老化、变质等。绝缘内部有了上述这两类缺陷后,它的特性往往会发生一定的变化,这样就可以通过相应试验将隐藏的缺陷检查出来。

绝缘预防性试验分为两大类。一类是通过测试绝缘的某些特性参数来判断绝缘的状况,称为检查性试验,又称为绝缘性能试验。这类试验一般是在较低电压下进行的,不会对绝缘造成损伤,因此亦称为非破坏性试验。另一类是通过对绝缘施加各种较高的试验电压来考核其电气强度,称为耐压试验。由于这类试验所加电压一般都高于设备的实际工作电压,试验中可能会对绝缘造成某种程度的损伤,比如试验导致绝缘发生某种游离或使局部放电进一步扩大,甚至造成绝缘的直接击穿等,因此将这类试验又称为破坏性试验。

一般来说,这两类试验之间并没有固定的定量关系,亦即不能根据非破坏性试验所得数据去推断绝缘的耐压水平或击穿电压,反之亦然。所以,为了准确和全面地掌握电气设备绝缘的状态和性能,这两类试验都是不可缺少的。为了避免不必要的损失,一般都将破坏性试验放到非破坏性试验合格通过之后进行,表4-1给出了各种预防性试验方法的特点。

表4-1 各种预防性试验方法的特点

序号	试验方法	能发现的缺陷
1	测量绝缘电阻及泄漏电流	贯穿性的受潮、脏污和导电通道
2	测量吸收比	大面积受潮、贯穿性的集中缺陷
3	测量 $\tan\delta$	绝缘普遍受潮和劣化
4	测量局部放电	有气体放电的局部缺陷
5	油的气相色谱分析	持续性的局部过热和局部放电
6	交流或直流耐压试验	使抗电强度下降到一定程度的主绝缘局部缺陷

电气设备绝缘试验对于设备制造厂、电力系统运行部门、某些电工、电力科研机构来说,都是重要的和必需的。本章主要介绍几种常用的高压试验的基本原理和测试方法。在具体判断某电气设备的绝缘状况时,应注意对各项试验结果进行综合判断,并采用将试验数据

与同一设备的历次试验数据相比较（纵向比较）及与同类设备试验数据相比较（横向比较）的分析方法。

4.1 绝缘性能试验

绝缘性能试验包括绝缘电阻和吸收比、泄漏电流以及 $\tan\delta$ 的测量、局部放电的测量、绝缘油的气相色谱分析等。各种方法反映绝缘的性质是不同的，对不同的绝缘材料和绝缘结构的有效性也不同，往往需要采用多种不同的方法进行试验，并对试验结果进行综合分析比较后，才能作出正确的判断。

4.1.1 绝缘电阻和泄漏电流测量

当电气设备绝缘受潮、表面变脏或存在局部缺陷时，其绝缘电阻会显著下降。通过测量绝缘电阻判断绝缘性能，是基本的电气设备绝缘试验之一。

测量泄漏电流从原理上来说，与测量绝缘电阻是相似的，但它所加的直流电压要高得多，能发现用绝缘电阻表所不能显示的某些缺陷，具有自己的某些特点。

1. 绝缘电阻的测量

（1）双层介质的吸收现象

绝大多数电气设备的绝缘采用多层绝缘或组合绝缘，例如电机绝缘中用的云母带是由纸、玻璃布和云母片粘合而成，变压器绕组采用油和纸组合绝缘。根据电介质的极化和电导理论，以双层介质为例进行分析，其等效电路见第 1 章的图1-5，为分析方便，改用电阻 R_1 和 R_2 来代替该图中的电导 G_1 和 G_2，如图 4-1 所示。

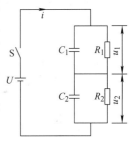

图 4-1 双层电介质
等效电路

在开关 S 将电路合闸到直流电压时，在电路中最先出现的是电容电流 i_c（它流过 C_1 和 C_2），它很快就衰减到零，如图 1-6 中的曲线 i_c 所示，一般在分析吸收现象时不予考虑。

为了讨论因吸收现象而出现的过渡过程时，一般取开关 S 合闸作为时间 t 的起点，在 $t = 0^+$ 的极短时间内，层间电压分布为

$$U_{10} = U\frac{C_2}{C_1 + C_2} \tag{4-1}$$

$$U_{20} = U\frac{C_1}{C_2 + C_1} \tag{4-2}$$

达到稳态时（$t \to \infty$），层间电压改为按电阻分配

$$U_{1\infty} = U\frac{R_1}{R_1 + R_2} \tag{4-3}$$

$$U_{2\infty} = U\frac{R_2}{R_1 + R_2} \tag{4-4}$$

而稳态电流将为电导电流

$$I_g = \frac{U}{R_1 + R_2} \tag{4-5}$$

由于存在吸收现象，$U_{10} \neq U_{1\infty}$，$U_{20} \neq U_{2\infty}$，即在 $t > 0$ 后一般有一个过渡过程，在这个过程中的层间电压变化为

$$u_1 = U\left[\frac{R_1}{R_1 + R_2} + \left(\frac{C_2}{C_1 + C_2} - \frac{R_1}{R_1 + R_2}\right)e^{-\frac{t}{\tau}}\right] \qquad (4\text{-}6)$$

$$u_2 = U\left[\frac{R_2}{R_1 + R_2} + \left(\frac{C_1}{C_1 + C_2} - \frac{R_2}{R_1 + R_2}\right)e^{-\frac{t}{\tau}}\right] \qquad (4\text{-}7)$$

式中，τ 为电路过渡过程的时间常数，其计算式为

$$\tau = (C_1 + C_2)\frac{R_1 R_2}{R_1 + R_2} \qquad (4\text{-}8)$$

流过双层介质的电流为 $i = i_{R_1} + i_{C_1}$ 或 $i = i_{R_2} + i_{C_2}$。若选用第一个方程式，则

$$i = \frac{u_1}{R_1} + C_1\frac{\mathrm{d}u_1}{\mathrm{d}t} = \frac{U}{R_1 + R_2} + \frac{U(R_2 C_2 - R_1 C_1)^2}{(C_1 + C_2)^2(R_1 + R_2)R_1 R_2}e^{-\frac{t}{\tau}} \qquad (4\text{-}9)$$

式(4-9) 中的第一个分量为电导电流 I_g，第二个分量即为吸收电流 i_a

$$i_a = \frac{U(R_2 C_2 - R_1 C_1)^2}{(C_1 + C_2)^2(R_1 + R_2)R_1 R_2}e^{-\frac{t}{\tau}} \qquad (4\text{-}10)$$

由式(4-10) 可以看出：如果 $R_2 C_2 \approx R_1 C_1$（即 $C_2/C_1 \approx G_2/G_1$），则吸收电流分量很小，吸收现象不明显，这个结论与第 1 章介绍过的夹层极化的情况完全一致。

绝缘电阻为直流电压与出现的电流之比，由式(4-9) 可知，第二个分量表示的吸收电流尚未衰减完毕时，呈现的电阻值是不断变化的，即

$$R(t) = \frac{U}{i} = \frac{U}{\dfrac{U}{R_1 + R_2} + \dfrac{U(R_2 C_2 - R_1 C_1)^2}{(C_1 + C_2)^2(R_1 + R_2)R_1 R_2}e^{-\frac{t}{\tau}}} = \frac{(C_1 + C_2)^2(R_1 + R_2)R_1 R_2}{(C_1 + C_2)^2 R_1 R_2 + (R_2 C_2 - R_1 C_1)^2 e^{-\frac{t}{\tau}}}$$

$$(4\text{-}11)$$

通常所说的绝缘电阻是指吸收电流衰减完毕后所测得的稳态电阻。若令 $t \to \infty$，可得 $R_\infty = R_1 + R_2$，即等于两层介质电阻的串联值。

若绝缘良好，则稳定的绝缘电阻值很高，而且要经过较长的时间才能达到此稳定值；特别是当电容量较大时，很难测得 R_∞ 的值。反之，若绝缘受潮或出现贯穿性导电通道，则不仅稳定的电阻值较低，而且会很快到达稳定值。

从上述分析可知，对单一介质绝缘或电容量较小的绝缘被试品，可以只测量其绝缘电阻；而对于电容量较大的绝缘被试品，不仅要测量其绝缘电阻，还要测量其吸收比或极化指数。

因此实际测试中，对某些容量较大或不均匀的绝缘被试品，往往采用式(1-5) 和式(1-6)测吸收比 K 的方法来代替单一稳态绝缘电阻的测量；对于电容量较大的绝缘被试品，如大型发电机，吸收时间常数大，有时会出现电阻很大但吸收比较小的现象，上述吸收比还不能充分反映绝缘吸收现象的全过程。这时可利用式(1-7) 极化指数 PI 来进行判断。

（2）试验设备与接线

绝缘电阻表（亦称兆欧表或摇表），它是测量设备绝缘电阻的专用仪表，它的原理接线如图 4-2 所示，图中 G 为手摇（或电动）直流发电机（也可以用交流发电机通过晶体二极管整流代替）作为电源，它的测量机构为流比计 N，它有两个绕向相反且互相垂直固定在一

起的电压线圈 LU 和电流线圈 LA，它们处在同一个永磁磁场中（图中未画出），它可带动指针旋转，由于没有弹簧游丝，故没有反作用力矩，当线圈中没有电流时，指针可以停留在任意的位置上。

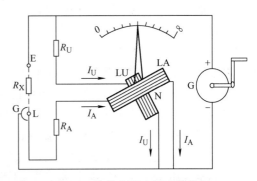

图 4-2　绝缘电阻表原理接线图

绝缘电阻表的接地端子"E"和端子"L"接于被试品 R_X 的两端，摇动发电机手柄（一般 120r/min），直流电压 U 就加到两个并联的支路上。第一个支路电流 I_U 通过电阻 R_U 和电压线圈 LU；第二个支路电流 I_A 通过被试品绝缘电阻 R_X、R_A 和电流线圈 LA，两个线圈中电流产生的力矩方向相反。在两个力矩差的作用下，线圈带动指针旋转，直至两个力矩平衡为止。当到达平衡时，指针偏转的角度 α 正比于 (I_U/I_A)，因外施电压 U 为同一直流电压，所以偏转角 α 就反映了被测绝缘电阻的大小。

设 M_U、M_A 分别代表电流流过线圈 LU、线圈 LA 时产生的力矩

$$M_U = I_U F_U(\alpha), M_A = I_A F_A(\alpha) \tag{4-12}$$

式中，$F_U(\alpha)$ 和 $F_A(\alpha)$ 与气隙中的磁通密度分布有关，随指针转动角度 α 而变。

当到达平衡时，即 $M_U = M_A$，有

$$\frac{I_U}{I_A} = \frac{F_A'(\alpha)}{F_U'(\alpha)} \quad 或 \quad \alpha = f\left(\frac{I_U}{I_A}\right) \tag{4-13}$$

由 $I_U = \dfrac{U}{R_U}$，$I_A = \dfrac{U}{R_A + R_X}$，可得

$$\alpha = f\left(\frac{I_U}{I_A}\right) = f\left(\frac{R_A + R_X}{R_U}\right) = f'(R_X) \tag{4-14}$$

从式(4-14) 可以看出，指针偏转角直接反映了被试品绝缘电阻的大小。当绝缘电阻表一定时，R_U 和 R_A 均为常数，故指针偏转角 α 的大小仅由被试品的绝缘电阻值 R_X 决定。

图 4-3 所示为测量套管绝缘电阻的接线图。试验时将端子"E"接于套管的法兰上，将端子"L"接于导电芯上，"G"为屏蔽接线端子，用以消除绝缘被试品表面泄漏电流的影响。可在导电芯附近的套管表面缠上几匝裸铜丝（或加一金属屏蔽环），并将它接到绝缘电阻表的屏蔽端子"G"上，此时由法兰经套管表面的泄漏电流将经过"G"直接回到发电机负极，而不经过电流线圈 LA，这样测得的绝缘电阻便消除了由于表面受潮对表面泄漏电流的影响，保证了测量的准确性。

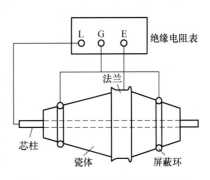

图 4-3　测量套管绝缘电阻接线图

常用的绝缘电阻表的额定电压有 500V、1000V、2500V 及 5000V 等几种。高压电气设备绝缘预防性试验中规定，对于额定电压为 1000V 及以上的设备，应使用 2500V 的绝缘电阻表；而对于 1000V 以下的设备，则使用 1000V 的绝缘电阻表。

从流比计的原理可以看出，仪表的读数与手摇式发电机的输出电压或转速绝对值的关系

不大，一般使得手柄的转速达到额定转速（通常为 120r/min）的 80% 以上就行，重要的是要保持转速的恒定。需要注意的是，当被试品电容量较大时，测量后须先将绝缘电阻表从测量回路中断开，然后才能停止转动发电机，以免被试品的电容电压损坏仪表。

电子式绝缘电阻表测量原理与手摇式绝缘电阻表的测量原理一样，只是电源的产生方式不一样，前者由电池供电或 220V 交流电源供电。由于电力电子技术的发展，开关电源技术已比较成熟，因此工程中大量采用了电子式绝缘电阻表。

（3）绝缘电阻试验结果判断和适用范围

通过绝缘电阻试验能有效发现的绝缘问题主要有：贯穿性缺陷，绝缘表面状况不良问题、总体绝缘质量不佳和绝缘受潮等普遍性缺陷。对于一些局部的集中性缺陷，即使可能是很严重的缺陷，因为试验时施加的电压较低，在试验时仍可能出现绝缘电阻很大的现象。有的绝缘即使发生老化后也具有较高的绝缘电阻，也不能用这种方法进行判断。

在绝缘电阻试验中，绝缘电阻的大小与绝缘材料的结构、体积有关，与所用的绝缘电阻表的电压高低有关，还与大气条件有关，因此，不能简单地用绝缘电阻的大小或吸收比来判断绝缘的好坏。所测被试品的绝缘电阻值和吸收比应与其出厂值等历史数据比较，或者与同类型设备相比较，结合绝缘电阻值与吸收比的变化综合判断。

2. 泄漏电流的测量

泄漏电流的测量和用绝缘电阻表测量绝缘电阻的原理相同，不过直流泄漏电流试验中加在被试品上的电压很高，可以发现绝缘电阻表所不能发现的局部缺陷，如瓷套开裂等；同时，加在被试品上的直流电压是逐渐升高的，通过微安表可以在电压上升过程中观察泄漏电流的增长动向，便于及时了解绝缘情况。

图 4-4 为某发电机的直流泄漏电流与所加直流电压的变化曲线，若绝缘良好，则泄漏电流随电压升高线性增加，如曲线 1；若受潮，则也是线性增加，但增长幅值变大，如曲线 2；若泄漏电流增加很快，则表示绝缘中已有集中性缺陷，如曲线 3；若在电压不到直流耐压值的一半时，泄漏电流就急剧上升，说明在运行电压下就可能发生击穿，如曲线 4。

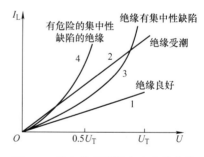

图 4-4　发电机的泄漏电流变化曲线
（U_T 为发电机的直流耐压试验电压值）

电压升高到规定的试验电压后，要保持 1min 时间，再读出最后的泄漏电流，可以观察泄漏电流是否随时间的延续而增大。绝缘良好时，泄漏电流应保持不变，值很小。

泄漏电流试验接线图如图 4-5 所示，T_1 是调压器，控制直流电压的高低，经升压变压器 T_2 后经 VD 整流，电容 C 起稳压作用，R 为保护电阻，PV_2 用于测量被试品上所加的直流高压，C_x 为被试品，微安表的接线方式有两种，如图 4-5 中 P 处或 Q 处。

若采用图 4-5 中 P 处的接法，微安电流表要接高压侧，被试品一端固定接地，读数在高压侧，应注意人身安全，另外应该加屏蔽把微安表和被试品屏蔽，避免高压侧对地杂散电流流过微安表而影响测量结果。

若被试品可以不接地，微安表接在低压侧，即图 4-5 中 Q 处，读数时安全，这时高压侧对地杂散电流不会流过微安表，因此不用屏蔽。

微安表读数比电阻表灵敏，但比较脆弱，需要加以保护。保护回路如图 4-6 所示，电容 C_0 滤掉泄漏电流中的脉动分量，使读数更加稳定，而且 R_0 和 L 都可以限制意外击穿时的脉冲电流，使电压足够平稳，放电管 V 来得及动作。微安表平时被闭合的开关 S 短路，S 只在需要读数时打开。

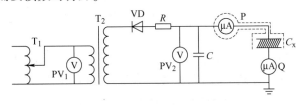

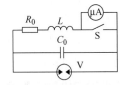

图 4-5　泄漏电流测量接线　　　　　　　　图 4-6　微安表保护电路

4.1.2　介质损耗角正切的测量

介质损耗角正切（tanδ）是表征绝缘介质功率损耗大小的特征参数。tanδ 值的测量是判断电气设备绝缘状态的一种灵敏有效的方法，它的数值能够反映绝缘的整体劣化或受潮以及小电容试品中的严重局部缺陷；但如果绝缘内的缺陷不是分布性而是集中性的，tanδ 有时反应就不灵敏。被试绝缘的体积越大，或集中缺陷所占的体积越小，那么集中缺陷处的介质损耗占被试绝缘全部介质损耗中的比重就越小，容性电流几乎不变，总体的 tanδ 增加的就越少，测 tanδ 法就越不灵敏。因此，对于大容量电机、变压器和电力电缆等大电容量设备绝缘中的局部性缺陷，这时应尽可能将这些设备分解成几个部分，然后分别测量它们的 tanδ。

1. 西林电桥测量 tanδ

介质损耗角正切的测量方法很多，从原理上可分为平衡测量法和角差测量法两类。传统的测量方法为平衡测量法，即高压西林电桥法。西林电桥是一种交流电桥，用于测量材料和设备的电容值和介质损耗角正切，QS1 型电桥基本电路如图 4-7 所示。

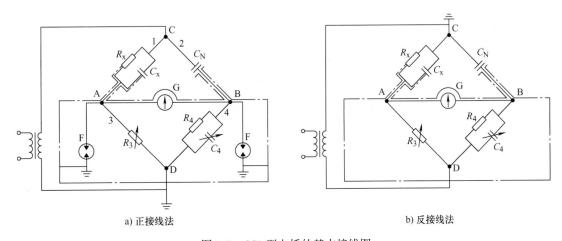

a) 正接线法　　　　　　　　　　　　　b) 反接线法

图 4-7　QS1 型电桥的基本接线图

西林电桥有四个桥臂。其中两个为高压桥臂：一个代表被试品的阻抗 Z_x（由 R_x 和 C_x 构成），一个是无损耗标准电容 C_N。另两个为低压桥臂：处在电桥本体内，一个是可调无感电阻 R_3，一个是无感电阻 R_4 和可调电容 C_4 的并联回路。在图 4-7a 中，被试品处于高电位侧且两端均不接地，而西林电桥的两个低压桥臂处于低电位侧，这种接线方式称为正接线法。

在选择电桥的低压桥臂参数时，考虑到在正常情况下出现在 R_3、R_4 和 C_4 上的压降不超过几伏，但如果被试品或标准电容发生闪络或击穿时，在 A、B 点可能出现高电位。为此，可在 A、B 点对地之间分别并联一个放电管 F 以作保护。这种放电管的放电电压为 100～200V，A、B 上电位达到放电管的放电起始电压值，管子放电，使 A、B 和接地点 D 相连，保护试验人员免受电击。

电桥的平衡是靠调节 R_3 和 C_4 来获得的。电桥平衡时，A、B 两点电位相等，检流计 G 指零，此时流过 Z_x 的电流等于流过 R_3 的电流，流过 C_N 的电流等于流过 R_4 和 C_4 并联电路的电流，由此可得出电桥平衡条件为

$$Z_x Z_4 = Z_N Z_3 \tag{4-15}$$

将 $Z_x = \dfrac{1}{1/R_x + j\omega C_x}$，$Z_N = \dfrac{1}{j\omega C_N}$，$Z_3 = R_4$，$Z_4 = \dfrac{1}{1/R_4 + j\omega C_4}$ 代入式（4-15）可得

$$C_x = \frac{R_4 C_N}{R_3(1 + \omega^2 C_4^2 R_4^2)} \tag{4-16}$$

$$R_x = \frac{R_3(1 + \omega^2 C_4^2 R_4^2)}{\omega^2 C_4 R_4^2 C_N} \tag{4-17}$$

联合式（1-8），并将式（4-16）和式（4-17）中值代入，介质损耗角正切为

$$\tan\delta = \frac{1}{\omega C_x R_x} = \omega C_4 R_4 \tag{4-18}$$

由于 $\omega = 100\pi$，为了读数方便起见，一般取 $R_4 = 10000/\pi\,\Omega$，并取 C_4 的单位为 μF，将电桥面板上可调电容 C_4 的 μF 值直接标记成被试品的 $\tan\delta$ 值，即在数值上

$$\tan\delta = C_4 \tag{4-19}$$

同时，由式（4-18）和式（4-16）可知，因为 $\tan\delta$ 值极小，试品的电容亦可按下式求得

$$C_x = \frac{R_4 C_N}{R_3(1 + \tan^2\delta)} \approx \frac{R_4}{R_3} C_N \tag{4-20}$$

现场电气设备的外壳有时是直接接地的，故被试品的一端无法对地绝缘，这时可采用图 4-7b 所示反接线法测量 $\tan\delta$，即将电桥的 D 点连接到电源的高压端，而将 C 点接地。在这种接线中，被试品始终处于接地端，调节元件 R_3、C_4 处于高压端，因此电桥本体的全部元件对机壳必须具有足够的绝缘强度并采取可靠的保护措施，以保证试验人员的人身安全。比如测量高压输电线路对地的介质损耗，必须采用反接线法，通常将电桥安放于对地绝缘的法拉第笼中。

2. 测量 $\tan\delta$ 的电磁干扰及抗干扰措施

在现场进行测量时，被试品和桥体往往处于周围带电部分的电场和磁场的作用范围之内，会引起电桥测量误差，甚至无法调节到平衡。虽然电桥本体及连接线采用了屏蔽措施，但被试品无法做到全屏蔽。此外，桥路本身的杂散电容也会参与电桥平衡的过程，对测量结果造成影响。

测量过程中的电磁干扰包括静电干扰和磁干扰。静电干扰是一种电容性耦合干扰，其干扰源为周围的高压带电物体，包括电桥的高压引线、附近具有高电位的设备等，如图 4-8 所示。高压干扰源通过杂散电容对电桥各节点注入电流，从而使各个桥臂的电压发生变化，影

响桥臂平衡，产生测量误差。同时，电桥也处于交变磁场的影响中，桥路内将感应出干扰电动势，影响检流计偏转，也将造成测量误差。

为了减小电磁干扰导致的测量误差，可以采用屏蔽、倒相、移相电源等方法。如图4-7中虚线所示，将电桥的低压部分（包括被试品的低压电极在内）用接地的金属网屏蔽起来，这种措施可基本上消除电磁干扰导致的误差，但这在实际中往往不易做到。

倒相法是一种比较简便的方法。测量时，将电源按照正接线和反接线各接一次，得到两组测量结果 $\tan\delta_1$、C_{1x} 和 $\tan\delta_2$、C_{2x}，然后进行计算求得 $\tan\delta$ 值和 C_x 值，详细描述如下。

图4-9中 I 为无干扰时流经被试品的电流，I_{1d} 和 I_{2d} 表示外界电场引起的干扰电流。I 中的容性分量 I_C 大小为 $\omega C_x U$，阻性分量 I_r 大小为 $\omega C_x U\tan\delta$。设 I_1 为第一次测量时 I 和 I_{1d} 的合成电流，其容性和阻性分量分别为 I_{1C} 和 I_{1r}；第二次测量时由于电源相位旋转了180°，因此 I_{2d} 的相位转了180°，但是其幅值与 I_{1d} 相同，合成电流为 I_2，其容性和阻性分量分别为 I_{2C} 和 I_{2r}。

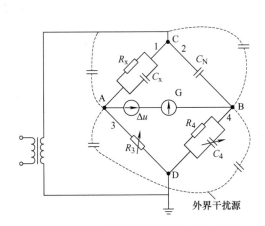

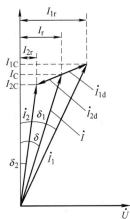

图4-8　西林电桥测量中的电磁干扰示意图　图4-9　存在外界电场干扰时电桥测量电流相量图

在试验时，第一次将电桥调至平衡，测得被试品的损耗角正切和电容量分别为 $\tan\delta_1$ 和 C_{1x}；第二次时倒转试验变压器一次侧电源线的两头，此时试验电压 U 的相位旋转了180°，测得的值分别为 $\tan\delta_2$、C_{2x}。由于介质损耗角很小，因此可以认为

$$\left.\begin{aligned}
I_r &= \frac{1}{2}\left(I_{1r} + I_{2r}\right) \\
I_C &= \frac{1}{2}\left(I_{1C} + I_{2C}\right)
\end{aligned}\right\} \tag{4-21}$$

被试品实际的介质损耗角正切为

$$\tan\delta = \frac{I_r}{I_C} = \frac{\omega C_{1x}U\tan\delta_1 + \omega C_{2x}U\tan\delta_2}{\omega C_{1x}U + \omega C_{2x}U} \approx \frac{\tan\delta_1 + \tan\delta_2}{2}$$

$$C_x = \frac{C_{1x} + C_{2x}}{2} \tag{4-22}$$

另外，由于干扰源的相位一般是不会改变的，因此，还可以通过改变电源的相位，使得电源的相位和干扰的相位同相或反相，来达到消除或减少同频率干扰的目的。也可以采用频率为 $45 \sim 55\text{Hz}$ 的异频电压源，避免工频干扰。

4.1.3 局部放电测量

常用的固体绝缘介质总不可能做得十分纯净致密，总会不同程度地包含一些分散性的异物，如各种杂质、水分和小气泡等。有些是在制造过程中未除净的，有些是在运行中因绝缘老化和分解所产生的。由于这些异物的电导和介电常数不同于所用的绝缘介质，故在外施电压作用下，这些异物附近将具有比周围更高的场强。当这些部位的场强超过了该处杂质的游离场强，就会产生游离放电，即发生局部放电（Partial Discharge，PD）。

由于局部放电是分散地发生在极微小的空间内，所以它几乎不影响当时整体绝缘的击穿电压。但这种在正常工作电压下的局部放电，会在其工作期间持续发展，加速绝缘的老化和破坏，发展到一定程度时，就可能导致绝缘的击穿。所以，测定绝缘在不同电压下局部放电强度的规律，能预示绝缘的状况，也是估计绝缘电老化速度的重要根据。

1. 局部放电的测量原理

固体介质内部有单个小气泡时的等效电路如图 4-10 所示。图中，C_g 为气隙的电容，C_b 是与气隙串联的固体介质的电容，C_a 是固体介质其余完好部分的电容，Z 为气隙放电脉冲的电源阻抗。一般情况下气隙较小，所以 $C_b \ll C_g$，且 $C_b \ll C_a$。

气泡电容并联的空气间隙的放电就是火花放电，在交变电压作用下，

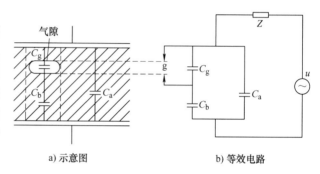

图 4-10 绝缘内部气隙局部放电的等效电路

气泡上分到的电压为 $u_g = \dfrac{C_b}{C_b + C_g} U_m \sin\omega t$，其波形如图 4-11a 中的虚线所示，当 u_g 达到气泡的击穿电压 U_s 时，C_g 通过气隙放电，C_g 上电压下降，降低到熄灭电压 U_r 时，火花熄灭，完成一次局部放电，放电的时间很短，可以认为是瞬时完成的。随着外加电压的继续上升，C_g 重新获得充电，当它再次达到 U_s 值时，气隙发生第二次放电，依次类推。

C_g 上的电压从 U_s 突变为 U_r（均为绝对值）的一瞬间，就是局部放电脉冲的形成时刻，此时通过 C_g 有一脉冲电流，时间很短，约 10^{-8} s 数量级，画到与工频电压相对应的坐标上，就变成一条垂直的短线，如图 4-11b 所示。气隙每放电一次，其电压瞬时下降 $\Delta U_g = U_s - U_r$。

气隙每次放电释放电荷量为

$$q_r = \left(C_g + \frac{C_a C_b}{C_a + C_b} \right)(U_s - U_r) \tag{4-23}$$

由于 $C_a \gg C_b$，则放电电荷量为

$$q_r \approx (C_g + C_b)(U_s - U_r) \tag{4-24}$$

式(4-24) 中的 q_r 为真实放电量，由于 C_g、C_b 和 C_a 实际上是无法测定的，所以 q_r 也无法测定。

但气隙放电所引起的电压降 ΔU_g 在 C_a 和 C_b 上按反比分配（从气隙两端看 C_a 和 C_b 是串联的），则 C_a 上的压降 ΔU_a 为

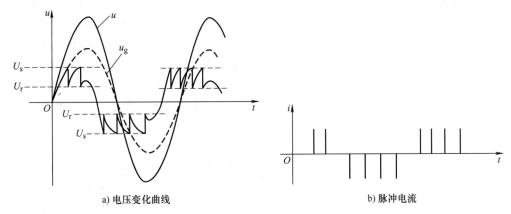

图 4-11 交流电压下气隙放电时的电压和脉冲电流

$$\Delta U_a = \frac{C_b}{C_a + C_b}(U_s - U_r) \qquad (4\text{-}25)$$

这就是说，当气隙放电时，试品两端的电压会下降 ΔU_a，这相当于试品放掉的电荷 q 为

$$q = (C_a + C_b)\Delta U_a = C_b(U_s - U_r) \qquad (4\text{-}26)$$

式中，q 为视在放电量。

通过电源充电在回路中形成电流脉冲。ΔU_a 和 q 的值都是可以测量的。因此，通常将 q 作为度量局部放电强度的参数。从以上各式可以看出，q 既是发生局部放电时试品电容所放掉的电荷，也是电容 C_b 上的电荷增量。由于有阻抗 Z 的阻隔，在上述过程中，电源 u 几乎不起作用。

比较式(4-24) 和式(4-26) 可得

$$q = \frac{C_b}{C_g + C_b}q_r \qquad (4\text{-}27)$$

由于 $C_b \ll C_g$，即视在放电量通常比真实放电量小得多，但 q 与 q_r 呈线性关系，因此通过测量 q 可以相对地反映出 q_r 的大小。

试验研究表明，视在放电量、放电重复率（在选定的时间间隔内测得的每秒发生放电脉冲的平均次数）和放电能量（一次放电所消耗的能量）是反映局部放电强弱的三个基本参数。

如前所述，在交流电压下，当外加电压较高时，局部放电在半周期内可以重复多次发生，而在直流电压下情况就不一样。由于直流电压的大小和方向均不变，所以一旦气隙产生放电，所产生的空间电荷建立的附加电场会使气隙中的电场削弱，导致放电熄灭，直到空间电荷通过介质内部的电导消散，使附加电场减小到一定程度后，才能开始第一次放电。由于电介质的电导很小，所以空间电荷的消散速度极慢。因此，在其他条件相同的情况下，直流电压下单位时间内的放电次数一般要比交流电压下小 3 ~ 4 个数量级，从而使得介质在直流电压下的局部放电所产生的破坏作用远比交流电压下小。

2. 脉冲电流检测法

局部放电发生过程中，除了产生电磁辐射外，还伴随声、光、热以及化学反应等多种物理化学现象，因此可分别利用上述效应对局部放电进行检测。根据检测信息量的不同，局部放电检测方法总体上可以分为电检测法和非电检测法两大类。电检测法包括脉冲电流检测法、射频电流检测法、特高频检测法和地电波检测法等；非电检测法通常包括噪声检测法、光检测法、温度检测法和化学分析检测法等。不同的局部放电检测方法各有优缺点，应用的场合也有所不同，非电检测方法不够灵敏，多作为定性分析来判断是否存在局部放电；电检测方法可以检测出放电强弱程度，其中应用的比较广泛和成功的是脉冲电流检测法。

用脉冲电流法测量局部放电的视在放电量，国际上推荐的有三种基本试验回路，即并联测试回路、串联测试回路和桥式测试回路，分别如图 4-12a、b、c 所示。

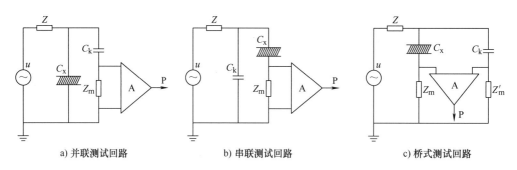

a) 并联测试回路   b) 串联测试回路   c) 桥式测试回路

图 4-12　用脉冲电流法检测局部放电的测试回路

三种回路的基本目的都是使在一定电压作用下的被试品 C_x 中产生的局部放电电流脉冲流过检测阻抗 Z_m，然后把 Z_m 上的电压或 Z_m 及 Z'_m 上的电压差加以放大后送到测量仪器 P（示波器、峰值电压表、脉冲计数器等）上去，所测得的脉冲电压峰值与试品的视在放电量成正比，只要经过适当的校准，就能直接读出视在放电量 q 的值（单位为 pC），如果 P 为脉冲计数器，则测得的是放电重复率。

除了长电缆段和带绕组的试品外，一般试品都可以用一集中电容 C_x 来代表，耦合电容 C_k 为被试品 C_x 与检测阻抗 Z_m 之间提供一条低阻抗通路，当 C_x 发生局部放电时，脉冲信号立即顺利耦合到 Z_m 上去；C_k 的残余电感应足够小，而且在试验电压下内部不能有局部放电现象；对电源的工频电压来说，C_k 又起着隔离作用。Z 为阻塞阻抗，它可以让工频高电压作用到被试品上去，但又阻止高压电源中的高频分量对测试回路产生干扰，也防止局部放电脉冲分流到电源中去，所以它实际上就是一只低通滤波器。

图 4-12a 中的并联测试回路和图 4-12b 中的串联测试回路属于直接法，但各有特点。并联测试回路适用于被试品一端接地的情况，它的优点是流过 C_x 的工频电流不流过 Z_m，在 C_x 较大的场合，这一优点尤其重要。串联测试回路适用于被试品两端均对地绝缘的情况，如果试验变压器的入口电容和高压引线的杂散电容足够大，采用这种回路时还可省去电容 C_k。

为了提高测试的抗干扰能力，可采用图 4-12c 中的桥式测试回路，即平衡法，试品 C_x 和耦合电容 C_k 的低压端均对地绝缘，检测阻抗则分成 Z_m 和 Z'_m 分别接在 C_x 和 C_k 的低压端与地之间。此时测量仪器 P 测得的是 Z_m 和 Z'_m 上的电压差。该方法与直接法不同之处仅在于检测阻抗和接地点的布置，当桥路平衡时，外部干扰源在 Z_m 和 Z'_m 上产生的干扰信号基本上相互抵消，工频信号也可相互抵消；而在 C_x 发生局部放电时，放电脉冲在 Z_m 和 Z'_m 上产生的信号却是互相叠加的。

所有上述回路中的阻塞阻抗 Z 和耦合电容 C_k 在所加试验电压下都不能出现局部放电，在一般情况下，希望 C_k 不小于 C_x 以增大检测阻抗上的信号。同时，Z 应比 Z_m 大，使得 C_x 中发生局部放电时，C_x 与 C_k 之间能较快地转换电荷，而从电源重新补充电荷（充电）的过程减慢，以提高测量的准确度。

Z_m 上出现的脉冲电压经放大器 A 放大后送往适当的测量仪器 P，即可得出测量结果。

4.1.4 绝缘油的电气试验和气相色谱分析

在变压器、互感器、断路器和充油套管等设备的预防性试验中，要定期对所用的绝缘油进行试验。绝缘油是高压电气设备绝缘中的重要组成部分，除绝缘外，它还起冷却的作用，在油断路器中则主要起灭弧的作用。因此需要对油的闪点、酸值、水分、游离碳、电气强度、介质损耗角正切 tanδ 等项目进行试验，如表 4-2 所示（摘自 GB/T 7595—2000《运行中变压器油质量标准》）。如果性能不符合要求，就要将油进行过滤、再生处理或换新油。

表 4-2 变压器油的一些质量指标

项　　目	设备电压等级 /kV	质量指标	
		投入运行前的油	运行油
水溶性酸（pH 值）		>5.4	≥4.2
酸值/（mg KOH/g）		≤0.03	≤0.1
水分/（mg/L）	330 ~ 500	≤10	≤15
	220	≤15	≤25
	110 及以下	≤20	≤35
介质损耗因数（90℃）	500	≤0.007	≤0.020
	330 及以下	≤0.010	≤0.040
击穿电压/kV	500	≥60	≥50
	330	≥50	≥45
	66 ~ 220	≥40	≥35
	35 及以下	≥35	≥30
体积电阻率（90℃） /（Ω·m）	500	≥6 × 10^{10}	≥1 × 10^{10}
	330 及以下		≥5 × 10^{9}
油中含气量（%） （体积分数）	330 ~ 500	≤1	≤3

绝缘油的闪点下降和酸值增加，常是由设备局部过热导致油分解所致。绝缘油受潮、脏污（如纤维、尘埃、碳化等）会使其击穿电压下降。油受潮或变质时，油的 tanδ 要增加。通过在标准油杯中对油进行击穿试验以及在专用的试验电极中测油的 tanδ，可以检查油的电气性能。

浸绝缘油的电气设备在出厂高压试验和在平时正常运行过程中，绝缘油和有机绝缘材料会逐渐老化，绝缘油中也就可能溶解微量或少量的 H_2、CO、CO_2 或烃类气体，但其量一般不会超过某些经验参考值（随不同的设备而异）。而当电器中存在局部过热、局部放电或某些内部故障时，绝缘油或固体绝缘材料会发生裂解，就会产生大量的各种烃类气体和 H_2、CO、CO_2 等气体，因而把这类气体称为故障特征气体，绝缘油中也就会溶解较多量的这类气体。

不同的绝缘介质和不同性质的故障，分解产生的气体成分是不同的，如表 4-3 所示。通过分析油中溶解气体的成分、含量及其随时间而增长的规律，就可以鉴别故障的性质、程度及其发展情况。这对于测定缓慢发展的潜伏性故障是很有效的，而且可以不停电进行。

表 4-3　不同故障类型产生的气体

故障类型	主要气体组分	次要气体组分
油过热	CH_4，C_2H_4	H_2，C_2H_6
油和纸过热	CH_4，C_2H_4，CO，CO_2	H_2，C_2H_6
油纸绝缘中局部放电	H_2，CH_4，CO	C_2H_2，C_2H_6，CO_2
油中火花放电	H_2，C_2H_2	
油中电弧	H_2，C_2H_2	CH_4，C_2H_4，C_2H_6
油和纸中电弧	H_2，C_2H_2，CO，CO_2	CH_4，C_2H_4，C_2H_6

注：进水受潮或油中气泡可能使油中的 H_2 含量升高。

对绝缘油中的溶解气体进行气相色谱分析，是广泛采用的有效的试验方法。该分析法是色谱法的一种，是以气体为流动相，采用冲洗法的柱色谱分离检测技术，该方法是将变压器油取回实验室中用色谱仪进行分析，不受现场复杂环境的干扰。其主要测量过程如下：

1）油样采集。从待检测的运行设备中提取油样和保存油样时，要保证油样与外界空气的隔离。

2）脱气。目前常用的脱气方法有两种。一种为真空法，基于真空脱气的原理把油中溶解的气体脱出。另一种为溶解平衡法，基于顶空色谱法原理（分配定律），即在恒温的密闭系统内使油中溶解气体在气、液两相达到分配平衡，通过测定气相内气体浓度，并根据分配定律和物料平衡原理所导出的公式求出样品中的溶解气体浓度。

3）样品检测。将收集的气体样品送入气相色谱仪，对其进行分离和鉴定。气相色谱仪主要由色谱柱和鉴定器组成。色谱柱内装有吸附剂，当气体样品进入色谱柱后，这些吸附剂便能使不同成分的气体有次序地先后流出色谱柱。鉴定器将流动相中各组分浓度变化转变为相应的电信号，由记录仪依次记录，形成一个有序的脉冲峰图，即色谱图。

4）结果判断。根据气体成分和浓度可以进行故障的初步判别，如正常变压器的油中烃类气体的总含量一般小于 150μL/L，若大于此值要引起注意。当烃类气体总含量大于 500μL/L 时，一般存在故障。

含绝缘油的电气设备故障诊断不能只依赖于油中溶解的气体成分及其浓度，还要观测各种气体的相对含量和增长率。因此，根据特征气体类型、含量和产生速率，可对设备中是否存在故障做出初步判断。

在此基础上，根据长期的研究结果，IEC 相继推荐了三比值法和改良三比值法，用于故障类型的判别。对绝缘油的热力学研究表明，低温时由局部放电所形成的离子碰撞、游离会产生 H_2，随着绝缘油故障点温度的升高，绝缘油劣化产生的烃类按 $CH_4 \rightarrow C_2H_6 \rightarrow C_2H_4 \rightarrow C_2H_2$ 顺序变化。基于上述原理，形成了以 CH_4/H_2、C_2H_6/CH_4、C_2H_4/C_2H_6、C_2H_2/C_2H_4 为基础的四比值法。由于 C_2H_6/CH_4 比值只能有限地反映热分解的温度范围，于是 IEC 将其删去形成三比值法。之后，在大量实践基础上，IEC 对比值范围、编码组合及故障类别做了改良，得到了目前推荐的改良三比值法。即根据特征气体含量，分别计算出 C_2H_2/C_2H_4、CH_4/H_2、C_2H_4/C_2H_6 这三对比值，再将这三对比值按一定规则进行编码，再按一定规则来判断故障的性质。如比值为 0∶1∶0 时，则设备内部发生高湿度、高含气量引起的油中低能量密度局部放电。

研究结果表明，由于设备的绝缘材料、结构和运行方式条件等差别，尚无法取得统一的严密的标准。利用油中溶解气体色谱法来检测充油电气设备内部的故障，是一种有效的方法。但由于电气设备的内部故障错综复杂，多种故障可能同时存在，各故障的分类本身也存在模糊性，所以三比值法不能反映充油设备内部故障的所有情况，在实际运行中，要注意在多种故障同时发生时也容易发生误判。

4.1.5 绝缘的在线监测

以上介绍的绝缘试验方法，除了绝缘油的色谱分析外，都是在设备处于离线情况下进行的，设备必须停运，因此会对用户造成一定的影响。其次，由于离线试验测量的数据没有考虑设备绝缘的运行条件和外界工作环境等因素，因此可能出现预防性试验结果合格，而在运行中发生事故的现象。另外，电力设备运行电压越来越高，而现行的部分预防性试验电压偏低，如介质损耗的测量，难以真实反映运行电压下的绝缘性能。随着传感器、计算机、光纤等技术的发展，对运行的电气设备绝缘进行不停电的在线监测技术也得到了快速发展。

绝缘设备的种类较多，虽各有特点，但在大类上可分为容性类设备、避雷器、开关类设备、充油类设备，或这些类型的综合。从反映绝缘性能的信号种类来分，可分为绝缘温度、油色谱、泄漏电流或损耗、局部放电等。因此，需要针对不同的设备绝缘及其性能特点，采取不同的监测方法，通常对绝缘的监测和诊断技术包含三个基本环节：① 信号的监测系统，用于正确选用各种传感器及测量手段，采集被监测对象的特性参数；② 信号的传输系统。对原始的杂乱信息进行数据处理，提取反映被测对象运行状态中有效的特征参数；③ 信号处理系统。根据提取的特征参数，比照基础数据和运行经验，对绝缘运行状态和故障进行识别，完成诊断过程。同时，对绝缘性能的发展趋势进行预测，并为下一步的维修决策提供技术根据。

由于绝缘监测信号一般都比较微弱，而现场的电磁干扰又较强，因此得到真实的待测信号是绝缘监测的基础。而要根据监测到的各种信号数据来判断绝缘的劣化程度，需要大量的试验及长期的运行经验，在此基础上形成判断方法。常用的绝缘在线监测方法有 tanδ 的在线监测、局部放电的在线监测、绝缘材料的温度测量等。

4.2 绝缘耐压试验

绝缘电气强度试验是确认电气设备绝缘可靠性的试验，通常加上比额定电压高的电压来进行试验。电气强度试验分为耐压试验和击穿电压试验两类。按电压种类又可分为工频交流、直流、雷电冲击和操作冲击电气强度试验。

耐压试验是模拟电力系统运行中可能出现的过电压，考验各种绝缘的耐受能力，是破坏性试验，一般都放在检查性试验之后再做，以减少不必要的损失。

4.2.1 工频耐压试验

工频耐压试验是鉴定电气设备绝缘强度的最有效和最直接的方法。它可用来确定电气设备绝缘的耐受水平，对 220kV 及以下电压等级的设备也用于等效校核绝缘耐受冲击电压的能力。

工频耐压试验能有效地发现危险的集中性缺陷，但交流耐压试验有时也可能使固体有机绝缘中的一些弱点更加发展。因此，恰当地选择试验电压值是一个重要的问题。一般考虑到运行中绝缘的变化，预防性试验的工频交流耐压试验电压值均取得比出厂试验电压低些，而且对不同情况的设备区别对待，主要由运行经验来决定，我国有关国家标准以及 DL/T596—2005《电力设备预防性试验规程》中已对各类设备的耐压值作出了规定。

交流耐压试验中，加至试验标准的电压后，要求持续 1min。规定 1min 是为了便于观察被试品的情况，同时也是为了使已经开始击穿的缺陷来得及暴露出来。耐压时间不应过长，以免引起不应有的绝缘损伤，甚至使本来合格的绝缘可能发生热击穿。

1. 工频耐压试验接线

对电气设备进行工频耐压试验时，常利用工频高压试验变压器来获得工频高压，其接线如图 4-13 所示。

通常被试品都是电容性负载。试验时，电压应从零开始逐渐升高。如果在工频试验变压器一次绕组上不是由零逐渐升压，而是突然加压，则由于励磁涌流会在被试品上出现过电压；或者在试验过程中突然将电源切断，这相当于切除空载变压器，当试品电容较小时，也将引起过电压，因此必须通过调压器逐渐升压和降压。R_b 是工频试验变压器的保护电阻，试验时，如果被试品突然击穿或放电，工频试验变压器不仅由于短路会产生过电流，而且还将由于绕组内部的电磁振荡，在工频试验变压器匝间或层间绝缘上引起过电压，为此在工频试验变压

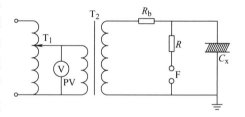

图 4-13　工频耐压试验接线

T_1—调压器　T_2—工频试验变压器

C_x—被试品电容　R_b—保护电阻

F—测量球隙　R—球隙保护电阻

器高压出线端串联保护电阻 R_b。保护电阻 R_b 的数值不应太大或太小。阻值太小，短路电流过大，起不到应有的保护作用；阻值太大，会在正常工作时由于负载电流而有较大的电压降和功率损耗，从而影响到加在被试品上的电压值。一般 R_b 的数值可按将回路放电电流限制到工频试验变压器额定电流的 1~4 倍来选择，通常取 0.1Ω/V。保护电阻应有足够的热容量和足够的长度，以保证当被试品击穿时，不会发生沿面闪络。球隙 F 主要作保护用，有时也兼作测量用。当误操作导致电压过高时，球隙击穿，球隙保护电阻 R 同时可以避免球隙击穿时产生的极陡的截波作用在被试品上。

2. 工频高电压试验设备

（1）工频试验变压器

产生工频高压最主要的设备是工频高压试验变压器，它是高压试验的基本设备之一。试验变压器一般做成单相的，其工作原理与单相电力变压器相同，但由于用途不同，另具有以

下特点：

1）输出电压高，所以电压比大，而且要求工作电压能在很大的范围内调节。由于工频试验变压器的工作电压高，需要采用较厚的绝缘及较宽的间隙距离，所以其漏抗较大，短路电流较小，因而可降低绕组机械方面的要求，以节省制造费用。

2）绝缘裕度低。因为试验变压器都是在实验室内工作，不会受到雷电和操作过电压的作用，绝缘裕度不需要取太大。

3）输出电流不大，容量小。这是由于被试品多为容性负荷，被试品击穿之前，只需供给被试品的电容电流即可。若被试品被击穿，则很快切断电压，不会出现长时间的短路电流。可见，试验变压器高压侧电流 I（A）和额定容量 P（kV·A）取决于被试品电容

$$I = 2\pi f C_x U \times 10^{-3} \tag{4-28}$$

$$P = 2\pi f C_x U^2 \times 10^{-3} \tag{4-29}$$

式中，C_x 为被试品的电容（μF）；U 为试验电压（kV）；f 为电源频率（Hz）。

为了满足大多数被试品的试验要求，250kV 以上试验变压器的高压侧额定电流取为 1A，例如 500kV 试验变压器的额定容量一般为 500kV·A。不过对于某些特殊被试品和某些特殊的试验项目，需要把试验变压器的额定电流选得比 1A 大得多。此外，用于对绝缘子进行湿闪或污闪试验的试验变压器还应具有较小的漏抗，因为要在绝缘子表面建立起电弧放电过程，变压器应能供给 5~15A（有效值）的短路电流。

除了电力电缆外，常用的绝缘子、套管的电容一般小于 1000pF，变压器、互感器等被试品绝缘的电容量则一般在 10000pF 以内。

4）运行时间短，发热较轻，因而不需要复杂的冷却系统。但由于试验变压器的绝缘裕度很小、散热条件较差，所以一般在额定电压或额定功率下只能作短时运行，一般不超过 30min。

5）试验变压器所输出的电压应尽可能是正、负半波对称的正弦波形，实际上要做到这一点是相当困难的。一般采取的措施是：① 采用优质铁心材料；② 采用较小的设计磁通密度；③ 选用适宜的调压供电装置；④ 在试验变压器的低压侧跨接若干滤波器（例如三次、五次滤波器）。

高压试验变压器一般采用油浸式结构，有金属外壳和绝缘外壳两种外壳形式。按照高压套管的数量，金属壳的试验变压器可分为两种类型：

1）单套管式。高压绕组的一端接地，并与铁心相连，另一端经套管输出试验电压 U，如图 4-14a 所示，因此高压绕组和套管对铁心、外壳（油箱）的绝缘均应按耐受全电压的要求来设计。这种结构多用于 300kV 以下的试验变压器中。

2）双套管式。高压绕组分成两部分，绕组中点与铁心和油箱相连，两端各经一个套管引出，其中 X 端接地，另一端 A 输出对地的全电压 U，如图 4-14b 所示。在这种结构中，高压绕组和套管对铁心、外壳（油箱）的绝缘均只需按全电压的一半进行考虑。应该注意的是，这时由于铁心和油箱均处于 $U/2$ 电位，所以变压器外壳（油箱）不能直接放在地上，而必须按全电压的一半（$U/2$）进行对地绝缘。双套管结构的优点是用两个额定电压只有 $U/2$ 的套管来代替一个额定电压为 U 的套管，用油箱外部的绝缘支柱来降低对变压器内绝缘的要求。当输出电压 U 要求很高时，这种结构可以大大降低试验变压器和套管的制造难度及价格。双套管试验变压器的最高额定电压可达 750kV。

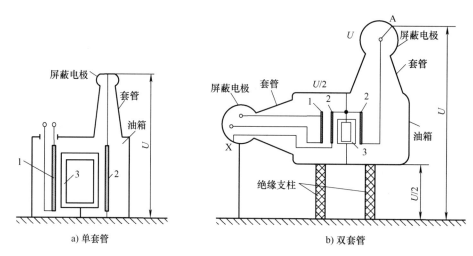

图 4-14 试验变压器的接线与结构示意图
1—低压绕组 2—高压绕组 3—铁心

（2）试验变压器串级装置

当所需的工频试验电压很高（例如超过 750kV）时，再采用单台试验变压器来产生就不恰当了，因为变压器的体积和重量近似地与其额定电压的三次方成比例，而其绝缘难度和制造价格甚至增加得更多。所以在 $U \geqslant 1000kV$ 时，常用的办法是采用若干台试验变压器组成串级装置来满足要求，这在技术上和经济上都更加合理。目前常用的串级方式是自耦式连接，即高一级变压器的励磁电流由前一级高压绕组的一部分（称之为累接绕组）供给，图 4-15 所示是三台单套管试验变压器组成的串级装置示意图。

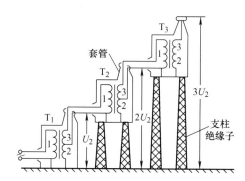

图 4-15 三台单套管试验变压器组成的串级高压试验装置
T_1、T_2、T_3—单套管试验变压器 1—低压绕组 2—高压绕组 3—累接绕组

图 4-15 中，第一级变压器 T_1 的高压绕组 2 的一端和油箱相连（接地），另一端再接上一个特殊的励磁（累接）绕组 3，用来给第二级变压器 T_2 的低压绕组 1 供电。T_2 的油箱与 T_1 的高压绕组 2 的输出端同电位（对地电压为 U_2），所以必须用绝缘支柱将 T_2 的油箱对地绝缘起来。由于 T_2 的低压绕组的对地电压也被抬高到 U_2，因而 T_2 的内绝缘（高、低压绕组之间及高压绕组对铁心、油箱之间的绝缘）和引出套管的绝缘水平也仅需 U_2，而不是 T_2 的输出电压 $2U_2$，这就大大减小了 T_2 的内绝缘和高压套管的体积。同理可得，第三级变压器

T_3 的套管输出对地电压为该串级装置的输出电压 $3U_2$，而其内绝缘和引出套管的绝缘也仅需 U_2。

按照图 4-15 所示的方法，可以得到串级试验变压器的输出电压为 $U = 3U_2$。虽然各级试验变压器的绝缘水平相同，但各级试验变压器的容量是不一样的。设该装置输出的额定电流为 I_2，则装置的额定试验容量为 $3U_2I_2$。最高一级变压器 T_3 的额定试验容量为 U_2I_2。中间一台变压器 T_2 的装置额定容量为 $2U_2I_2$，这是因为这台变压器除了要直接供应负荷的容量 U_2I_2 外，还得供给最高一级变压器 T_3 的励磁容量 U_2I_2。同理，第一级变压器 T_1 的装置额定容量为 $3U_2I_2$。

所以，整个串级试验变压器装置的容量利用率为

$$\eta = \frac{3U_2I_2}{U_2I_2 + 2U_2I_2 + 3U_2I_2} = \frac{1}{2} \tag{4-30}$$

不难得到 n 级串级装置的容量利用率为

$$\eta = \frac{nU_2I_2}{(1 + 2 + \cdots + n)U_2I_2} = \frac{2}{n+1} \tag{4-31}$$

可见，串级级数越多，容量利用率越低。且随着串级数的增加，整套串级试验变压器的总漏抗值会急剧增加，所以一般不采用超过 3 级的方案。

（3）试验变压器的调压装置

工频高压试验变压器有以下几种常用的调压方式：

1）用自耦调压器调压。其特点为体积小、质量轻、短路阻抗小、功耗小、对波形畸变少，当试验变压器的功率不大时（单相不超过 $10 kV \cdot A$），这是一种很好的被普遍应用的调压方式。但当试验变压器的功率较大时其滑动触头的发热、部分线匝被短路等所引起的问题较严重，所以这种调压方式就不适用了。

2）用移圈调压器调压。这种调压方式不存在滑动触头及直接短路线匝的问题，故容量可做得很大，且可以平滑无极调压。移圈调压器的短路电抗，随其中的调压绕组所处位置的不同而在很大范围内变化，试验变压器的励磁电流在此电抗上的压降，会导致调压器的输出电压波形有些畸变。为使输出电压波形有所改善，可在移圈调压器的输出端加装并联的 LC 滤波器。

这种调压方式被广泛地应用在对波形的要求不十分严格、额定电压为 100kV 及以上的试验变压器上。

3）用电动发电机组调压。采用这种调压方式时，可以得到很好的正弦波形和均匀的电压调节，如采用直流电动机做原动机，则还可以调节试验电压的频率，供感应高压试验中对倍频电源的需要。

需要注意的是，当容性负荷较大时发电机会产生自励磁现象，此时应在发电机输出端加装并联补偿电抗器。

这种调压方式所需的投资及运行费用较大，运行和管理的技术水平也要求较高，故这种调压方式只适宜对试验要求较高的大型制造厂和试验基地应用。

4.2.2　直流耐压试验

电气设备常需进行直流高电压下的绝缘耐受试验，也称直流耐压试验，如测量设备的泄

漏电流就需要施加直流高电压。另外，一些电容量较大的交流设备，受交流耐压试验电源容量限制而无法进行工频耐压试验，如电力电缆，需要直流高电压试验来代替交流高电压试验；对于超特高压直流输电设备，则更需要进行直流高电压试验。此外，一些高电压试验设备，如冲击高电压试验设备，也需用直流高电压做电源，因此直流高电压试验设备是进行高电压试验的一项基本设备。

1. 直流耐压试验的特点

直流耐压试验和交流耐压试验一样，都是鉴定绝缘耐电强度的试验，但与交流耐压试验相比，直流耐压试验还具有以下一些特点：

1）试验设备轻便小巧。直流耐压试验中，没有电容电流，试验时只需供给较小的毫安级泄漏电流，因此直流试验设备可以做得体积小而且比较轻巧，适合现场进行预防性试验；而在进行交流耐压试验时，对于等效电容量很大的如电缆、发电机等被试品，需要容量较大的试验变压器，这在一般情况下不容易做到。

2）对绝缘的损伤程度较小。在绝缘上施加直流高压时，绝缘内介质损耗极小，局部放电较弱，长时间加直流电压不会加快有机绝缘材料的分解或老化变质。

3）试验时可同时测量泄漏电流。泄漏电流试验的意义在本章第 1 节中已述及。在进行直流耐压试验时，可以在升压和耐压过程中测量相应试验电压下的泄漏电流，以便绘制电流对电压的特性曲线（例如图 4-4 所示），更有效地反映绝缘内部的集中性缺陷。

4）便于发现电机端部的绝缘缺陷。交流耐压时绝缘内部的电压分布是按电容分布的。在交流电压作用下，电机绕组绝缘的电容电流流向接地的定子铁心，使得越靠近绕组末端的绝缘承受的电压越低，因此在交流电压下不易发现电机端部的绝缘缺陷。而在直流电压下，没有电容电流流经线心绝缘，端部绝缘上的电压与所加电压相一致，因此，不论离接地点多远，导体和绝缘表面之间的电位差都是相当高的，有利于发现绕组端部的绝缘缺陷。

5）由于交、直流电压作用下绝缘内部的电压分布不同，直流耐压试验对绝缘的考验不如交流耐压那样接近设备绝缘运行的实际。

6）直流耐压试验时，试验电压值的选择是一个重要的问题。如前所述，由于直流电压下的介质损耗小，局部放电的发展也远比交流耐压试验时弱，故绝缘在直流电压作用下的击穿强度比交流电压作用下高，在选择直流耐压的试验电压值时，必须考虑到这一点，并主要根据运行经验来确定。例如对发电机定子绕组，按不同情况，其直流耐压试验电压值分别取 2~3 倍额定电压。直流耐压试验时的加压时间也应比交流耐压试验长一些。如发电机试验电压是以每级 0.5 倍额定电压分阶段升高的，每阶段停留 1min，读取泄漏电流值。电缆试验时，在试验电压下持续 5min，以观察并读取泄漏电流值。

2. 直流高电压的产生

（1）半波整流电路

基本的半波整流电路如图 4-16 所示，整流设备 VD 为高压硅堆，保护电阻 R_b 的作用是限制试品发生击穿或闪络时以及当电源向电容器 C 突然充电时通过高压硅堆和变压器的电流，以保护高压硅堆和变压器。对于在试验中因瞬态过程引起的过电压，R_b 和 C 也起抑制作用。R_b 阻值的选择应保证流过硅堆的短路电流（最大值）不超过允许的瞬时过载电流（最大值）。

如果没有负载（$R_L = \infty$），并忽略电容器 C 的泄漏电流，则充电完毕后，电容器 C 两端维持恒定电压，并等于变压器高压侧交流电压的最大值 U_m，即 $U_C = U_m$。而整流元件 VD 两端承受的反向电压 u_d 等于电容器 C 两端电压加上变压器高压侧交流电压，即 $u_d = U_C + U_m \sin\omega t$，可见变压器输出电压达到负峰值时，整流元件能承受的最高反峰电压 $U_d = 2U_m$。所以在选择整流器时，应使其额定反峰电压大于滤波电容 C 上可能出现的最大电压的 2 倍，否则就会出现整流器的反向击穿或闪络。

当接上负载后，负载两端电压如图 4-17 所示。电容 C 上的整流电压的最大值 U_{max} 将不可能再等于 U_m，而是比 U_m 低，为 $U_m - U_{max}$；在整流器处于截止状态时，电容 C 上的电压也不再保持恒定，将因向 R_L 放电而逐渐下降，直至某一最小值 U_{min} 为止，因为这时第二个周期的充电过程开始了，这样一来就出现了电压脉动现象，其脉动幅度为 $\delta U = (U_{max} - U_{min})/2$。

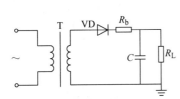

图 4-16　半波整流电路

T—高压试验变压器　VD—高压硅堆

R_b—保护（限流）电阻　C—滤波电容

R_L—负载电阻

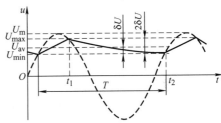

图 4-17　半波整流电路输出的负载两端电压

直流高电压试验设备的基本技术参数有三个：

1）输出的额定直流电压平均值（算术平均值）U_{av} 为

$$U_{av} \approx \frac{U_{max} + U_{min}}{2} \tag{4-32}$$

2）相应的额定直流电流平均值 I_{av} 为

$$I_{av} = \frac{U_{av}}{R_L} \tag{4-33}$$

3）电压脉动系数 S（也称纹波系数）为

$$S = \frac{\delta U}{U_{av}} = \frac{U_{max} - U_{min}}{2U_{av}} \tag{4-34}$$

根据相关规程规定，S 应不大于 3%。

电压脉动是由于高压硅堆阻断时电容器 C 向负载放电引起的。对于半波整流回路，在这段时间内电容器 C 向 R_L 释放的电荷为

$$q = I_{av}(t_2 - t_1) \approx I_{av}T = \frac{U_{av}}{R_L f} \tag{4-35}$$

可以得到纹波幅值近似为

$$\delta U = \frac{q}{2C} \approx \frac{U_{av}}{2fR_L C} = \frac{I_{av}}{2fC} \tag{4-36}$$

由式（4-36）可知，负载 R_L 的阻值越小，输出电压的纹波幅度和纹波系数越大；而增大滤波电容 C 或提高电源频率 f 均可减小电压纹波。根据纹波系数和试验时流过负载的电流，可以推算所需要的滤波电容器的电容量。

（2）串级直流装置倍压整流回路

图 4-16 所示的半波整流回路能获得的最高直流电压等于工频试验变压器输出交流电压的峰值 U_m。如要获得更高的直流高压并能充分利用试验变压器的容量，可采用图 4-18 所示的倍压整流电路，当电源电势负半波期间充电电源经 $\mathrm{VD_1}$ 向 C_1 充电达 U_m，而正半波期间电源与 C_1 串联起来经 $\mathrm{VD_2}$ 向 C_2 充电，最后 C_2 上可获得 $2U_\mathrm{m}$ 的直流电压。

当需要更高的直流输出电压时，可把若干个如图 4-18 所示的电路单元串接起来，构成串级直流高压装置。图 4-19 所示为两级串级直流高压装置的原理图。

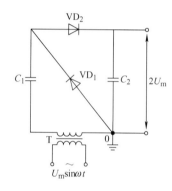

图 4-18　倍压整流电路

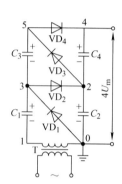

图 4-19　两级串级直流高压装置接线

当变压器 T 输出端点 1 的电位为负时，倍压整流电路中整流硅堆 $\mathrm{VD_1}$ 和 $\mathrm{VD_3}$ 导通，$\mathrm{VD_2}$ 和 $\mathrm{VD_4}$ 反向截止，T 经过 $\mathrm{VD_1}$ 向电容 C_1 充电，同时 T 和 C_2 串联后经过 $\mathrm{VD_3}$ 向 C_1 和 C_3 充电。当点 1 电位为正，且 3 点电位高于 2 点电位时，T 和 C_1 串联后经过 $\mathrm{VD_2}$ 向 C_2 充电，同时 T 和 C_1、C_3 串联后向 C_2 和 C_4 充电。在空载情况下，各点的稳态电位为

$$\begin{cases} u_1 = U_\mathrm{m}\sin\omega t \\ u_2 = 2U_\mathrm{m} \\ u_3 = U_\mathrm{m} + U_\mathrm{m}\sin\omega t \\ u_4 = 4U_\mathrm{m} \\ u_5 = 3U_\mathrm{m} + U_\mathrm{m}\sin\omega t \end{cases} \tag{4-37}$$

可见通过两个倍压整流电路的叠加，可以得到 $4U_\mathrm{m}$ 的直流高压输出，却没有对试验变压器的最大输出电压和硅堆反向承受电压提出更高的要求。要想得到更高的直流高压，可以在此基础上再继续增加串级级数，若 n 级串级级数，则发生器空载输出电压为 $2nU_\mathrm{m}$，但需要注意的是，串级级数增加时，电压降落和脉动度增大非常多。

4.2.3　冲击耐压试验

由于冲击耐压试验对试验设备和测试仪器的要求高、投资大，测试技术也比较复杂，电气设备的交接及预防性试验中，一般不要求进行冲击高电压试验。但为了研究电气设备在运行中遭受雷电过电压和操作过电压的作用时的绝缘性能，在许多高压试验室中都装设了冲击

电压发生器,用来产生试验用的雷电冲击电压波和操作冲击电压波。许多高压电气设备在出厂试验、型式试验时或大修后都必须进行冲击高压试验。

1. 冲击电压的产生

图 4-20 给出了冲击电压发生器的两种基本回路。图中主电容 C_1 在被间隙 F 隔离的状态下由整流电源充电到稳态电压 U_0。间隙 F 被点火击穿后,电容 C_1 上的电荷一边经电阻 R_2 放电,同时也经 R_1 对 C_2 充电。因被试品的电容可以等效地并入电容 C_2 中(C_2 也称为负荷电容),故此时在被试品上形成上升的电压波头。C_2 上电压被充到最大值后,反过来经 R_1 与 C_1 一起对 R_2 放电,在被试品上形成下降的电压波尾。一般选择 R_2 比 R_1 大得多,这样就可以在 C_2 上得到所要求的波前较短(波前时间常数 $R_1 C_2$ 较小)而波长较长(波尾时间常数 $R_2 C_1$ 较大)的冲击电压波形。

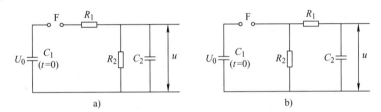

图 4-20 产生冲击电压的原理电路

输出电压峰值 U_m 与 U_0 之比,称为冲击电压发生器的利用系数 η,由于 U_m 不可能大于由冲击电容上的起始电荷 $U_0 C_1$ 分配到 $C_1 + C_2$ 后所决定的电压,即

$$U_m \leqslant U_0 \frac{C_1}{C_1 + C_2} \tag{4-38}$$

所以

$$\eta = \frac{U_m}{U_0} \leqslant \frac{C_1}{C_1 + C_2} \tag{4-39}$$

可见,为了提高冲击电压发生器的利用系数,应该选择 C_1 远大于 C_2。

如上所述,由于一般选择 $R_2 C_1 \gg R_1 C_2$,在图 4-20b 中,在很短的波前时间内,C_1 经 R_2 放掉的电荷很少,对 C_1 上的电压没有显著影响,忽略不计时,图 4-20b 的利用系数主要决定于上述电容间的电荷分配,即

$$\eta_b \approx \frac{C_1}{C_1 + C_2} \tag{4-40}$$

在图 4-20a 中,除了电容上的电荷分配外,影响输出电压幅值 U_m 的还有在电阻 R_1、R_2 上的分压作用。因此,图 4-20a 的利用系数可近似地表示为

$$\eta_a \approx \frac{R_2}{R_1 + R_2} \frac{C_1}{C_1 + C_2} \tag{4-41}$$

比较式(4-40)及式(4-41)可知,$\eta_b > \eta_a$。所以,图 4-20a 称为低效率回路,η_a 值约为 0.7 ~ 0.8;图 4-20b 称为高效率回路,η_b 值约为 0.9。其中图 4-20b 应用较多,可作为冲击电压发生器的基本接线方式。

下面以图 4-20b 为基础来分析电路元件与输出冲击电压波形的关系。

为使问题简化,在决定波前时,可忽略 R_2 的作用,即将图 4-20b 简化成如图 4-21a 所示

电路。这样 C_2 上的电压表示为

$$u(t) = U_m(1 - e^{-\frac{t}{\tau_1}}) \qquad (4\text{-}42)$$

$$\tau_1 = R_1 \frac{C_1 C_2}{C_1 + C_2} \qquad (4\text{-}43)$$

式中，τ_1 为决定波前的时间常数。

根据标准冲击电压波形的定义，如图 4-22

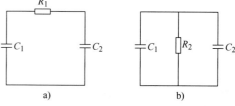

图 4-21　简化等效电路

所示，当 $t = t_1$ 时，$u(t_1) = 0.3 U_m$；$t = t_2$
时，$u(t_2) = 0.9 U_m$，即

$$0.3 U_m = U_m(1 - e^{-\frac{t_1}{\tau_1}})$$

$$\qquad (4\text{-}44)$$

$$0.9 U_m = U_m(1 - e^{-\frac{t_2}{\tau_1}})$$

$$\qquad (4\text{-}45)$$

由式(4-44) 和式(4-45) 可得

$$t_2 - t_1 = \tau_1 \ln 7 \qquad (4\text{-}46)$$

由图 4-22 中 $\triangle ABD$ 与 $\triangle O'CF$

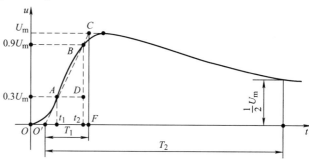

图 4-22　冲击电压波形的定义

相似，可得出波前时间 T_1 为

$$\frac{T_1}{t_2 - t_1} = \frac{U_m}{0.9 U_m - 0.3 U_m} = \frac{1}{0.6}$$

$$T_1 = \frac{t_2 - t_1}{0.6} = \frac{\tau_1 \ln 7}{0.6} \approx 3.24 R_1 \frac{C_1 C_2}{C_1 + C_2} \qquad (4\text{-}47)$$

同样，在决定半峰值时间时可忽略 R_1 的作用，即把回路简化成图 4-21b 所示。这样，
输出电压可用下式表示：

$$u(t) = U_m e^{-\frac{t}{\tau_2}} \qquad (4\text{-}48)$$

$$\tau_2 = R_2(C_1 + C_2) \qquad (4\text{-}49)$$

式中，τ_2 为决定半峰值时间的时间常数。

根据标准冲击电压波形的定义，如图 4-22 所示，则

$$0.5 U_m = U_m e^{-\frac{T_2}{\tau_2}} \qquad (4\text{-}50)$$

得到半峰值时间 T_2 为

$$T_2 = \tau_2 \ln 2 \approx 0.7 R_2(C_1 + C_2) \qquad (4\text{-}51)$$

应该说，对图 4-21a 或 b 所示电路进行精确计算也是不难做到的，但得到的结果仍只能
是参考值。获得满足要求的冲击放电波形还必须有待于实测，并根据实测结果进一步调整放
电回路中的某些参数。这是因为放电回路中还存在各种寄生电感，等效电路中 C_2 的值包括
被试品电容、测量设备电容、连线电容等。特别是被试品电容会经常改变，其变化幅度也可
能较大；各级间隙电弧的电阻也未计入。显然，这些影响因素都很难准确估计，但上述的近
似计算仍可认为是简易和工程可行的。

2. 多级冲击电压发生器

利用上述基本回路构成的单级冲击电压发生器虽然能得到波形符合要求的冲击电压全

波，但能获得的最大冲击电压幅值却很有限，因为受到整流器和电容器额定电压的限制，单级冲击电压发生器能产生的最高电压一般不超过 200～300kV。但冲击高电压试验所需的冲击电压往往高达数兆伏，因而也要采用多级叠加的方法来产生波形和幅值都能满足需要的冲击高电压波。

图 4-23 为多级冲击电压发生器的原理接线图，C_{01}～C_{06} 是各级对地的杂散电容。它的基本工作原理是多级电容器在并联接线下充电后，瞬间串联放电从而获得很高的冲击电压，即"电容器并联充电，然后串联放电"，具体过程表述如下：

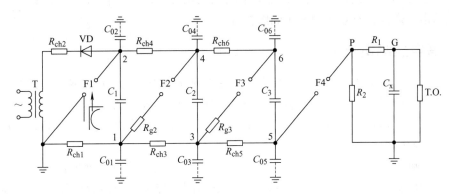

图 4-23　多级冲击电压发生器

先由变压器 T 经整流元件 VD 和充电电阻 R_{ch} 使并联的各级主电容 C_1、C_2、C_3 充电，达稳态时，点 1、3、5 的对地电位为零，点 2、4、6 的对地电位为 $-U_0$。充电电阻 $R_{ch} \gg$ 波尾电阻 $R_2 \gg$ 阻尼电阻 R_g。各级球隙 F1～F4 的击穿电压调整到稍大于 U_0。充电完成后，使间隙 F1 触发击穿（触发点火装置见后述），此时点 2 的电位由 $-U_0$ 突然升到零，主电容 C_1 经 F1 和 R_{ch1} 放电。由于 R_{ch1} 的阻值很大，故放电进行得很慢，且几乎全部电压都降落在 R_{ch1} 上，使点 1 的对地电位上升到 $+U_0$。当点 2 的电位突然升到零时，经 R_{ch4} 也会对 C_{04} 充电，但因 R_{ch4} 的值很大，在极短时间内，经 R_{ch4} 对 C_{04} 的充电效应是很小的，点 4 的电位仍接近为 $-U_0$，于是间隙 F2 上的电位差就接近于 $2U_0$，促使 F2 击穿。接着主电容 C_1 通过串联电路 F1—C_1—R_{g2}—F2 对 C_{04} 充电；同时又串联 C_2 后对 C_{03} 充电；由于 C_{04}、C_{03} 的充电几乎是立即完成的，点 4 的电位立即升到 $+U_0$，而点 3 的电位立即升到 $+2U_0$；与此同时，点 6 的电位却由于 R_{ch6} 和 R_{ch5} 的阻隔，仍接近维持在原电位 $-U_0$；于是间隙 F3 上的电位差就接近于 $3U_0$，促使 F3 击穿。接着主电容 C_1、C_2 串联后经 F1、F2、F3 电路对 C_{06} 充电；再串联 C_3 后对 C_{05} 充电；由于 C_{05}、C_{06} 极小，R_{g2}、R_{g3} 也很小，故可以认为 C_{06} 和 C_{05} 的充电几乎是立即完成的；也即可以认为 F3 击穿后，点 6 的电位立即升到 $+2U_0$，点 5 的电位立即升到 $+3U_0$。P 点的电位显然未变，仍为零。于是间隙 F4 上的电位差接近 $3U_0$，促使 F4 击穿。这样各级电容 C_1～C_3 就被串联起来，并经各级阻尼电阻 R_g 和波尾电阻 R_2 放电，形成主放电回路；同时串联电容 C 经 R_1 对负荷电容 C_x 充电，形成冲击电压波前。

与此同时也存在各级主电容经充电电阻 R_{ch}、阻尼电阻 R_g 和中间球隙 F 的内部放电。由于 R_{ch} 的值足够大，这种内部放电的速度比主放电的速度慢很多，因而可以认为对主放电没有明显的影响。

中间球隙击穿后，主电容对相应各点杂散电容 C_0 充电的回路中总存在某些寄生电感，这些杂散电容的值又极小，这就可能引起一些局部振荡。这些局部的振荡将叠加到总的输出电压波形上去。欲消除这些局部振荡，就应在各级放电回路中串入阻尼电阻 R_g，主放电回路也应保证不产生振荡。

应用最多的点火启动方法如图 4-24 所示。调节主间隙的击穿电压略大于上球的充电电压，在下球针极上施加一点火脉冲，其极性与上球充电电压极性相反，此脉冲不仅增强了主间隙的场强，而且使针极与球极之间击穿燃弧，有效地触发主间隙击穿。

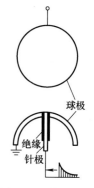

图 4-24　点火间隙

4.2.4　高电压测量技术

为了进行各种高电压试验，除了要有能产生各种试验电压的高压设备外，还必须要有能测量这些高电压的仪器和装置。在高电压试验室中，广泛采用的仪器主要有高压静电电压表、峰值电压表、球隙、高压分压器等，IEC 标准及我国国家标准规定，除特殊情况外，高电压测量的误差一般应控制在 ±3% 之内。

测量稳态高电压（工频交流电压和直流电压）的常用仪器有：静电电压表、峰值电压表、球隙、分压器等。冲击高电压的测量一般采用测量球隙、冲击分压器加示波器测量系统、冲击分压器加峰值电压表等。

1. 高压静电电压表

图 4-25 为高压静电电压表原理图，用两个相互绝缘的金属电极作为带电板极，加电压 u 于两极间，则两电极上带有相反极性的电荷，两个带电荷的板极之间存在着静电力 f。如果使一个带电板极固定，另一个可动，则在 f 的作用下，可动的带电板极发生运动。如果施加外力于可动的带电板极，使之能与 f 平衡，就可由所加外力的大小知道在两个带电板极之间的 f 的大小。f 的大小又与 u 的数值有固定的关系，因而设法测量 f 的大小或它所引起的

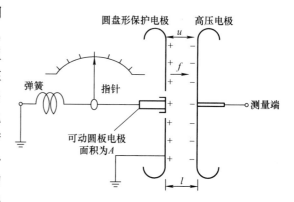

图 4-25　静电电压表的原理示意图

可动板极的位移或偏转就能确定所加电压 u 的大小，利用这种原理做成的电压表称为静电电压表。它可以用来测量低电压，也在高电压测量中得到应用。

如果采用的是消除了边缘效应的平板电极，电极间加上电压 u，所受静电力为 f，那么应用静电场理论，很容易求得 f 与 u 的关系式，并可得知

$$f \propto u^2 \text{ 或 } u \propto \sqrt{f} \tag{4-52}$$

但仪表不可能反应力的瞬时值 f，而只能反应其平均值 F。

如果测量电压是正弦交流电压，则电极在一个周期 T 内所受到的作用力平均值 F 与交流电压的有效值 U 的二次方成正比，或者反过来

$$U \infty \sqrt{F} \tag{4-53}$$

即静电电压表用于交流电压时，测得的是它的有效值。如果测量的是带脉动的直流电压，则静电电压表测得的电压近似等于整流电压的平均值 U_{av}。显然，静电电压表不能测量冲击电压。

静电电压表高低压电极之间的电容不大，为 $5\sim50pF$，极间绝缘电阻很高，因此其内阻抗特别大，几乎不消耗什么能量，接入电路后几乎不会改变被试品上的电压，这是它的突出优点；能直接测量相当高的交流和直流电压也是它的优点；在大气中工作的高压静电电压表量程上限为 $50\sim250kV$，电极处于 SF_6 压缩气体中时量程可以达到 $500\sim600kV$，如果要测量更高的电压，需要和分压器配合。

2. 峰值电压表

在不少场合，只需要测量高电压的峰值，例如绝缘的击穿就仅仅取决于电压的峰值。现已制成的产品有交流峰值电压表和冲击峰值电压表，它们通常均与分压器配合起来使用。

交流峰值电压表的工作原理可分为两类：

（1）利用整流电容电流来测量交流高压

图4-26a 所示，当被测电压为 $U_m\sin\omega t$ 时，电压随时间变化，则流过电容 C 的电流为 $i = C\dfrac{du}{dt}$。在 i 的正半波，电流经整流元件 VD_1 及直流电流表 P 流回电源。如果流过 P 的电流平均值为 I_{av}，该值为半波电流的平均值，据此能够测量推算出被测交流电压的峰值。图4-27 为外施电压 u 和电流 i 的波形。

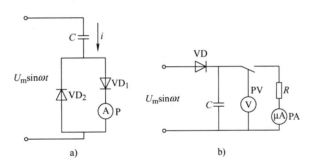

图4-26 峰值电压表原理接线图

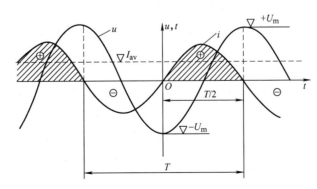

图4-27 电容上的电压与电流的关系

平均电流 I_{av} 是半个周期内电容器电流在一个周期内的平均值，即

$$I_{av} = \frac{1}{T}\int_0^{T/2} i\,\mathrm{d}t = \frac{1}{T}\int_0^{T/2}\left(C\frac{\mathrm{d}u}{\mathrm{d}t}\right)\mathrm{d}t = \frac{C}{T}\int_{-U_m}^{U_m}\mathrm{d}u = \frac{C}{T}2U_m$$

则可得 I_{av} 与被测电压的峰值 U_m 之间存在下面的关系：

$$U_m = \frac{I_{av}}{2Cf} \tag{4-54}$$

式中，C 为电容器的电容量；f 为被测电压的频率。

（2）利用电容器充电电压来测量交流高压

如图 4-26b 所示，幅值为 U_m 的被测交流电压经整流器 VD 使电容 C 充电到某一电压 U_C，它可以用静电电压表 PV 或用电阻 R 串联微安表 PA 测得。如用后一种测量方法，则被测电压的峰值

$$U_m = \frac{U_C}{1 - \dfrac{T}{2RC}} \tag{4-55}$$

式中，T 为交流电压的周期（s）；C 为电容器的电容量；R 为串联电阻的阻值。

在 $RC \geqslant 20T$ 的情况下，式(4-55) 的误差 $\leqslant 2.5\%$。

以冲击峰值电压表和冲击分压器联用亦可测量冲击电压的峰值 U_m。冲击峰值电压表的基本原理与图 4-26b 所示的方法相同，但因交流电压是重复波形，且波形的延续时间（周期）较长，而冲击电压是速变的一次过程，所以用作整流充电的电容器 C 的电容量要大大减小，以便它能在很短的时间内一次充好电。在选用冲击峰值电压表时，要注意其响应时间是否适合于被测波形的要求，并应使其输入阻抗尽可能大一些，以免因峰值表的接入影响到分压器的分压比而引起测量误差。

利用峰值电压表，可直接读出冲击电压的峰值，与用球隙测压器测峰值相比，可大大简化测量过程。但是被测电压的波形必须是平滑上升的，否则就会产生误差。

峰值电压表所用的指示仪表可以是指针式表计，也可以是具有存储功能的数字式电压表，在后一种情况下，可以得到稳定的数字显示。

3. 球隙

较均匀电场短间隙的伏秒特性在很短时间范围内（1μs 之内）几乎是条水平直线，且分散性较小，不同的间隙距离具有一定的与之相对应的击穿电压。测量球隙就是利用这个原理来测量各种类型的高电压，测量误差约 2%～3%，已能满足大多数工程测试的要求，被 IEC 确认为标准测量装置。

国家标准 GB/T 311.6—2005《高电压测量标准空气间隙》规定，标准球隙包括两个直径相等的金属球极、适当的球杆、操动机构、绝缘支撑物以及连接被测电压的引线。球隙在使用中是一球接高压、一球接地的布置方式。球隙可以垂直布置，也可以水平布置，图4-28 为垂直型标准球隙装置。球极一般都用纯铜或黄铜制造，球极直径有标准系列，其尺寸允差 $<2\%$，在放电点区域（以放电点 P 为中心、直径为 $0.3D$ 的球面区域）的球极表面粗糙度需小于 $10\mu m$。使用时，该处表面应为洁净和干燥的。对球隙的结构、尺寸、导线连接和安装空间的要求，见图 4-28 和表 4-4。

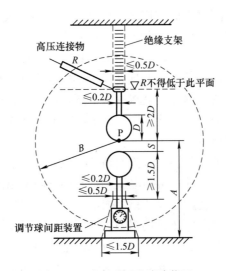

图 4-28　垂直型标准球隙装置

A—火花点距大地的高度　B—外部结构的半径间隙　P—火花点　D—球直径　S—间距

表 4-4　图 4-28 中 A 和 B 的取值

D/cm	A_{min}	A_{max}	B_{min}	D/cm	A_{min}	A_{max}	B_{min}
≤6.25	7D	9D	14S	75	4D	6D	8S
10~15	6D	8D	12S	100	3.5D	5D	7S
25	5D	7D	10S	150	3D	4D	6S
50	4D	6D	8S	200	3D	4D	6S

　　IEC 综合比较了各国高压试验室实验数据后编制而成了标准球隙放电电压表格，对应于一定的直径和距离有一对应的放电电压值（其中冲击放电电压指它的 50% 放电电压），在球距 S≤0.5D 范围内，其测量的不确定度不大于 ±3%，见附录。这些数据都是在标准大气条件下测得的，由于球隙放电电压受温度、气压、湿度等大气因素的影响，因此需要根据大气条件进行大气环境的放电电压校正，校正系数也可以查表获得。

　　用球隙测工频电压，应取连续三次击穿电压的平均值，为了保证两次放电之间间隙充分去游离，相邻两次击穿间隔时间不得小于 1min，各次击穿电压与平均值之间的偏差不得大于 3%。

　　球隙测冲击电压时，通过调节极间距来达到 50% 放电概率，此时被测电压就等于该间距下的 50% 冲击放电电压。确定 50% 放电概率可以用 10 次加压法，即对球隙加上 10 次同样的冲击电压，如有 4~6 次发生了击穿，即可认为已达到 50% 放电概率。

　　在使用球隙进行测试时，要注意以下几个问题：

　　1）周围物体的影响。周围物体主要是指带电和接地的导体，它们的存在会影响球隙中的电场分布，从而影响球隙的放电电压。

　　2）照射。球隙放电电压具有一定的分散性，特别是当球隙距离很小的情况下，间隙间包含的初始电子较少，放电的分散性会明显增大。为了使测量结果稳定，国家标准规定，当被测电压低于 50kV 或者球直径小于 12.5cm 时，均须用 γ 射线或紫外线照射。在试验时，如果试回路中出现电晕且能使产生电晕的部位对着间隙，在一般情况下便可满足照射的要求。

3）保护电阻。为减轻球隙放电时放电火花对球表面的烧蚀，需要使用球隙保护电阻。球隙保护电阻阻值可在较大范围内选取，常用值为 $0.1 \sim 1M\Omega$。

用球隙直接测量作用在被试品上的工频高压，虽然准确度较高，但球隙必须击穿才能测出电压，这将破坏试验进程的连续性，且将试验电压造成截波，这是很不方便的。为此，现今实际上已很少直接用球隙来测量试验电压，球隙的功能主要作为标准测量装置来对其他测压系统的刻度因数进行校订标定。

校正方法如下：通常在被试品接入试验回路后，先在较低输出电压下用球隙测出被试品上的电压，同时读出试验变压器的一次侧电压，记录用球隙测出的电压和低压仪表读数的对应关系。在一定范围内逐级改变加于被试品上的电压，即可得到一系列高低压的对应值，并可把数据绘成校正曲线，被试品电压最高升到应有耐压试验值的 $80\% \sim 85\%$。然后用外推法，定出与应有耐压试验值对应的低压仪表读数。再把球隙加大到试验电压的 $1.1 \sim 1.15$ 倍对应的距离，以便在耐压试验中不放电。此时球隙成为保护间隙，可防止被试品上电压的异常升高。在进行耐压试验时，升高被试品上的电压，直到低压仪表指示达到正式试验对应的低压读数为止。

球间隙易于加工安装，放电时电极烧蚀轻微，放电重复性好。此外，球间隙的伏秒特性较平，对测量雷电冲击电压有利。

4. 高压分压器

当被测电压很高时，以上的各种测量方法都不实际，此时可以采用高压分压器分出一部分电压，然后利用静电电压表、峰值电压表等进行测量。

对一切分压器最重要的技术要求为：① 分压比的准确度和稳定度（幅值误差要小）；② 波形畸变要小，分出的电压要与被测高电压波形有相似性。

按照用途的不同，分压器可以分为交流高压分压器、直流高压分压器和冲击高压分压器；按照分压元件的不同又可分为电阻分压器、电容分压器和阻容分压器三种不同类型。

（1）电阻分压器

电阻分压器的高压、低压臂均为电阻，R_1 为高压臂，R_2 为低压臂，如图 4-29 所示，理想情况下的分压比为

$$N = \frac{u_1}{u_2} = \frac{R_1 + R_2}{R_2} \qquad (4-56)$$

图 4-29 中，放电间隙 F 起保护作用，以免电压表超量程。高压臂电阻 R_1 要承受很高的电压，其长度要保证能耐受最大被测电压的作用而不会发生沿面闪络。

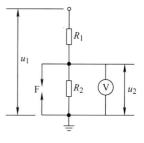

图 4-29　电阻分压器

电阻分压器可以测量直流高电压、工频高压和冲击电压。

1）当测量直流高电压时，只能用电阻分压器，但它不仅仅用于直流高压的测量，也可以用来测量交流高电压和 1MV 以下的冲击电压。

2）测工频高压时受杂散电容的影响比较大，电压越高，分压器阻值越大，对地杂散电容越大，误差也越大，一般测大于 100kV 的高压时，大多采用电容分压器。

值得注意的是，用来测量稳态高压（直流或交流）时，R_1 的取值要综合考虑，一方面，由于高压直流电源容量较小，为了使 R_1 的接入不致影响其输出电压，且流经电阻的电流不

应太大，否则热损耗使得 R_1 过热，影响测量准确性；另一方面，这一电流也不能太小，以免由于电晕放电和绝缘支架的泄漏电流而造成测量误差。一般选择 R_1 工作电流在 $0.5 \sim 2\text{mA}$，实际上常选 1mA。并将 R_1 放在绝缘筒中，充上绝缘油，可以抑制或消除电晕放电和表面泄漏以及降低温升，从而提高 R_1 阻值的稳定性。

3）当电阻分压器用来测量冲击电压时，与测量稳态电压的电阻分压器的电阻相比，用来测量冲击电压的电阻分压器的阻值要小很多，这是因为雷电冲击电压的变化很快，即 du/dt 很大，因而对地杂散电容的不利影响要比交流电压时更大得多，结果是引起幅值误差和波形畸变。因而冲击电阻分压器的阻值往往只有 $10 \sim 20\text{k}\Omega$，即使屏蔽措施完善者也只能增大到 $40\text{k}\Omega$ 左右。

在实际测量系统中，电阻分压器测量回路如图 4-30 所示，出于安全考虑，测量仪器放在控制室里，分压器和测量仪器之间用高频同轴电缆连接，以避免受到电磁场的干扰，在电缆终端并联一个阻值等于电缆波阻抗的匹配电阻 R，以避免冲击波在终端处发生反射带来测量误差（详见第 5 章中介绍的线路波过程），低压臂的等效电阻变为 $\dfrac{R_2 Z}{Z + R_2}$。

（2）电容分压器

电容分压器主要用来测工频交流高压和冲击高电压。原理接线图如图 4-31 所示，这时 C_1 为高压臂，C_2 为低压臂。

在工频高压作用下，分压比为

$$N = \frac{u_1}{u_2} = \frac{C_1 + C_2}{C_1} \tag{4-57}$$

通常 C_1 远小于 C_2，C_1 承受大部分电压，它是电容分压器的主要部件。实际的电容分压器可按其 C_1 构成的不同而分为：

1）集中式电容分压器（图 4-31a 所示），它的高压臂仅采用一只气体绝缘高压标准电容器，常用的气体介质有 N_2、CO_2、SF_6 及其混合气体，目前我国已能生产电压高达 1200kV 的高压标准电容器；

2）分布式电容分压器（图 4-31b 所示），高压臂 C_1 由多只电容器单元串联组成，要求每个单元的杂散电感和介质损耗尽可能小，理想状况为纯电容。

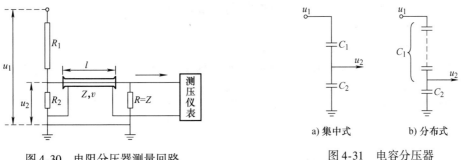

图 4-30　电阻分压器测量回路　　　图 4-31　电容分压器

低压臂电容器 C_2 的电容量较大，而耐受电压不高，通常采用高稳定性、低损耗、杂散电感小的云母、空气或聚苯乙烯电容器。

测量冲击高电压大多采用上面所说的分布式电容分压器，高压臂串联电容器组的总电容

量为 C_1。电容分压器的低压测量回路如图 4-32 所示，电缆始端入口处串接一个阻值等于 Z 的电阻 R，可见这时进入电缆并向终端传播的电压波 u_3 只有 C_2 上的电压 u_2 的一半（另一半降落在 R 上了），波到达电缆开路终端后将发生全反射（详见第 5 章中介绍的线路波过程），因而示波器现象极板上出现的电压 $u_4 = 2u_3 = 2 \times u_2/2 = u_2$，所以分压比仍为

$$N = \frac{u_1}{u_4} = \frac{u_1}{u_2} = \frac{C_1 + C_2}{C_1}$$

电容分压器受本体杂散电容的影响比较小，性能要比其他类型的分压器优越，但是电容各元件存在寄生电感和各连线之间的固有电感，冲击电压作用下容易产生高频振荡回路，为了阻尼各处的寄生振荡，可以串联电阻，成为阻容分压器。

（3）阻容分压器

按阻尼电阻的接法不同，阻容分压器可分为阻容并联型和阻容串联型，如图 4-33a、b 所示。阻容串联型的低压侧测量装置同电容分压器相同，在电缆终端并联阻值等于电缆波阻抗的电阻；阻容并联型的低压侧测量装置同电阻分压器相同，在电缆入口端串联阻值等于电缆波阻抗的电阻。

如果只需要测量电压的幅值，可以把峰值电压表接在分压器低压臂上进行测量。如果要求记录冲击电压波形的全貌，则唯一的方法是应用高压脉冲示波器配合分压器进行测量。

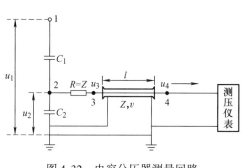

图 4-32　电容分压器测量回路

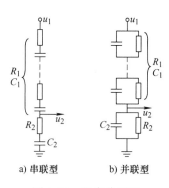

a) 串联型　　　b) 并联型

图 4-33　阻容分压器

思考题与习题

1. 绝缘预防性试验的目的是什么？它分为哪两大类？

2. 用绝缘电阻表测量大容量试品的绝缘电阻时，为什么随加压时间的增加绝缘电阻表的读数由小逐渐增大并趋于一稳定值？绝缘电阻表的屏蔽端子有何作用？

3. 给出被试品端接地时测量直流泄漏电流的接线图，并说明各元件的名称和作用。

4. 什么是测量 $\tan\delta$ 的正接线和反接线？各适用于何种场合？试述测量 $\tan\delta$ 时干扰产生的原因和消除的方法。

5. 画出对被试品进行工频耐压试验的原理接线图，说明各元件的名称和作用。被试品试验电压的大小是根据什么原则确定的？当被试品容量较大时，其试验电压为什么必须在工频试验变压器的高压侧进行测量？

6. 为什么要对试品进行直流耐压试验？

7. 简述局部放电试验的原理和测量方法。

8. 什么是冲击电压发生器的利用系数？简述冲击电压发生器的工作原理。

9. 总结比较各种非破坏性试验方法的功能（包括能检测出的绝缘缺陷的种类、检测灵敏度、抗干扰能力等）。

10. 试述高压的各种测量方法。

11. 球间隙被用于测量（   ）。

(a) 直流电压

(b) 直流、交流峰值和脉冲电压

(c) 交流峰值电压

(d) 只有直流和交流峰值电压

12. 串联电容电压表可以测量（   ）。

(a) 直流电压

(b) 交流电压（均方根值）

(c) 交流电压（峰值）

(d) 脉冲电压

13. 球间隙测量峰值电压的误差为（   ）。

(a) $< \pm 1\%$ (b) $5\% \sim 10\%$ (c) $3\% \sim 5\%$ (d) $< 3\%$

14. 冲击电压发生器的波前时间的近似值为（   ）。

(a) $3R_1 C_1$

(b) $2.3R_1 C_1$

(c) $3.24R_1 C_1 C_2 / (C_1 + C_2)$

(d) $0.7 (R_1 + R_2) / (C_1 + C_2)$

15. 绝缘电阻与泄露电流测量的不同之处为（   ）。

(a) 电压幅值   (b) 测量量   (c) 设备复杂程度   (d) 完全无关

16. 以下哪项不是表征局部放电的重要参数（   ）。

(a) 放电重复率   (b) 介电常数   (c) 视在放电量   (d) 放电能量

17. 电容分压器的主电容为 C_1，分压电容为 C_2，则电容分压器的分压比 $N = ($ $)$。

(a) $\dfrac{C_1 + C_2}{C_1}$ (b) $\dfrac{C_1 + C_2}{C_2}$ (c) $\dfrac{C_1}{C_1 + C_2}$ (d) $\dfrac{C_2}{C_1 + C_2}$

18. 直流试验电压值指的是直流电压的（   ）。

(a) 算术平均值   (b) 峰值   (c) 最大值   (d) 最小值

19. 以下（   ）不是三比值法用到的气体。

(a) CH_4 (b) H_2 (c) CO (d) $C_2 H_6$

20. $\tan\delta$ 测量时，采用移相法可以消除（   ）的干扰。

(a) 高于试验电源频率

(b) 低于试验电源频率

(c) 与试验电源同频率

(d) 任何频率

第4章自测题

第5章

线路和绕组中的波过程

电力系统中，除了正常运行的电压以外，还存在由于雷击、开关操作、故障或参数不匹配等原因导致的部分线路或设备出现对绝缘有威胁的电压升高和电位差升高，称之为过电压。

根据过电压的形成原因不同，通常将过电压作如下分类：

$$
\text{电力系统过电压}
\begin{cases}
\text{内部过电压}
\begin{cases}
\text{暂时过电压}
\begin{cases}
\text{工频电压升高}\\
\text{谐振过电压}
\end{cases}\\
\text{操作过电压}
\end{cases}\\
\text{雷电过电压}
\begin{cases}
\text{直击雷过电压}\\
\text{感应雷过电压}
\end{cases}
\end{cases}
$$

无论哪种类型的过电压，它们作用时间虽短（暂时过电压有时较长），但因其数值较高，对系统各种绝缘构成了严重威胁。因此，为了保证系统安全运行，有必要研究过电压的形成机理及其发展的物理过程，从而提出限制过电压的措施，并确定各种电气设备应有的绝缘水平，以保证电气设备的可靠运行。

电力系统中的架空输电线路、母线、电缆、发电机等线路和绕组，在工频 50Hz 电压作用下进行稳态分析时，可用 R、L、C 电路元件组成的集中参数电路来等效。这是因为工频电源电压所对应的波长 $\lambda = \dfrac{v}{f} = \dfrac{3 \times 10^8}{50} \text{m} = 6000 \text{km}$，此时线路（非长线路）与绕组导线的长度远小于电源波长。但是，如果线路（或绕组）在持续时间极为短暂、电压变化极快的雷电过电压作用下，由于作用电压的等效频率非常高，导致等效波长很短，以波前时间为 $1.2 \mu s$ 的雷电波为例，电压值从零变化到波峰值（也即整个波前）只需 $1.2 \mu s$，波的传播速度为光速，则雷电冲击电压仅在线路上传播了 $360 m$。换言之，对于长达几十乃至几百公里的输电线路来说，同一时间，线路上各点的电压和电流都是不一样的，根本不能将线路各点的电路参数合并成集中参数来处理。而必须考虑线路特征量的分布性，采用分布参数来表征线路特征量，即线路上的电压 u 和电流 i 不但随时间而变，也随空间位置的不同而不同，也即

$$
\begin{cases}
u = f(x, t)\\
i = f'(x, t)
\end{cases}
$$

而分布参数的过渡过程本质上就是电磁波沿线路传播的过程，简称波过程。

本章就将采用分布参数电路来研究电磁波在线路中的传播规律，并按照由简入繁、从理想线路逐步逼近实际线路的研究路径，依次探讨：均匀无损单导线→均匀性被破坏的无损单导线→多导线系统→有损线路中的波过程。

本章最后还将研究电磁波在绕组中的传播规律，以此为变压器、发电机等设备的绝缘保护提供依据。

5.1　均匀无损单导线的波过程

实际输电线路，往往采用三相交流或双极直流输电，因而均属于多导线系统；导线和绝缘中分别存在电阻和电导，因而一定会产生能量损耗；并且，线路各点的电气参数也不可能完全一样。因而，均匀无损单导线线路实际上是不存在的。不过，为了清晰地揭示线路波过程的物理本质和基本规律，暂时忽略线路的损耗和多导线之间的影响，并假设线路各处参数均匀，即从理想的均匀无损单导线入手研究波沿线路传播的过程，是比较合适的。

5.1.1　波过程的物理概念

一条均匀无损单导线如图 5-1a 所示，忽略线路损耗（$R_0 = 0$，$G_0 = 0$），并设单位长度的电感、对地电容分别为 L_0 和 C_0，则可得该线路分布参数等效电路如图 5-1b 所示。

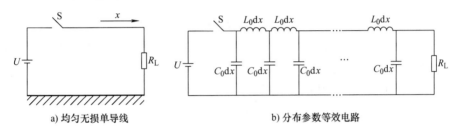

a) 均匀无损单导线　　　　　　　　b) 分布参数等效电路

图 5-1　均匀无损单导线上的波过程

设在 $t = 0$ 时闭合开关 S，电源即开始向其邻近单元电容 $C_0\mathrm{d}x$ 充电，使它的对地电压由零变为 U，同时在导线周围空间建立电场，并向其相邻的单元电容放电。但是由于线路单位电感 $L_0\mathrm{d}x$ 的存在，使得离电源较远处的对地电容总是要滞后一定时间才能得到充电，并向更远的电容放电。这样，线路对地电容 $C_0\mathrm{d}x$ 从首端至末端依次充电，线路各点对地电压依次形成，沿线逐步建立起电场，即可以说有一幅值为 U 的电压波以一定的速度沿线路传播，电压波传至某点则该点对地形成电压，建立电场。

与此同时，线路上单位电感 $L_0\mathrm{d}x$ 中的电流也是自首端向末端随时间依次出现，也即在电压波以一定速度沿线路传播的同时，电流波也以同样的速度沿线路传播，并在导线周围建立磁场。将这种沿线路以一定速度传播（行进）的电压波和电流波称为行波。

电压波和电流波是相伴出现的统一体：伴随各单位电容 $C_0\mathrm{d}x$ 充电至 u，线路对地建立起电场；当电流 i 流过各电感 $L_0\mathrm{d}x$ 的同时，在线路导线周围建立起磁场。可见，伴随电压波和电流波传播的同时，电场和磁场及其能量也以同样的速度沿线路传播。这就是说，电压波和电流波沿线路传播的过程就是电磁能量的传播过程，或者说，波过程实质上就是电磁能量的传播过程。

5.1.2　波阻抗和波速

在上述分析了电压波和电流波传播的物理概念的基础上，我们来研究一下电压波和电流波之间的数量关系，以及行波传播的速度。

1. 波阻抗

在图 5-1b 中，设在开关合闸后，经过 dt（极短时间微增量）时刻，电压波和电流波传播了 dx 距离。在这段时间内，长度为 dx 的导线上电容 C_0dx 充电到电压 u，获得电荷量 $dq = (C_0dx)u$，这些电荷都是在 dt 时间内通过电流波 i 输送过来的，即 $dq = idt$，因此，可得

$$(C_0dx)u = idt \tag{5-1}$$

同时，在 dt 这么短时间内，电流 i 从电感 L_0dx 中流过，在导线周围建立磁链 $(L_0dx)i$，则导线上的感应电动势应与电压相平衡，即

$$u = (L_0dx)i/dt \tag{5-2}$$

联立式(5-1) 和式(5-2)，消去 dt 和 dx，可得电压波和电流波之间的关系

$$\frac{u}{i} = \sqrt{\frac{L_0}{C_0}} \tag{5-3}$$

$\sqrt{\dfrac{L_0}{C_0}}$ 的值是一个实数，具有阻抗的量纲，单位为 Ω，定义为波阻抗 Z，即

$$Z = \sqrt{L_0/C_0} \tag{5-4}$$

波阻抗表示同一方向传播的电压波和电流波的比值，由波阻抗的表达式可见，波阻抗的值仅取决于单位长度线路的电感和电容，而与线路长度无关。

已知单位长度导线的电感和电容分别为

$$L_0 = \frac{\mu_0\mu_r}{2\pi}\ln\frac{2h_c}{r} \tag{5-5}$$

$$C_0 = 2\pi\varepsilon_r\varepsilon_0/\ln\left(\frac{2h_c}{r}\right) \tag{5-6}$$

式中，μ_0 为真空磁导率，$\mu_0 = 4\pi \times 10^{-7}$（H/m）；$\mu_r$ 为相对磁导率，对于架空线可取为 1；ε_0 为真空介电常数，$\varepsilon_0 = 10^{-9}/36\pi$（F/m）；$\varepsilon_r$ 为相对介电常数，若周围媒质为空气，$\varepsilon_r \approx 1$；h_c 为导线的平均对地高度（m）；r 为导线的半径（m）。

将 L_0、C_0 代入式(5-4) 可得

$$Z = \frac{1}{2\pi}\sqrt{\frac{\mu_0\mu_r}{\varepsilon_0\varepsilon_r}}\ln\frac{2h_c}{r}$$

可见，波阻抗不仅与线路周围介质有关，且与导线的半径和悬挂高度有关。

对于架空线路，$Z = 60\ln\dfrac{2h_c}{r}$，一般单导线架空线路的波阻抗约为 $400 \sim 500\Omega$；分裂导线线路，由于 L_0 较小、C_0 较大，其波阻抗为 300Ω 左右。

对于电缆线路，相对磁导率 $\mu_r = 1$，磁通主要分布在电缆芯线与铅保护层之间，故 L_0 较小，电缆绝缘介质的相对介电常数一般为 $\varepsilon_r = 4$ 左右，芯线和铅包之间距离很近，则 C_0 要比架空线路大得多，因此电缆线路的波阻抗要比架空线路小得多，且变化范围较大，一般约为十几欧姆到几十欧姆不等。

2. 波速

联立式(5-1) 和式(5-2)，消去 u 和 i，可得波的传播速度

$$v = \frac{dx}{dt} = \frac{1}{\sqrt{L_0C_0}} \tag{5-7}$$

可见，波的传播速度与导线几何尺寸、悬挂高度无关，而仅仅由导线周围的介质所决定。同样，将 L_0、C_0 代入式(5-7) 可得

$$v = 1/\sqrt{\mu_0\mu_r\varepsilon_0\varepsilon_r} \tag{5-8}$$

对于架空线，$\mu_r = 1$，$\varepsilon_r = 1$，所以 $v = 3\times10^8\,\text{m/s}$，即为真空中的光速。也就是说，电压波和电流波是以光速沿架空线路传播的。

对于电缆，$\mu_r = 1$，$\varepsilon_r = 4$，所以 $v \approx 1.5\times10^8\,\text{m/s}$，即约为光速的一半。

对波的传播也可以从电磁能量的角度来分析。在单位时间里波走过的长度为 l，在这段导线的电感中流过的电流为 i，在导线周围建立起磁场相应的能量为 $\frac{1}{2}(lL_0)i^2$。由于电流对线路电容充电，使导线获得电位，其能量为 $\frac{1}{2}(lC_0)u^2$。根据式(5-3)，可以有 $u = iZ$，则不难证明

$$\frac{1}{2}(lL_0)i^2 = \frac{1}{2}(lL_0)\left(\frac{u}{Z}\right)^2 = \frac{1}{2}(lL_0)\left(\frac{C_0}{L_0}\right)u^2 = \frac{1}{2}(lC_0)u^2$$

这就是说：电压、电流沿导线传播的过程，就是电磁场能量沿导线传播的过程，而且导线在单位时间内获得的电场能量和磁场能量相等。

5.1.3 波动方程的解

1. 波动方程及其解

为了推导分布参数线路的波动方程，可从图 5-1 中取一个线路单元进行研究。令 x 为线路首端到线路上任意一点的距离，则每一长度为 $\mathrm{d}x$ 的线路单元的电感和对地电容分别为 $L_0\mathrm{d}x$ 和 $C_0\mathrm{d}x$，如图 5-2 所示。

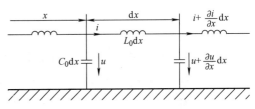

图 5-2 均匀无损单导线的单元等效电路

根据回路电压和电流关系，可得

$$\left.\begin{array}{l} u - \left(u + \dfrac{\partial u}{\partial x}\mathrm{d}x\right) = L_0\mathrm{d}x\,\dfrac{\partial i}{\partial t} \Rightarrow -\dfrac{\partial u}{\partial x} = L_0\,\dfrac{\partial i}{\partial t} \\[3mm] i - \left(i + \dfrac{\partial i}{\partial x}\mathrm{d}x\right) = C_0\mathrm{d}x\,\dfrac{\partial}{\partial t}\left(u + \dfrac{\partial u}{\partial x}\mathrm{d}x\right) \Rightarrow -\dfrac{\partial i}{\partial x} = C_0\,\dfrac{\partial u}{\partial t}(\text{忽略高次项}) \end{array}\right\} \tag{5-9}$$

将式(5-9) 分别对 x 和 t 进行二阶求导，经联立变换后，可得如下二阶偏微分方程：

$$\left.\begin{array}{l} \dfrac{\partial^2 u}{\partial x^2} = L_0C_0\,\dfrac{\partial^2 u}{\partial t^2} \\[3mm] \dfrac{\partial^2 i}{\partial x^2} = L_0C_0\,\dfrac{\partial^2 i}{\partial t^2} \end{array}\right\} \tag{5-10}$$

式(5-10) 就是均匀无损单导线的波动方程，线路上的电压和电流不仅是时间 t 的函数，也是距离 x 的函数。应用拉普拉斯变换和延迟定理，不难求得该波动方程的通解为

$$\left.\begin{array}{l} u(x,t) = u_q\left(t - \dfrac{x}{v}\right) + u_f\left(t + \dfrac{x}{v}\right) \\[3mm] i(x,t) = i_q\left(t - \dfrac{x}{v}\right) + i_f\left(t + \dfrac{x}{v}\right) \end{array}\right\} \tag{5-11}$$

式中，$v = \dfrac{1}{\sqrt{L_0 C_0}}$。

2. 波动方程通解的物理意义

从式(5-11)可以看出，电压和电流的解都包括两部分，其中一部分是 $(t - x/v)$ 的函数，另一部分是 $(t + x/v)$ 的函数。为了理解这两部分的物理意义，我们首先来研究 $u_q(t - x/v)$。

函数 $u_q(t - x/v)$ 说明，导线各点的电压是随时间而变的。设在 t_1 时刻、线路上的 x_1 点处的电压为 u_1，则在 $t_1 + dt$ 时刻，在 $x_1 + v dt$ 点处的电压也为 u_1，这是因为

$$u_q\left[(t_1 + dt) - \frac{x_1 + v dt}{v} \right] = u_q\left(t_1 - \frac{x_1}{v} \right) = u_1$$

由此可见，$u_q(t - x/v)$ 是随着时间 t 的增加、以速度 v 向 x 正方向运动的，称为前行电压波，如图 5-3 所示。同样分析可知，$u_f (t + x/v)$ 代表一个以速度 v 向 x 负方向行进的波，称为反行电压波。方便起见，式(5-11)可以简洁地表示为

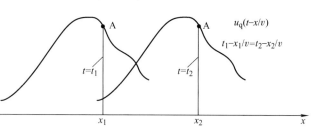

图 5-3　前行电压波

$$\left. \begin{array}{l} u = u_q + u_f \\ i = i_q + i_f \end{array} \right\} \tag{5-12}$$

由式(5-3)和式(5-4)可知，电压波和电流波之间的关系可以通过波阻抗 Z 表示。但不同极性的行波沿不同的方向传播，需要规定一个正方向。尤其应该注意，电压波的符号只取决于它的极性（导线上所充电荷的符号），而与电荷的运动方向无关；可是，电流波的符号不但与相应的电荷符号有关，而且也与电荷的运动方向有关，一般取正电荷沿着 x 正方向运动所形成的波为正电流波。对反行波而言，正的电压反行波表示一批正电荷向 x 负方向运动，按照相反的顺序给线路各点的对地电容也充上正电荷。此时电压虽然仍是正的，但因正电荷的运动方向已变为负方向，所以形成了负的电流波。也就是说，在规定行波正方向的前提下，前行波电压和前行波电流总是同号，而反行波电压和反行波电流总是异号，如图 5-4 所示。

上述关系也可以用公式表示，即

$$\left. \begin{array}{l} u_q / i_q = Z \\ u_f / i_f = -Z \end{array} \right\} \tag{5-13}$$

式(5-12)和式(5-13)组成了行波计算的四个基本方程。从这四个基本方程出发，加上起始条件和边界条件，就可以算出导线上任意点的电压和电流。

分布参数的波阻抗与集中参数电路中的电阻有本质不同，这里着重指出它的几个主要特点：

1）波阻抗表示具有同一方向的电压波和电流波大小的比值。电磁波通过波阻抗为 Z 的导线时，能量以电磁能的形式储存在周围介质中，而不是被消耗掉。

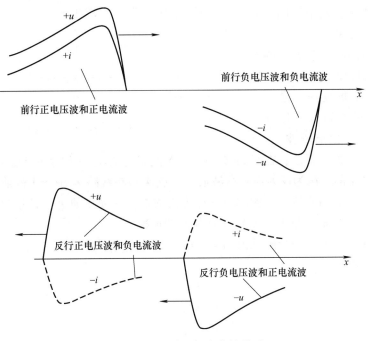

图 5-4　电压波和电流波的关系

2）如果导线上既有前行波，又有反行波时，导线上总的电压和电流的比值不再等于波阻抗，即

$$\frac{u}{i} = \frac{u_q + u_f}{i_q + i_f} = Z\frac{u_q + u_f}{u_q - u_f} \neq Z$$

3）波阻抗 Z 的数值只和导线单位长度的电感和电容 L_0、C_0 有关，与线路长度无关。

4）为了区别向不同方向运动的行波，Z 的前面应有正、负号，如式(5-13) 所示。

5.2　行波的折射和反射

波沿均匀无损单导线传播时，电压和电流波形保持不变，且它们的比值等于线路的波阻抗。当行波传播到线路的某一节点时，线路的参数会突然发生改变，例如从波阻抗较大的架空线路运动到波阻抗较小的电缆线路，或相反从电缆到架空线；这种情况也可以发生在波传到接有集中阻抗的线路终点。由于节点两侧线路的波阻抗不同，而波在节点两侧都必须保持单位长度导线的电场能和磁场能总和相等的规律，故必然要发生电磁场能量的重新分配，即行波在节点处将发生折射和反射。

5.2.1　折射波和反射波的计算

在介绍无限长线路波过程时，通常采用最简单的无限长直角波来研究，这是因为：① 任何波形都可以看作由一定数量的单元无限长直角波叠加而成；② 工频交流电源作用下，只要线路不太长（数十或者 100 多公里），行波从始端到终端的时间还不到 1ms，在这样短的时间内，电源电压变化不多，也可以看作与直流电压源相似，而采用无限长直角波来分析。所以，无线长直角波实际上是最简单和最具代表性的一种波形。

如图 5-5 所示，两个不同波阻抗 Z_1 和 Z_2 的线路相连于 A 点，一无限长直角波从波阻抗为 Z_1 的线路 1 传输到波阻抗为 Z_2 的线路 2，在节点 A 处发生折反射。设 u_{1q}、i_{1q} 是 Z_1 线路中的前行波电压和电流（图 5-5 中仅画出电压波），常

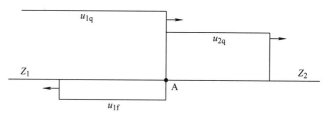

图 5-5　行波的折射与反射

称为投射到节点 A 的入射波；在线路 Z_1 中的反行波 u_{1f}、i_{1f} 是由入射在节点 A 的电压波、电流波的反射而产生的，称为反射波；行波通过节点 A 后在线路 Z_2 中产生的前行波 u_{2q}、i_{2q} 是由入射波经节点 A 折射到线路 2 中的波，称为折射波。为便于研究，这里只分析线路 Z_2 中不存在反行波或 Z_2 中的反行波尚未到达节点 A 的情况。

由于节点 A 处只能有一个电压值和电流值，即 A 点 Z_1 侧和 Z_2 侧的电压和电流在 A 点必须连续，因此必然有

$$u_{2q} = u_{1q} + u_{1f} \tag{5-14}$$

$$i_{2q} = i_{1q} + i_{1f} \tag{5-15}$$

又因为 $i_{1q} = \dfrac{u_{1q}}{Z_1}$、$i_{2q} = \dfrac{u_{2q}}{Z_2}$、$i_{1f} = -\dfrac{u_{1f}}{Z_1}$，将它们代入式(5-15)，可得

$$\frac{u_{1q}}{Z_1} - \frac{u_{1f}}{Z_1} = \frac{u_{2q}}{Z_2} \tag{5-16}$$

联立式(5-14) 和式(5-16)，即可解得

$$\left.\begin{array}{l} u_{2q} = \dfrac{2Z_2}{Z_1 + Z_2} u_{1q} = \alpha u_{1q} \\[3mm] u_{1f} = \dfrac{Z_2 - Z_1}{Z_1 + Z_2} u_{1q} = \beta u_{1q} \end{array}\right\} \tag{5-17}$$

α、β 分别称为节点 A 的电压折射系数和电压反射系数，根据式(5-17) 有

$$\left\{\begin{array}{l} \alpha = \dfrac{2Z_2}{Z_1 + Z_2} \\[3mm] \beta = \dfrac{Z_2 - Z_1}{Z_1 + Z_2} \end{array}\right. \tag{5-18}$$

α、β 之间满足

$$\alpha = 1 + \beta \tag{5-19}$$

随着 Z_1 和 Z_2 的数值而异，α 和 β 的值将在下述范围内变化

$$0 \leqslant \alpha \leqslant 2$$

$$-1 \leqslant \beta \leqslant 1$$

当 $Z_2 = Z_1$ 时，$\alpha = 1$，$\beta = 0$，这表明电压折射波等于入射波，而电压反射波为零，即不发生任何折、反射现象，实际上这是均匀导线的情况；当 $Z_2 < Z_1$ 时（例如行波从架空线进入电缆），$\alpha < 1$，$\beta < 0$，这表明电压折射波将小于入射波，而电压反射波的极性与入射波相反，叠加后使线路 1 上的总电压小于电压入射波；当 $Z_2 > Z_1$ 时（例如行波从电缆进入架空线），$\alpha > 1$，$\beta > 0$，此时，电压折射波将大于入射波，而电压反射波与入射波同号，叠加后

使线路 1 上的总电压升高。

最后，需要说明的是，如果波阻抗为 Z_1 的导线在 A 点不是与波阻抗为 Z_2 的导线相连，而是与集中阻抗 Z_2 相连接，此时，边界条件、方程式和解仍然同上述一样，u_2 及 i_2（不用 u_{2q}、i_{2q} 表示）即代表集中阻抗 Z_2 上的电压和电流。

5.2.2 几种特殊条件下的折、反射波

1. 线路末端开路（$Z_2 \to \infty$）

如图 5-6 所示，当波阻抗为 Z_1 的线路末端开路，相当于 $Z_2 \to \infty$。此时，电压折射系数 $\alpha = 2$，电压反射系数 $\beta = 1$，则 $u_{2q} = 2u_{1q}$，$u_{1f} = u_{1q}$；同时，可求得反射电流和折射电流为

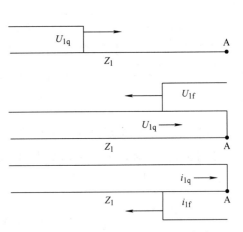

$$i_{1f} = -\frac{u_{1f}}{Z_1} = -\frac{u_{1q}}{Z_1} = -i_{1q}$$

$$i_{2q} = i_{1q} + i_{1f} = 0$$

上述计算表明：电压入射波到达短路线路的末端时，将发生全反射，使末端电压上升到入射电压的 2 倍。同时，电流波发生负的全反射，随着电流反射波的逆向传输，所到之处电流均降为零。

从能量的观点来看，电流反射波所流过的线路上总电流变为零，储存的磁场能量全部转换为电场能，从而使电压上升一倍。

图 5-6　末端开路的电压波和电流波

2. 线路末端短路（$Z_2 = 0$）

如图 5-7 所示，线路末端短路，相当于 $Z_2 = 0$，此时 $\alpha = 0$，$\beta = -1$。这样，$u_{2q} = 0$，$u_{1f} = -u_{1q}$，而

$$i_{1f} = -\frac{u_{1f}}{Z_1} = \frac{u_{1q}}{Z_1} = i_{1q}$$

$$i_{2q} = i_{1q} + i_{1f} = 2i_{1q}$$

上述计算表明：电压入射波到达开路线路的末端时，将发生负的全反射，使末端电压下降为零；同时，电流波则发生正的全反射，使线路末端的电流增加一倍。

从能量的观点来看，全部电场能转换为磁场能，使电流增大一倍。

3. 线路末端接匹配电阻 $R = Z_1$（$Z_2 = R$）

如图 5-8 所示，线路末端接负载电阻 $R = Z_1$，即 $Z_2 = R$，此时 $\alpha = 1$，$\beta = 0$。这样，$u_{1f} = 0$，线路 Z_1 上的电压 $u_1 = u_{1q} + u_{1f} = u_{1q}$；而

$$i_{1f} = \frac{u_{1f}}{-Z_1} = 0$$

$$i_1 = i_{1q} + i_{1f} = \frac{u_{1q}}{Z_1}$$

这一计算结果表明：入射波到达线路末端 A 点时不发生反射现象，相当于线路末端与另一波阻抗相同的线路（$Z_2 = Z_1$）相连接，也即均匀线路的延伸。但是，从能量的角度看，

两者完全不同：当末端接有匹配电阻 $R = Z_1$ 时，传播到末端的电磁能全部消耗在电阻 R 上；而末端接相同波阻抗的线路时，该线路并不消耗能量。这一原理常被用于高压测量，在电缆末端接上和电缆波阻抗相等的匹配电阻以消除在电缆末端发生折反射所引起的测量误差。

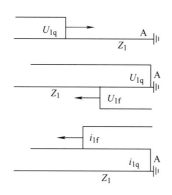

图 5-7　末端短路时的电压波和电流波

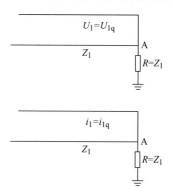

图 5-8　末端负载电阻 $R = Z_1$ 时的电压波和电流波

【例 5-1】　入射波 $u_{1q} = 100\text{kV}$ 由架空线（$Z_1 = 500\,\Omega$）进入电缆（$Z_2 = 50\,\Omega$），求折射波电压、电流和反射波电压、电流。

解　折射系数　$\alpha = \dfrac{2Z_2}{Z_1 + Z_2} = \dfrac{2 \times 50}{500 + 50} = \dfrac{2}{11}$

　　　反射系数　$\beta = \dfrac{Z_2 - Z_1}{Z_1 + Z_2} = \dfrac{50 - 500}{500 + 50} = -\dfrac{9}{11}$

于是折射波电压　$u_{2q} = \alpha u_{1q} = \dfrac{2}{11} \times 100\text{kV} = 18.18\text{kV}$

折射波电流　$i_{2q} = \dfrac{u_{2q}}{Z_2} = \dfrac{18.18}{50}\text{kA} = 0.36\text{kA}$

反射波电压　$u_{1f} = \beta u_{1q} = -\dfrac{9}{11} \times 100\text{kV} = -81.82\text{kV}$

反射波电流　$i_{1f} = \dfrac{u_{1f}}{-Z_1} = \dfrac{-81.82}{-500}\text{kA} = 0.16\text{kA}$

5.2.3　彼得逊法则

　　在实际工程中，一个节点上往往接有多条分布参数长线和若干集中参数元件，如图 5-9 所示。最典型的例子就是变电所的母线，它上面可能接有多条架空线和电缆，还可能接有一系列电气设备（如电压互感器、电容器、避雷器等），它们都是集中参数元件。这类工程中的实际问题，将很难采用前面研究的折反射系数法加以解决。为了解决这一类问题，最好能利用一个统一的方法来处理。

　　先从简单情况入手，如图 5-10a，设任意

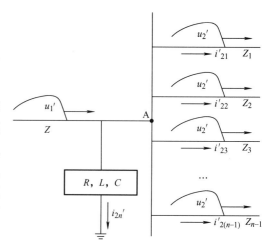

图 5-9　行波入射到节点 A

波形的行波 u_{1q}，沿着一条波阻抗为 Z_1 的线路入射到某一节点 A，A 上接有一条无限长线路（波阻抗 Z_2）或者任意的集中参数元件（阻抗 Z_2）。

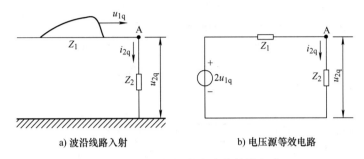

a) 波沿线路入射　　　　　b) 电压源等效电路

图 5-10　电压源的集中参数等效电路

于是，节点 A 的边界条件为

$$\begin{cases} u_{2q} = u_{1q} + u_{1f} \\ i_{2q} = i_{1q} + i_{1f} \end{cases} \tag{5-20}$$

把 $i_{1q} = \dfrac{u_{1q}}{Z_1}$、$i_{1f} = -\dfrac{u_{1f}}{Z_1}$ 代入式（5-20）并联立求解，可得

$$2u_{1q} = u_{2q} + Z_1 i_{2q} \tag{5-21}$$

从式（5-21）不难看出，若想计算分布参数线路上节点 A 的电压 u_{2q}，可以应用图 5-10b 所示的集中参数等效电路：① 线路波阻抗 Z_1、Z_2 分别用数值相等的集中参数电阻代替；② 把线路上的入射电压波的两倍即 $2u_{1q}$ 作为等效电压源。这就是计算折射波 u_{2q} 的等效电路法则，称为彼德逊法则。

利用这一法则，可以把分布参数电路中波过程的许多问题，简化成集中参数电路的计算。值得注意的是，彼得逊法则的使用是有一定条件的：

首先，它要求波是沿分布参数的线路射入；其次，与节点相连的线路必须是无穷长的。如果节点 A 两边的线路为有限长的话，则以上等效电路只适用于线路末端的反射波尚未到达节点 A 的时间内。

于是，根据彼德逊法则，便可将工程中如图 5-9 所示的常见行波沿线路的传播问题，转换成图 5-11 所示的集中参数等效电路来求解。由于 A 后面所有线路上的前行电压波都等于 A 点电压，因此电压折射波各条线路都一样，等于折射电压 u_{2q}。求出折射电压 u_{2q} 后，便可根据各支路的实际接线情况，得到各支路的电流。

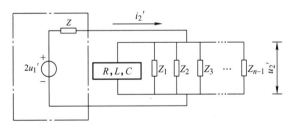

图 5-11　电压源集中参数等效电路

同时，考虑到实际计算中，常常遇到电流源的情况（如雷电流）。此时，采用电流源形式的等效电路较为方便，等效电流源的电流为入射电流波的两倍，如图 5-12 所示。

【例 5-2】某一变电所母线上接有 n 条线路，每条线路波阻抗为 Z，当一条线路落雷，电压 $u(t)$ 入侵变电所，如图 5-13a 所示，求母线上电压。

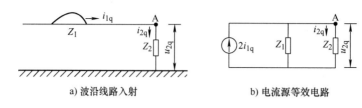

a) 波沿线路入射   b) 电流源等效电路

图 5-12　电流源的集中参数等效电路

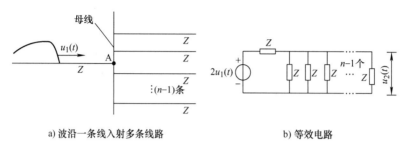

a) 波沿一条线入射多条线路   b) 等效电路

图 5-13　【例 5-2】图

解： 根据彼德逊法则，可得图 5-13a 的等效计算电路如图 5-13b 所示。母线上的电压 $u_2(t)$ 计算如下：

$$u_2(t) = 2u(t) \frac{\dfrac{Z}{n-1}}{Z + \dfrac{Z}{n-1}} = \frac{2u(t)}{n}$$

可见，连接在母线上的线路数越多，母线上的过电压越低，对变电站降低雷电过电压就越有利。

5.2.4　行波通过串联电感和并联电容

在实际电力系统中，电感和电容是常见的元件，如载波通信用的高频扼流线圈和限制短路电流用的电抗器、电容式电压互感器和载波通信用的耦合电容器等。由于电感中的电流和电容上的电压均不能突变，这就对经过这些元件的行波产生了影响，使波形发生变化。可应用彼得逊法则来分析线路中的串联电感和并联电容对线路上波过程的影响。为了便于说明基本概念，起始的入射波仍采用无限长直角波。

1. 行波通过串联电感

如图 5-14a 所示，无穷长直角波 u_{1q} 从波阻抗为 Z_1 的线路通过串联电感 L 传向具有波阻抗为 Z_2 的线路，其等效电路如图 5-14b 所示，可以写出回路电压方程

$$2u_{1q} = (Z_1 + Z_2) i_{2q} + L \frac{\mathrm{d}i_{2q}}{\mathrm{d}t} \tag{5-22}$$

解方程 (5-22) 可得，

$$i_{2q} = \frac{2u_{1q}}{Z_1 + Z_2} (1 - \mathrm{e}^{-\frac{t}{T}}) \tag{5-23}$$

式中，T 为回路的时间常数，$T = \dfrac{L}{Z_1 + Z_2}$。

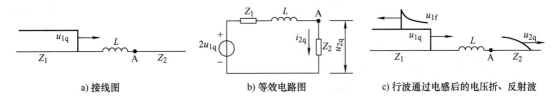

图 5-14　行波通过串联电感

则

$$u_{2q} = i_{2q}Z_2 = \frac{2Z_2 u_{1q}}{Z_1 + Z_2}(1 - e^{-\frac{t}{T}}) = \alpha \cdot u_{1q}(1 - e^{-\frac{t}{T}}) \tag{5-24}$$

式中，α 为无电感时两线路直接相连于节点 A 时的折射系数。

根据 L 两端的电流应该相等可得，

$$u_{1f} = \frac{Z_2 - Z_1}{Z_1 + Z_2}u_{1q} + \frac{2Z_1}{Z_1 + Z_2}u_{1q}e^{-\frac{t}{T}} \tag{5-25}$$

u_{2q}、u_{1f} 的波形如图 5-14c 所示。

2. 行波通过并联电容

如图 5-15a 所示，无穷长直角波 u_{1q} 从波阻抗为 Z_1 的线路通过并联电容 C 传向具有波阻抗为 Z_2 的线路，其等效电路如图 5-15b 所示，可以写出回路电压方程

$$\begin{cases} 2u_{1q} = Z_1 i_1 + i_{2q}Z_2 \\ i_1 = i_{2q} + Z_2 C\dfrac{\mathrm{d}i_{2q}}{\mathrm{d}t} \end{cases} \tag{5-26}$$

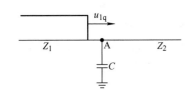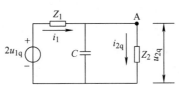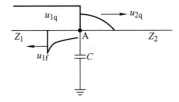

a) 接线图　　　　　　　　　　b) 等效电路图　　　　　　　c) 行波通过电容后的电压折、反射波

图 5-15　行波通过并联电容

解方程组（5-26）可得

$$i_{2q} = \frac{2U_{1q}}{Z_1 + Z_2}(1 - e^{-\frac{t}{T}}) \tag{5-27}$$

式中，T 为回路的时间常数，$T = \dfrac{Z_1 Z_2 C}{Z_1 + Z_2}$。

则

$$u_{2q} = i_{2q}Z_2 = \frac{2Z_2 U_{1q}}{Z_1 + Z_2}(1 - e^{-\frac{t}{T}}) = \alpha \cdot U_{1q}(1 - e^{-\frac{t}{T}}) \tag{5-28}$$

式中，α 为没有电容两线路直接相连于节点 A 时的折射系数。

再由 $u_{1q} + u_{1f} = u_{2q}$ 可得

$$u_{1f} = \frac{Z_2 - Z_1}{Z_1 + Z_2}u_{1q} - \frac{2Z_2}{Z_1 + Z_2}u_{1q}e^{-\frac{t}{T}} \tag{5-29}$$

u_{2q}、u_{1f}的波形如图 5-15c 所示。

3. 串联电感和并联电容对波过程的影响

通过上述分析，可以得到以下结论：

（1）通过串联电感和并联电容，可降低行波陡度

因为行波经过串联电感和并联电容时，电感中电流和电容上电压不能突变，使得折射电压 u_{2q} 只能随着时间的增加，从零开始按照指数规律增大，如式（5-24）、式（5-28）所示。也就是说，行波通过串联电感和并联电容后，从直角波变成了指数波。而指数波的最大时间陡度发生在 $t = 0$ 时，由式（5-24）可知，在通过串联电感时，折射电压波的最大时间陡度为

$$\frac{du_{2q}}{dt}\bigg|_{max}^{t=0} = \frac{2u_{1q}}{L}Z_2 \tag{5-30}$$

由式（5-28）可知，在通过并联电容时，折射电压波的最大时间陡度为

$$\frac{du_{2q}}{dt}\bigg|_{max}^{t=0} = \frac{2u_{1q}}{Z_1 C} \tag{5-31}$$

因此，只要增大 L 和 C 的值，就能把来波陡度限制在一定范围。防雷保护中常常应用这一原理减小雷电波的陡度，以保护电机的匝间绝缘。

（2）串联电感和并联电容不会影响折射波的最终稳态值

由式（5-24）、式（5-28）可知：当 $t \to \infty$ 时，$u_{2q} = \frac{2Z_2}{Z_1 + Z_2}u_{1q} = \alpha u_{1q}$，即相当于两条线路直接相连时的折射电压。同样，反射电压的最终稳态值也不会受到 L 和 C 的影响。从物理概念上这并不难理解，因为在直流电压下，电容相当于开路，电感相当于短路。

如前所述，串联电感和并联电容都可以用作过电压保护措施，因为它们能减小过电压波的波前陡度和降低极短时过电压波（例如冲击截波）的幅值。但就入射线路上的电压来说，采用 L 会使其加倍，而采用 C 不会使其增大，所以从过电压保护的角度出发，采用并联电容更为有利。

【例 5-3】一幅值为 $U_0 = 100kV$ 的直角波沿波阻抗 $Z_1 = 50\Omega$ 入侵发电机绕组，如图 5-16 所示。绕组每匝长度为 3m，波阻抗 $Z_2 = 800\Omega$，其匝间耐压为 600V，波在绕组中的传播速度为 $6 \times 10^7 m/s$。求为保护发电机绕组匝间绝缘所需串联的电感或并联的电容的数值。

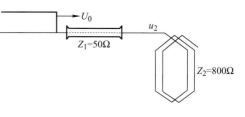

图 5-16 行波沿电缆入侵发电机绕组

解：发电机允许承受的来波最大陡度为

$$\frac{du_2}{dt}\bigg|_{max} = \frac{du_2}{dl}\bigg|_{max} \times \frac{dl}{dt} = \frac{600}{3} \times 6 \times 10^7 V/s = 12 \times 10^9 V/s$$

由式（5-30），得所需电感值为

$$L = \frac{2U_0 Z_2}{\dfrac{du_2}{dt}\bigg|_{max}} = \frac{2 \times 10^5 \times 800}{12 \times 10^9}H = 13.3mH$$

若用电容来保护，则由式(5-31)，得所需电容值为

$$C = \frac{2U_0}{Z_1 \dfrac{\mathrm{d}u_2}{\mathrm{d}t}\bigg|_{\max}} = \frac{2 \times 10^5}{50 \times 12 \times 10^9}\mathrm{F} = 0.33\,\mu\mathrm{F}$$

显然，0.33μF（耐压不低于100kV）的电容器比13.3mH（耐压不低于200kV）的电感线圈成本要低得多。

5.2.5 行波的多次折、反射

在实际电网中，线路的长度总是有限的，常常会遇到一段有限长的线路接于两节点之间，例如两段架空线中间由一段电缆相连，或者发电机往往通过一段电缆接到架空线上。此时，波在两个节点之间将发生多次折、反射。常用的计算行波多次折、反射的方法有网格法和特性线法（贝杰龙法）两种。本节主要介绍网格法。

1. 用网格法计算行波的多次折、反射

用网格法计算波的多次折、反射的特点，是用网格图把波在节点上的各次折、反射的情况，按照时间的先后逐一表示出来，这样就可以比较容易地求出节点在不同时刻的电压值。下面以计算波阻抗不相同的三种导线互相串联时节点上的电压为例，讨论网格法的具体应用。

设在两条波阻抗分别为 Z_1 和 Z_2 的长线之间插接一段长度为 l_0，波阻抗为 Z_0 的线路，两个节点分别为 A 和 B，如图 5-17a 所示。为了使计算不致过于繁复，假设两边的线路为无限长，即不考虑从线路 1 的始端和线路 2 的末端反射回来的行波。图 5-17b 中，行波从线路 1 入射到短线路 Z_0 时，在节点 A 处的电压折射系数为 α_1；行波到达节点 A 后，沿短线路 Z_0 入射到线路 2 时，在节点 B 处的电压折射系数为 α_2，电压反射系数为 β_2；行波到达节点 B 后，反射波将沿着短线路 Z_0 返回线路 1，该波到达节点 A 时的反射系数为 β_1，则有

$$\begin{cases} \alpha_1 = \dfrac{2Z_0}{Z_1 + Z_0} & \alpha_2 = \dfrac{2Z_2}{Z_0 + Z_2} \\[3mm] \beta_1 = \dfrac{Z_1 - Z_0}{Z_1 + Z_0} & \beta_2 = \dfrac{Z_2 - Z_0}{Z_2 + Z_0} \end{cases} \tag{5-32}$$

入侵波 U_0 到达 A 点，在节点 A 上发生折、反射，折射电压 $\alpha_1 U_0$ 沿 AB 线传播，折射电压波经过 $\tau = l_0/v_0$（v_0 为波速）时间后到达 B 点，在 B 点同样发生折射和反射：其折射电压波 $\alpha_1 \alpha_2 U_0$ 自节点 B 沿线路 2 向前传播；其反射波 $\beta_2 \alpha_1 U_0$ 沿 AB 线返回向节点 A 传播，再经过时间 τ 后到达节点 A，在节点 A 上又发生折、反射，反射波 $\beta_1 \beta_2 \alpha_1 U_0$ 经时间 τ 后又到达节点 B，依此类推。若以入射波 U_0 到达节点 A 为计时起点，则根据网格图 5-17b 可以很容易地写出节点 B 在不同时刻的对地电压为

当 $0 \leqslant t < \tau$ 时，$u_{\mathrm{B}} = 0$；

当 $\tau \leqslant t < 3\tau$ 时，$u_{\mathrm{B}} = \alpha_1 \alpha_2 U_0$；

当 $3\tau \leqslant t < 5\tau$ 时，$u_{\mathrm{B}} = \alpha_1 \alpha_2 (1 + \beta_1 \beta_2) U_0$；

当 $5\tau \leqslant t < 7\tau$ 时，$u_{\mathrm{B}} = \alpha_1 \alpha_2 (1 + \beta_1 \beta_2 + \beta_1^2 \beta_2^2) U_0$；

⋮

经过 $n(n \geqslant 1)$ 次折射后，即当 $(2n-1)\tau \leqslant t < (2n+1)\tau$ 时，节点 B 的对地电压的数学

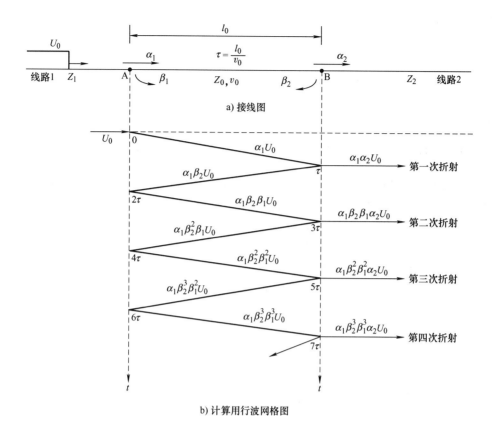

a) 接线图

b) 计算用行波网格图

图5-17 行波的多次折、反射

表达式为

$$u_B = \alpha_1\alpha_2\left[1 + \beta_1\beta_2 + (\beta_1\beta_2)^2 + \cdots + (\beta_1\beta_2)^{n-1}\right]U_0 = U_0\alpha_1\alpha_2\frac{1-(\beta_1\beta_2)^n}{1-\beta_1\beta_2} \quad (5\text{-}33)$$

当 $t\rightarrow\infty$ 时，即 $n\rightarrow\infty$，$(\beta_1\beta_2)^n\rightarrow 0$，则节点 B 上的电压最终幅值为

$$U_B = U_0\alpha_1\alpha_2/(1-\beta_1\beta_2) = \frac{2Z_2}{Z_1+Z_2}U_0 = \alpha U_0 \quad (5\text{-}34)$$

不难看出，式(5-34) 中的 $\alpha = 2Z_2/(Z_1+Z_2)$ 也就是波从线路 1 直接入射到线路 2 时的折射系数。这意味着进入线路 2 的电压最终幅值只由 Z_1 和 Z_2 决定，而与中间线路的存在与否无关。

但是中间线路的存在及其波阻抗 Z_0 的大小决定着线路 2 上 u_B 的波形，尤其是波头的波形。下面，我们将就这一情况进行讨论。

2. 串联三导线典型参数配合时波过程的特点

通过上面的分析，由式(5-33) 可知，若 β_1 和 β_2 同号，则 $\beta_1\beta_2 > 0$，u_B 的值是逐步递增的；若 β_1 和 β_2 异号，则 $\beta_1\beta_2 < 0$，则 u_B 的波形是振荡的。具体分析如下：

1）$Z_0 < Z_1$ 且 $Z_0 < Z_2$，则 $\beta_1 > 0$，$\beta_2 > 0$，其乘积为正值，即各次折射波都是正的，总的电压 u_B 是逐次增大的，如图5-18a 所示。从图可知，线路 Z_1 的存在降低了 Z_2 中折射波 u_{2q} 的陡度，可以近似认为，u_{2q} 的最大陡度等于第一个折射电压 $\alpha_1\alpha_2U_0$ 除以时间间隔

$2l_0/v_0$，即

$$\left.\frac{\mathrm{d}u_{2q}}{\mathrm{d}t}\right|_{t=0} = U_0 \cdot \frac{2Z_0}{Z_1+Z_0} \cdot \frac{2Z_2}{Z_2+Z_0} \cdot \frac{v_0}{2l_0}$$

若 $Z_1 \gg Z_0$、$Z_2 \gg Z_0$，则

$$\left.\frac{\mathrm{d}u_{2q}}{\mathrm{d}t}\right|_{t=0} \approx \frac{2U_0}{Z_1} \cdot Z_0 \cdot \frac{v_0}{l_0} = \frac{2}{Z_1 C}U_0$$

式中，C 为导线 Z_0 的对地电容，这表明导线 Z_0 的作用相当于在线路 Z_1 与 Z_2 的连接点上并联一电容，其电容量为导线 Z_0 的对地电容值。

2）$Z_0 > Z_1$ 且 $Z_0 > Z_2$，则 $\beta_1 < 0$，$\beta_2 < 0$，但其乘积仍为正，总的电压 u_B 是逐次增大的。如图 5-18a 所示。若 $Z_1 \ll Z_0$、$Z_2 \ll Z_0$，则

$$\left.\frac{\mathrm{d}u_{2q}}{\mathrm{d}t}\right|_{t=0} \approx \frac{2U_0 Z_2}{Z_0} \cdot \frac{v_0}{l_0} = \frac{2Z_2}{L}U_0$$

式中，L 为导线 Z_0 的电感值，这表明导线 Z_0 的作用相当于在线路 Z_1 和 Z_2 之间串联一电感，其电感量为 Z_0 的电感值。

3）若 $Z_1 > Z_0 > Z_2$，则 $\beta_1 > 0$，$\beta_2 < 0$，其乘积仍为负值，由式(5-33)可知，u_B 的波形是一个振荡波，如图 5-18b 所示。同时，由于 $\alpha_1 < 1$，$\alpha_2 < 1$，所以波的幅值较低，当时间很长以后，振荡波最终趋于 αU_0，此时 $\alpha U_0 < U_0$。

4）若 $Z_1 < Z_0 < Z_2$，则 $\beta_1 < 0$，$\beta_2 > 0$，其乘积为负值，u_B 还是振荡波，如图 5-18b 所示。只是与情况 3）相比，由于 $\alpha_1 > 1$，$\alpha_2 > 1$，所以波的

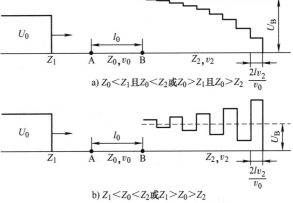

a) $Z_0 < Z_1$ 且 $Z_0 < Z_2$ 或 $Z_0 > Z_1$ 且 $Z_0 > Z_2$

b) $Z_1 < Z_0 < Z_2$ 或 $Z_1 > Z_0 > Z_2$

图 5-18　不同波阻抗组合下 u_B 的波形

幅值较高，当时间很长以后，振荡波最终还是趋于 αU_0，此时 $\alpha U_0 > U_0$。

【例 5-4】 长 150m 的电缆两端串联波阻抗为 400Ω 的架空线，一无限长直角波入侵于架空线 Z_1 上（如图 5-19），已知：$Z_1 = Z_2$，$Z_0 = 50\Omega$，$U_0 = 500\mathrm{kV}$，波在电缆中的传播速度为 150m/μs，在架空线中的传播速度为 300m/μs，若以波到达 A 点为起算时间，求：

（1）距 B 点 60m 处的 C 点在 $t = 1.5\mu\mathrm{s}$，$t = 3.5\mu\mathrm{s}$ 时的电压与电流；

（2）AB 中点 D 处在 $t = 2\mu\mathrm{s}$ 时的电压与电流；

（3）时间很长以后，B 点的电压与电流；

（4）画出 B 点电压随时间变化曲线。

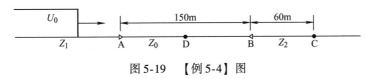

图 5-19　【例 5-4】图

解： 首先画出计算用网格图（如图 5-20 所示），波从 A 点传到 B 点的时间为 $t = 150/150\mu\mathrm{s} = 1\mu\mathrm{s}$，从 B 点传到 C 点的时间 $t = 60/300\mu\mathrm{s} = 0.2\mu\mathrm{s}$

$$\alpha_1 = \frac{2Z_0}{Z_1 + Z_0} = \frac{2 \times 50}{450} = \frac{100}{450} = \frac{2}{9}$$

$$\alpha_2 = \frac{2Z_2}{Z_0 + Z_2} = \frac{2 \times 400}{450} = \frac{800}{450} = \frac{16}{9}$$

$$\beta_1 = \frac{Z_1 - Z_0}{Z_1 + Z_0} = \frac{400 - 50}{450} = \frac{350}{450} = \frac{7}{9}$$

$$\beta_2 = \frac{Z_2 - Z_0}{Z_2 + Z_0} = \frac{400 - 50}{450} = \frac{350}{450} = \frac{7}{9}$$

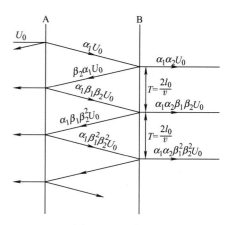

图 5-20 网格图

（1）当 $t = 1.5\mu s$ 时

$$u_c = \alpha_1 \alpha_2 U_0 = \frac{2}{9} \times \frac{16}{9} \times 500\text{kV} = 197.5\text{kV}$$

$$i_c = \frac{u_c}{Z_2} = \frac{197.5\text{kV}}{400\Omega} = 0.49\text{kA}$$

当 $t = 3.5\mu s$ 时

$$u_c = \alpha_1 \alpha_2 U_0 + \alpha_1 \alpha_2 \beta_1 \beta_2 U_0 = 197.5\text{kV} + \frac{2 \times 16 \times 7 \times 7}{9^4} \times 500\text{kV} = 317\text{kV}$$

$$i_c = \frac{u_c}{Z_2} = \frac{317\text{kV}}{400\Omega} = 0.79\text{kA}$$

（2）当 $t = 2\mu s$ 时

$$u_D = \alpha_1 U_0 + \alpha_1 \beta_2 U_0 = \frac{2}{9} \times 500\text{kV} \times \left(1 + \frac{7}{9}\right) = 197.5\text{kV}$$

$$i_D = \frac{\alpha_1 U_0}{Z_0} + \frac{\alpha_1 \beta_2 U_0}{-Z_0} = \frac{\frac{2}{9} \times 500\text{kV}}{50\Omega}\left(1 - \frac{7}{9}\right) = 0.49\text{kA}$$

（3）当 $t \to \infty$ 时

$$u_B = \frac{2Z_2}{Z_1 + Z_2} U_0 = \frac{2 \times 400\Omega}{800\Omega} \times 500\text{kV} = 500\text{kV}$$

$$i_B = \frac{u_B}{Z_2} = \frac{500\text{kV}}{400\Omega} = 1.25\text{kA}$$

（4）B 点电压随时间变化曲线如图 5-21 所示。

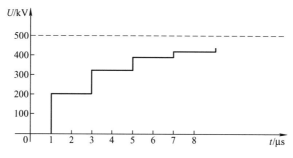

图 5-21　B 点电压变化曲线

3. 贝杰龙法计算过电压

应用网格法计算波的多次折、反射问题，其原理虽然简单，但是需要先求出所有线路在节点处的各次折、反射波，然后按到达时间进行叠加，计算工作量很大，因此这种方法主要用于计算一些简单网络的波过程。随着计算机技术的发展，数值计算方法由于计算速度快、改变参数方便以及能考虑元件的非线性等特点，已成为电力系统过电压计算的主要手段。而贝杰龙（Bergeron）数值计算法的核心是把分布参数元件等效为集中参数元件，以便用比较通用的集中参数的数值求解法来计算线路上的波过程。而电路中的集中参数元件 L 和 C 也需按数值计算的要求化为相应的数值计算电路，进行计算。因此，贝杰龙法已成为电力系统过电压计算的主要手段。

5.3 平行多导线系统中的波过程

以上讨论考虑的都是单导线的情况，但实际的输电线路都不是单导线、而是多导线系统，例如三相交流线的平行导线数至少 3 根，多则 8 根（同杆架设的双避雷线双回路线路）。这时每根导线都处于沿某根或若干根导线传播的行波所建立起来的电磁场中，因而都会感应出一定的电位。这种现象在过电压计算中具有重要的实际意义，因为作用在任意两根导线之间绝缘上的电压就等于这两根导线之间的电位差，所以求出每根导线的对地电压是必要的前提。

5.3.1 波在平行多导线系统中的传播

为了不干扰对基本原理的理解，这里仍忽略导线和大地的损耗，因而沿线路传播的波可看成是平面电磁波，电场和磁场的力线皆位于与导线垂直的平面内。这样，导线上波过程的形成，可以看作为导线上电荷 Q 运动的结果。从静电场概念出发，对一个平行多导线系统来说，电荷是相对静止的，由导线上的电荷产生的空间各点的对地电位，可以从麦克斯韦的静电方程式出发进行研究。

如图 5-22 所示几根平行导线系统，可以假设：

1）n 根平行导线与地面平行；导线 1、2、…、k、…、n 单位长度上的电荷量分别为 q_1、q_2、…、q_k、…、q_n；其半径分别为 r_1、r_2、…、r_k、…、r_n；对地的距离分别为 h_1、h_2、…、h_k、…、h_n；它们与地面的镜象分别为 $1'$、$2'$、…、k'、…、n'。

2）系统的电介质的介电常数不随电场强度而变（这种系统称为线性系统）。

对于这样一个线性系统，第 k 根导线对地电位 u_k，除了本身导线上的电荷产生外，还有第 1、2、…、$(k-1)$、$(k+1)$、…、n 根导线上的电荷在第 k 根导线上产生的电位。因此 u_k 的对地电位可以利用叠加原理，把由于本身电荷及系统中的其他电荷在第 k 根导线上产生的电位统统加起来。这样，根据线性系统的叠加原理，n 根线对地电位可列

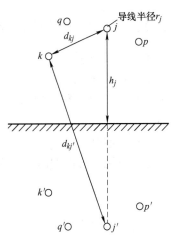

图 5-22 平行多导线系统

出方程如下：

$$u_1 = a_{11}q_1 + a_{12}q_2 + \cdots + a_{1n}q_n$$
$$u_2 = a_{21}q_1 + a_{22}q_2 + \cdots + a_{2n}q_n$$
$$\vdots \tag{5-35}$$
$$u_n = a_{n1}q_1 + a_{n2}q_2 + \cdots + a_{nn}q_n$$

式中，a_{kk} 为导线 k 的自电位系数；a_{kn} 为导线 k 与导线 n 之间的互电位系数。a_{kk} 与 a_{kn} 分别为

$$a_{kk} = \frac{1}{2\pi\varepsilon} \ln \frac{2h_k}{r_k}$$

$$a_{kn} = \frac{1}{2\pi\varepsilon} \ln \frac{d_{kn'}}{d_{kn}}$$

式中，d_{kn} 为导线 k 与导线 n 间的距离；$d_{kn'}$ 为导线 k 与导线 n 的镜像 n' 间的距离。

将 $i_k = q_k v$ 代入式(5-35)，并定义 $Z_{kk} = a_{kk}/v$ 为自波阻抗，$Z_{kn} = a_{kn}/v$ 为互波阻抗，则式(5-35) 可以写作

$$u_1 = Z_{11}i_1 + Z_{12}i_2 + \cdots + Z_{1n}i_n$$
$$u_2 = Z_{21}i_1 + Z_{22}i_2 + \cdots + Z_{2n}i_n$$
$$\vdots \tag{5-36}$$
$$u_n = Z_{n1}i_1 + Z_{n2}i_2 + \cdots + Z_{nn}i_n$$

导线 k 和 n 越靠近，则 Z_{kn} 越大，其极限等于导线 k 和 n 完全重合时的自波阻抗 Z_{kk}，由对称性，可知 $Z_{kn} = Z_{nk}$。若导线上存在反行波，则对每一条导线（k）有：

$$\begin{cases} u_k = u_{kq} + u_{kf}, i_k = i_{kq} + i_{kf} \\ u_{kq} = Z_{k1}i_{1q} + Z_{k2}i_{2q} + \cdots + Z_{kk}i_{kq} + \cdots + Z_{kn}i_{nq} \\ u_{kf} = -(Z_{k1}i_{1f} + Z_{k2}i_{2f} + \cdots + Z_{kk}i_{kf} + \cdots + Z_{kn}i_{nf}) \end{cases} \tag{5-37}$$

式中，u_{kq}、u_{kf} 分别为导线 k 上的前行波电压和反行波电压；i_{kq}、i_{kf} 分别为导线 k 中的前行波电流和反行波电流。

针对 n 根导线可以列出 n 个方程，再加边界条件就可以分析无损平行多导线系统中的波过程。

5.3.2 平行多导线间的耦合系数

在实际波过程计算中，经常要考虑电压波在一根导线上传播时，在其他平行导线上感应产生的耦合电压。对于如图 5-23 所示的两根平行导线系统，若雷击于与导线 1 相连的塔顶，相当于有一很大电流注入导线 1，此电流将引起电压波 u_1 自雷击点沿导线 1 向两侧传播。

在对地绝缘的导线 2 上虽没有电流，但它处在导线 1 的电磁场内，也会感应产生 u_2。对此两导线系统，可以列出下列方程：

$$u_1 = Z_{11}i_1 + Z_{12}i_2$$
$$u_2 = Z_{21}i_1 + Z_{22}i_2$$

由于导线 2 对地绝缘，故 $i_2 = 0$，于是可得

$$u_2 = (Z_{21}/Z_{11})u_1 = k_0 u_1$$

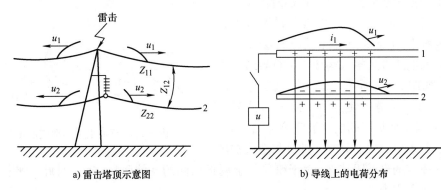

a) 雷击塔顶示意图　　　　　　　b) 导线上的电荷分布

图 5-23　两平行导线系统的耦合作用

式中，k_0 称为导线 1 和导线 2 之间的几何耦合系数。其值仅由导线 1 和导线 1、2 之间的几何尺寸所决定。

因 $Z_{21} < Z_{11}$，所以 $k_0 < 1$。且两根导线间距离越近，耦合系数越大。

耦合系数在多导线的波过程计算中有实际意义。如图 5-23b 所示，导线 2 获得了与 u_1 同极性的对地电压 u_2，当忽略导线 2 上工作电压（$\ll u_1$）时，两导线之间的电位差为

$$u_{12} = u_1 - u_2 = (1 - k_0)u_1 \tag{5-38}$$

可见，k_0 越大，导线 1 和导线 2 之间的电位差 u_{12} 越小，越有利于绝缘子串的安全运行。因此，耦合系数对防雷保护有很大的影响，有些多雷区，为了降低绝缘子串上的电压，有时在导线下面架设耦合地线，以增大避雷线和导线之间的耦合系数。

【例 5-5】某 220kV 输电线路架设两根避雷线，它们通过金属杆塔彼此连接，如图 5-24 所示。雷击塔顶时，求避雷线 1、2 对导线 3 的耦合系数。

解：根据式(5-36) 可得电压方程

$$\begin{cases} u_1 = Z_{11}i_1 + Z_{12}i_2 + Z_{13}i_3 \\ u_2 = Z_{21}i_1 + Z_{22}i_2 + Z_{23}i_3 \\ u_3 = Z_{31}i_1 + Z_{32}i_2 + Z_{33}i_3 \end{cases}$$

由于避雷线 1、2 的离地高度和半径都一样，所以

$$Z_{11} = Z_{22}, Z_{12} = Z_{21}, Z_{13} = Z_{31}, Z_{23} = Z_{32}, i_1 = i_2, u_1 = u_2 = u$$

因导线 3 对地绝缘，所以 $i_3 = 0$，代入电压方程后可得

$$\begin{cases} u_1 = Z_{11}i_1 + Z_{12}i_2 \\ u_2 = Z_{21}i_1 + Z_{22}i_2 \\ u_3 = Z_{31}i_1 + Z_{32}i_2 \end{cases}$$

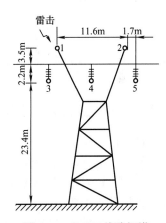

图 5-24　220kV 线路杆塔

根据耦合系数的定义可得

$$K_{1,2-3} = \frac{u_3}{u_1} = \frac{Z_{13} + Z_{23}}{Z_{11} + Z_{12}} = \frac{Z_{13}/Z_{11} + Z_{23}/Z_{11}}{1 + Z_{12}/Z_{11}} = \frac{K_{13} + K_{23}}{1 + K_{12}}$$

式中，$K_{1,2-3}$ 为避雷线 1、2 对导线 3 的耦合系数；K_{13}，K_{23}，K_{12} 分别为导线 1 对 3，2 对 3，1 对 2 之间的耦合系数。

【例 5-6】分析电缆芯与金属护层或屏蔽层间的耦合作用。

解：设行波电压 u 到达电缆首端时由于保护间隙或避雷器的动作而使缆芯与金属护层连在一起，此时缆芯与金属护层（或屏蔽层）上分别有 i_1 与 i_2 的电流波传播，构成二平行导线，电压都为 u，如图 5-25 所示。由于电流所产生的磁通全部与缆芯匝链，使金属护层的自波阻抗 Z_{22} 等于缆芯与金属护层间的互波阻抗 Z_{12}；而缆芯上电流 i_1 所产生的磁通只有一部分与金属护层

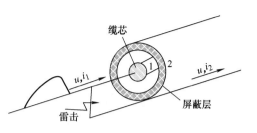

图 5-25 行波沿缆芯缆皮的传播

相匝链，使缆芯的自波阻抗 Z_{11} 大于缆芯与金属护层间的互波阻抗 Z_{12}。对此二平行导线系统，列出电压方程为

$$\begin{cases} u = Z_{11}i_1 + Z_{12}i_2 \\ u = Z_{21}i_1 + Z_{22}i_2 \end{cases}$$

即

$$Z_{11}i_1 + Z_{12}i_2 = Z_{21}i_1 + Z_{22}i_2$$

将 $Z_{22} = Z_{12}$ 代入上式可得

$$Z_{11}i_1 = Z_{21}i_1$$

由于 $Z_{11} > Z_{21}$，要使此式成立，只有

$$i_1 = 0$$

可见，由于耦合作用，缆芯中无电流，它们全部被"驱赶"到金属护层中去了。其物理含义可解释为：当电流在金属护层上传播时，缆芯上就会感应出与金属护层上电压相等的反电动势，阻止了电流向缆芯中的流通。此效应在直配电机的防雷保护接线中得到了广泛的应用。

5.4 行波的衰减和变形

5.4.1 引起行波衰减和变形的因素

前面所讨论的波过程是假定线路为无损的，但实际线路是有损耗的，因而波在实际线路上传播时，总会不同程度地发生衰减和变形。引起行波衰减和变形的损耗主要包括：

1）导线电阻和导线对地电导的损耗。对于任意波形行波的不同频率分量，导线的集肤效应不同从而电阻也不同，由此除了引起行波的衰减外，还引起行波的变形。

2）大地电阻的损耗。大地电阻随频率的增大而增大，由此也会引起行波的衰减和变形。

3）冲击电晕引起的损耗。这是在雷电冲击过电压作用下引起行波衰减和变形的主要原因。

5.4.2 冲击电晕对波过程的影响

1. 冲击电晕的形成和特点

当线路上出现雷电过电压或操作过电压时，一旦导线上的冲击电压幅值超过电晕起始电压，则在导线表面就会出现电晕，即冲击电晕。导线出现冲击电晕以后，在导线周围会出现

发亮的光圈，称之为电晕圈（套），根据冲击电压的极性不同，电晕圈（套）可分为正极性电晕圈和负极性电晕圈。极性对电晕的发展有很大的影响：当产生正极性冲击电晕时，在空间的正电荷加强了距导线较远处的电位梯度，有利于电晕的发展，使电晕圈不断扩大，因此对波的衰减和变形比较大；而对负极性冲击电晕，在空间的正电荷削弱了电晕圈外部的电场，使电晕不易发展，对波的衰减和变形比较小。因为雷电大部分是负极性的，所以在过电压计算中应该以负极性冲击电晕的作用作为计算依据。

2. 冲击电晕对线路波过程的影响

（1）波速和导线波阻抗减小

当导线表面周围出现冲击电晕后，导线周围形成了导电性能良好的电晕套，在这个电晕区内径向电导增大，径向电位梯度减小，相当于扩大了导线的有效半径，增大了导线的对地电容 C_0；另一方面，轴向电流仍几乎全部集中在导线的导体中，这样冲击电晕并不影响导线的电感 L_0。于是，根据 $Z = \sqrt{L_0/C_0}$ 和 $v = \dfrac{\mathrm{d}x}{\mathrm{d}t} = \dfrac{1}{\sqrt{L_0 C_0}}$ 可知，导线波阻抗和行波传播速度都会减小。一般来说，波阻抗可减小 20% ~ 30%；波速最多可减小 25%。

（2）耦合系数增大

由于导线的有效半径增大，故导线的自波阻抗减小，而与相邻导线的互波阻抗略有增大（影响很小）。于是，导线间几何耦合系数 $k_0 = Z_{21}/Z_{11}$ 变大。在工程计算中，输电线路中导线与避雷线的耦合系数 k 通常以电晕效应校正系数来修正：

$$k = k_1 k_0 \tag{5-39}$$

式中，k_0 为几何耦合系数；k_1 为电晕校正系数，一般在 1.1 ~ 1.5 之间，对于不同电压等级、不同导线结构的线路，k_1 值可以查表 5-1。

表 5-1　耦合系数的电晕校正系数 k_1

线路电压等级/kV	20 ~ 35	66 ~ 110	154 ~ 330	500
双避雷线	1.1	1.2	1.25	1.28
单避雷线	1.15	1.25	1.3	—

注：雷击避雷线档距中间时，可取 $k_1 = 1.5$。

（3）波形幅值衰减和波形畸变

引起行波幅值衰减的根本性原因是冲击电晕造成的能量损耗，而导致波形发生畸变的原因是出现冲击电晕后行波波速的减小。

由冲击电晕引起的行波衰减与变形的典型图形如图 5-26 所示。图中曲线 1 表示原始波形，曲线 2 表示行波传播距离 l 后的波形。从图中可以看到，当电压高于电晕起始电压 u_c 后，波形就开始出现剧烈的畸变。这种变形可以看成是电压高于 u_c 的各点由于电晕作用使线路的对地电容增大，从而以小于光速的速度向前运动所产生的结果。如图 5-26 中在电压低于 u_c 的部分，由于不发生电晕而仍以光速前进，而电压大于 u_c 的 A 点由于产生了电晕，它就以比光速小的

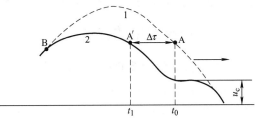

图 5-26　波的衰减和变形

速度 v_c 前进，在行经距离 l 后它就落后了时间 $\Delta\tau$ 而变成图中 A′点，也就是说，由于电晕的作用使行波的波头拉长了。$\Delta\tau$ 与行波传播距离 l 有关，也与电压 u 有关，规程建议采用如下经验公式计算

$$\Delta\tau = t_1 - t_0 = (0.5 + \frac{0.008u}{h_d})l \tag{5-40}$$

式中，l 为行波传播距离（km）；u 为行波电压值（kV）；h_d 为导线平均悬挂高度（m）。

根据冲击电晕会引起行波衰减和变形（降低了行波的陡度）的这一特性，设置进线保护段便成为变电所防雷的一项重要措施。

5.5 变压器绕组中的波过程

电力变压器在运行中与输电线路相连，因此它们经常会受到来自线路过电压波的侵袭，在绕组上将出现复杂的电磁振荡过程，使其主绝缘和纵绝缘（如图 5-27）上出现很高的过电压而损坏。因此，非常有必要研究在冲击电压作用下，变压器绕组中波过程的基本规律，这是绕组绝缘结构设计的基础。

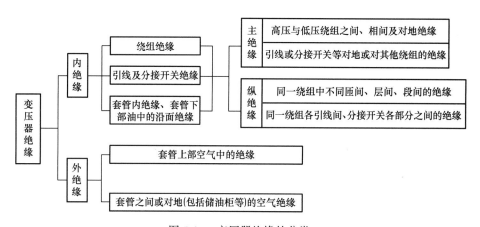

图 5-27 变压器绝缘的分类

为了能清晰地描述绕组内过电压产生的物理过程和规律，首先以单绕组变压器的波过程为研究对象。单绕组变压器的波过程比较简单，但它在物理本质上能够清晰地反映出变压器绕组波过程的典型特征，是定性分析实际三相变压器绕组波过程的基础。

研究单相绕组中的波过程主要适用于以下两种情况：① 中性点接地系统，无论单相进波、两相进波或三相进波都可以看作是单相进波，流入中性点。② 当中性点不接地时，若三相同时进波，由于三相完全对称，只要研究单相绕组中的波过程就可以了。

5.5.1 单相绕组中的波过程

1. 变压器绕组的简化等效电路

在定性分析时，可将变压器绕组做一些简化，假定绕组各点参数完全相同，略去损耗以及绕组间的互感和二次绕组的影响，把变压器绕组看作分布参数，即可得变压器绕组等效电路，如图 5-28 所示。图中，单位长度的自感为 L_0，对地电容为 C_0，纵向电容为 K_0，l 是绕组

长度（不是导线长度），对于每一微小长度 $\mathrm{d}x$ 其参数为：$\mathrm{d}L = L_0\mathrm{d}x$, $\mathrm{d}C = C_0\mathrm{d}x$, $\mathrm{d}K = K_0/\mathrm{d}x$。绕组末端可以接地，也可以不接地，在图中用开关 S 的不同开合状态来表示。

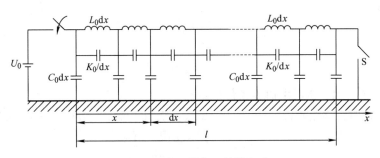

图 5-28 变压器绕组等效电路

与工频电压下变压器绕组等效电路的不同之处在于：① 由于讨论波过程，等效电路为分布参数电路；② 纵向电容 K_0 不能忽略，这是因为波过程属于高频过程，在高频下此电容的作用是不能忽略的。

与线路的分布参数等效电路相比较，由于纵向电容 K_0 不能忽略，当绕组端点受到冲击电压作用后，在绕组中所发生的电磁暂态振荡过程（波过程）也与线路有所不同，对变压器绕组波过程的分析方法也与线路有所不同。

以下分析变压器绕组在无穷长直角波电压作用下的波过程。由于冲击波作用于绕组在波首、波尾时的等效电路中各元件的作用变化，与其相对应的波过程变化规律也不同，因此将按照时间顺序来研究三个时间区段的绕组电位分布：① 无限长直角波开始作用瞬间（即 $t = 0$），由 K_0、C_0 的起始电位分布；② 无限长直角波长期作用时（即 $t \to \infty$），仅由绕组直流电阻决定的稳态电位分布；③ 由起始阶段向稳态过渡时，绕组中电磁波的振荡过程。

2. 起始电位分布和入口电容

当一无穷长直角波电压 U_0 作用于绕组等效电路（这相当于绕组突然合闸于直流电压 U_0）时，由于直角波的波头陡度极大，其等效频率极高，电感的感抗极大，所以在 $t = 0$ 瞬间电感中不会有电流流过，则图 5-28 变压器绕组的等效电路可进一步简化成如图 5-29 所示的等效电路，即仅为电容链。

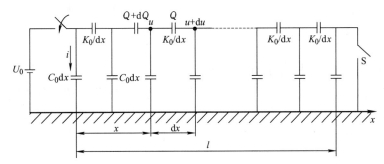

图 5-29 $t = 0$ 瞬间变压器绕组的等效电路

设绕组长度为 l，距绕组首端（电压 U_0 作用端）x 处的电压为 u，纵向电容 $K_0/\mathrm{d}x$ 上的电荷为 Q，对地电容 $C_0\mathrm{d}x$ 上的电荷为 $\mathrm{d}Q$，则

$$Q = (K_0/\mathrm{d}x)\,\mathrm{d}u$$

$$dQ = (C_0 dx) u$$

联立两式可得

$$\frac{d^2 u}{dx^2} - \frac{C_0}{K_0} u = 0$$

其解为

$$u = Ae^{\alpha x} + Be^{-\alpha x}$$

其中，$\alpha = \sqrt{C_0/K_0}$，A、B 可由边界条件确定。

1）末端接地时，绕组首段 $x = 0$ 处，$u = U_0$；绕组末端 $x = l$ 处，$u = 0$，可得

$$u(x) = U_0 \frac{\mathrm{sh}\alpha(l-x)}{\mathrm{sh}\alpha l} \tag{5-41}$$

它是无限长直角波到达绕组瞬间（$t = 0$）绕组上各点的对地电位分布，称为起始电位分布。图 5-30a 所示为绕组末端接地情况下不同的 αl 值时绕组起始电位的分布曲线。

2）末端开路时，绕组首段 $x = 0$ 处，$u = U_0$；绕组末端 $x = l$ 处，最后一个纵向电容 K_0/dx 上的电荷必然为零，即 $K_0 du/dx = 0$（$x = l$ 处），可得

$$u(x) = U_0 \frac{\mathrm{ch}\alpha(l-x)}{\mathrm{ch}\alpha l} \tag{5-42}$$

图 5-30b 所示为绕组末端开路情况下不同的 αl 值时绕组起始电位的分布曲线。

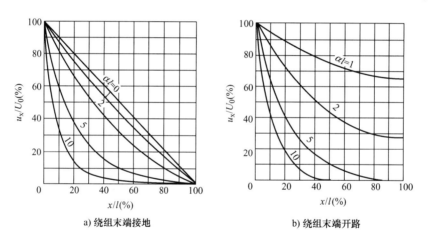

a) 绕组末端接地   b) 绕组末端开路

图 5-30　绕组的起始电压分布

根据以上分析及起始电压分布曲线，可见：

1）无论绕组末端是接地还是不接地，两者起始电压分布是很接近的。电压沿绕组呈不均匀分布，大部分电压降落于首端附近。

2）起始电压分布不均匀的程度与 αl 值有关，αl 越大，分布越不均匀，如图 5-30 所示。

由于 $\alpha l = \sqrt{\dfrac{C_0}{K_0}} l = \sqrt{\dfrac{C_0 l}{\dfrac{K_0}{l}}}$，即绕组起始电压分布的均匀程度取决于绕组全部对地电容（$C_0 l$）

与全部纵向电容 $\left(\dfrac{K_0}{l}\right)$ 之比的二次方根。可见，αl 是与绕组结构有关的特性参数。

3）对于一般连续式绕组，$\alpha l = 5 \sim 15$，此时 $\mathrm{sh}\alpha l \approx \mathrm{ch}\alpha l$，此时不论绕组末端接地与否，起始电压分布均为 $u \approx U_0 \mathrm{e}^{-\alpha x}$，可见绕组首端（$x=0$）电位梯度最大，即

$$\left. \frac{\mathrm{d}u}{\mathrm{d}x} \right|_{x=0} \approx -U_0 \alpha = -\left(\frac{U_0}{l} \right)(\alpha l) \tag{5-43}$$

式（5-43）表明，在 $t=0$ 时，绕组首端的电位梯度可达平均电位梯度的 αl 倍，这将严重威胁绕组首段的纵绝缘。因此，对绕组首端绝缘应加强保护措施。

从上面的分析可知：$t=0$ 瞬间，绕组相当于一电容链，此电容链可以等效为一集中电容 C_T，称为变压器的入口电容。

由于入口电容是用来等效整个电容链的，考虑到 $K_0 \gg C_0$，电荷主要是通过 K_0 传递的，入口电容 C_T 在直角波作用下所吸收的电荷几乎等于绕组首端纵向电容所吸收的电荷，即

$$C_T U_0 \approx Q_{x=0} = K_0 \left. \frac{\mathrm{d}u}{\mathrm{d}x} \right|_{x=0} \Rightarrow C_T = K_0 \alpha = \sqrt{C_0 K_0} = \sqrt{CK} \tag{5-44}$$

变压器绕组入口电容是绕组总的对地电容和总的纵向电容的几何平均值。变压器绕组入口电容与其结构有关，不同电压等级和不同容量的变压器入口电容值不同，具体参见表 5-2。

表 5-2　变压器等效入口电容 C_T

变压器额定电压/kV	35	110	220	330	500
入口电容/pF	500～1000	1000～2000	1500～3000	2000～5000	4000～6000

试验表明：当很陡的冲击波（如雷电过电压）作用下，在过电压波刚刚到达的 $10\mu s$ 内，绕组中的电磁振荡尚未发展起来，在此期间绕组的电压分布仍与起始电压分布接近，则变压器在这段时间内仍可用入口电容来等效。

3. 稳态电压分布

稳态电压分布就是暂态电磁过程结束之后的电压分布。在无穷长直角波电压作用下，就是 $t \to \infty$ 时的电压分布。

1）当绕组末端接地时，稳态电压按绕组电阻均匀分布（因绕组电阻是均匀分布的），见图 5-31a 中直线 2，其分布函数为

$$u_\infty(x) = U_0(1 - x/l) \tag{5-45}$$

2）当绕组末端开路时，绕组各点对地电压都为 U_0，见图 5-31b 中直线 2，其分布函数为

$$u_\infty(x) = U_0 \tag{5-46}$$

4. 绕组中的暂态振荡过程及对地最大电压包络线

由于变压器绕组的起始电压分布（见图 5-31 中曲线 1）与稳态电压分布不同，就必定发生从起始分布发展至稳态分布的暂态过程，而且由于绕组电感和电容能量间的不断转换，此暂态过程具有振荡性质。振荡的激烈程度与起始分布、稳态分布间差值大小有关，差值越大，振荡过程越激烈。在振荡过程中的不同时刻，电压分布是不同的。将暂态过程中绕组各点出现的最大对地电压记录下来并将它们连接成曲线，就是绕组对地最大电压包络线。

应该注意，最大电压包络线是各点最大对地电压的集合，这些对地最大电压出现于不同时刻，有别于出现在同一时刻的电压分布。作定性分析时，通常通过将稳态电压分布与起始电压分布之间的差值叠加在稳态电压分布曲线上来得到最大电压包络线（见图 5-31 中的虚

线3），这是因为在直流电源激励单频 LC 回路的暂态过程中，出现的最大电压幅值可根据下式估算

$$U_{最大} = U_{稳态} + (U_{稳态} - U_{初始})\qquad(5\text{-}47)$$

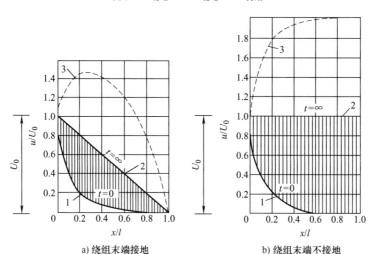

图 5-31　振荡过程中绕组的电压分布
1—起始电压分布　2—稳态电压分布　3—最大电压包络线

　　从图中可以看出，若末端接地时，最大电压将出现在绕组首端 1/3 处，可达 $1.4U_0$；若末端不接地时，最大电压出现在绕组末端，可达 $1.9U_0$（理论上可达 $2U_0$）。因此，变压器的主绝缘在这些部位应得到加强。

　　另外，影响到变压器纵绝缘的最大电位梯度在 $t=0$ 的瞬间，一定出现在绕组首端。随着振荡过程的发展，最大电位梯度向纵深发展，绕组其他地点也可能出现很大的电位梯度。

　　5. 电压波形对变压器绕组中波过程的影响

　　变压器绕组中的波过程，除了与电压波的幅值有关外，还与作用在绕组上的冲击电压波形有关。冲击电压波头时间越长（时间陡度越小），因绕组上起始电压分布受电感分流的影响而与稳态电压分布就越为接近，振荡过程越缓和，绕组各点的最大电位和纵向电位梯度也将越低。反之，当波头很陡的冲击电压作用时，绕组内的振荡过程较激烈，绕组各点的最大电位和纵向电位梯度也较高。所以降低作用于变压器冲击电压的陡度，对绕组的主绝缘，尤其是对纵绝缘的保护具有重要的意义。

　　当雷电波侵入变电站后，若排气式避雷器动作或其他电气设备绝缘闪络，侵入波会突然截断，形成截断波，如图 5-32 所示。因变压器入口电容与线段 l 的电感构成一振荡回路，所以截断后要经过一振荡过程电压才降至零。而此振荡截波电压 u 可以看成由两个分量 u_1 和 u_2 叠加而成，u_1 是原来作用的冲击电压，而 u_2 的幅值很大（可达到截断时电压的 $1.6\sim2$ 倍），陡度很大，其陡度犹如直角波，从而危及绕组纵绝缘。实测表明，在相同电压幅值情况下，截波作用时绕组内的最大电位梯度将比全波作用时大，因此，截波比全波对纵绝缘的危害更大。

　　6. 变压器的内部保护

　　由前面分析可知，起始电压分布与稳态电压分布的不同，是绕组内产生振荡的根本原

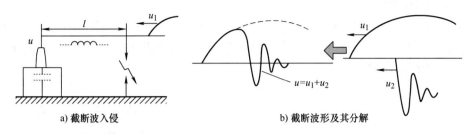

a) 截断波入侵   b) 截断波形及其分解

图 5-32　截断波的形成

因。改变起始电压分布使之接近稳态电压分布，可以降低绕组各点在振荡过程中的对地最大电压和最大电位梯度。因此，变压器绕组内部保护，从变压器内部结构上采取措施，使电压的起始分布尽可能接近稳态分布，从根本上消除或削弱了振荡的根源。

使绕组起始电位分布不均匀的主要原因是电容链中对地自电容 ΔC 的分流作用，它使流经每个纵向电容 ΔK 的电流都不相同，从而造成绕组首端电位梯度的增大。于是，改善起始电位分布，使之接近稳态电位分布的方法主要有两个：一是补偿对地电容 ΔC 的影响；二是增大纵向电容 ΔK。

（1）补偿对地电容的影响

电压初始分布之所以不均匀，皆出于对地电容 ΔC 的存在，但 ΔC 是无法消除的，因而只能设法采用静电屏、静电环、静电匝之类的保护措施来加以补偿。它们的结构示意图如图 5-33 所示，作用原理是通过增大高压端与绕组之间的电容补偿对地电容中的分流，以使纵向电容 ΔK 上的电压降落均匀化，这种补偿称为并联补偿。图 5-33 中，静电环和静电匝与绕组首端相连，静电环（匝）与高压绕组间的电容为 $\Delta C'$，由静电环（匝）等流经图 5-33 中 $\Delta C'$ 的电流部分地补偿了由绕组流经对地电容 ΔC 的电流，这样每个 ΔK 上流过的电流就相接近，其上电压也接近，从而起到了均压的作用。不过要真正实现全补偿是很难的，而且也没有必要，例如为了使绕组各处的最高电位都不要超过 U_0 不需要采用全补偿，而只要采用部分补偿就够了。但对于 220kV 以上电压等级的变压器，这种方法会使变压器的体积和质量显著增大，因此具有一定的局限性。

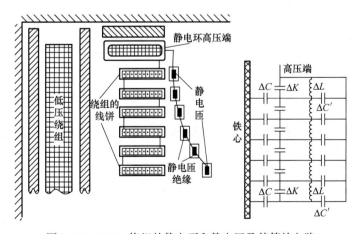

图 5-33　220kV 绕组的静电环和静电匝及其等效电路

（2）增大纵向电容

绕组起始电位分布的不均匀程度随 αl 的增大而增大，而 αl 的值则由绕组的总对地自电容 $C_0 l$ 对总纵向电容 K_0/l 的比值的二次方根决定，因此增大纵向电容 ΔK 也可以改善电位的起始分布，如图5-34a所示。

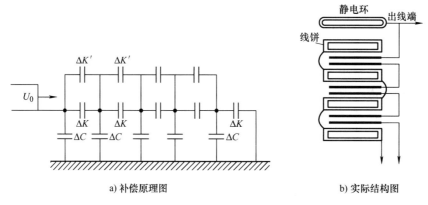

a) 补偿原理图　　　　　　　　　　　　　b) 实际结构图

图5-34　纵向补偿

纵向补偿的实际结构如图5-34b所示。由于安装和绝缘的限制，通常也只需要在绕组首端附近的几个线饼之间进行补偿。

在高压大容量变压器中，目前采用的比较普遍的是从绕组型式方面来解决问题，例如改用纠结式绕组或内屏蔽式绕组等。图5-35中，将纠结式绕组和普通的连续式绕组的不同绕法作了比较。显然，纠结式绕组具有大得多的纵向电容，例如图5-35b中连续式绕组的 $K_{1-10} = \dfrac{\Delta K}{8}$（$\Delta K$ 为相邻两匝的电容）；而图5-35b中的纠结式绕组的 $K_{1-10} = \dfrac{\Delta K}{2}$（$\Delta K$ 为相邻两匝之间的电容）。后者的 $\alpha l \approx 1 \sim 3$，因而电压起始分布得以显著改善。

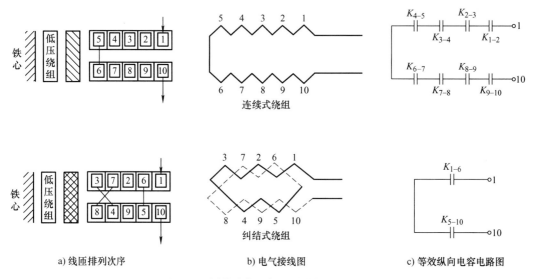

a) 线匝排列次序　　　　　　b) 电气接线图　　　　　　c) 等效纵向电容电路图

图5-35　纠结式绕组与连续式绕组的比较

5.5.2　三相绕组中的波过程

三相绕组中波过程的规律与单相绕组基本相同，只是随着三相绕组的接线方式与进波方式的不同而有所差异。

1. 中性点接地的星形联结

每一相绕组可以看成末端接地的独立绕组。无论一相、二相还是三相进波，进波相绕组中的波过程与单相绕组中末端接地的波过程完全相同。

2. 中性点不接地的星形联结

此时，一相进波、两相同时进波、三相同时进波时的波过程各不相同。

（1）一相进波

设幅值为 U_0 的无穷长直角电压波从 A 相侵入，如图 5-36a 所示。由于绕组的阻抗远大于线路的波阻抗，故定性分析时，B、C 两相绕组可被近似看成接地，其简化等效电路如图 5-36b 所示。在此电压作用下，绕组的起始电压分布与稳态电压分布如图 5-36c 中曲线 1 和曲线 2 所示。因稳态时绕组对地电压按电阻分布，故中性点 O 的稳态对地电压为 $\frac{1}{3}U_0$。

这样，在暂态振荡过程中，中性点 O 的最大对地电压可近似接近 $\frac{2}{3}U_0$。

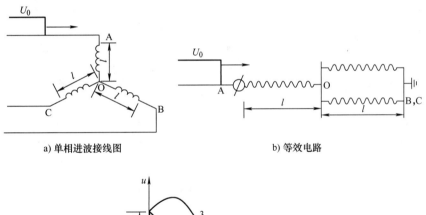

a) 单相进波接线图　　　　　b) 等效电路

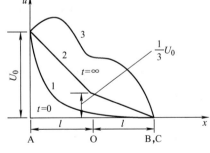

c) 电压分布图

图 5-36　Y 联结单相进波时的电压分布

1—起始电压分布　2—稳态电压分布　3—最大电压包络线

（2）两相同时进波

采用叠加法（每相单独进波后结果的叠加）可得中性点对地最大电压可近似接近 $\frac{4}{3}U_0$。

（3）三相同时进波

采用叠加法可知中性点对地最大电压可近似接近$2U_0$。不采用叠加法也可分析得出中性点对地最大电压为$2U_0$，因为三相绕组首端都是等电位，所以三相绕组为并联关系，这样各相绕组中的波过程与末端不接地的单相绕组中波过程完全相同，中性点（相当于单相绕组的末端）对地电压可接近$2U_0$。

3. 三角形联结

三角形联结的三相变压器，当冲击电压沿单相入侵时，如图5-37a所示，设U_0电压从A相入侵。与前述相同的理由，B、C两点可近似看成接地。这样AB、AC绕组中的波过程与末端接地的单相绕组中波过程相同，而BC绕组中无波过程。

两相或三相进波时，可用叠加法进行分析。如图5-37b表示三相进波的情况，图5-37c中虚线1和2分别表示AB相绕组的一端进波时的电压初始分布和稳态分布，实线3和4则表示每相两端均进波时的电压初始分布和稳态分布。可见，在振荡中最大的电压U_{max}将出现在每相绕组的中部，其值接近$2U_0$。

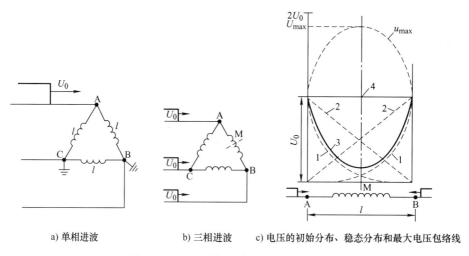

a) 单相进波　　　　b) 三相进波　　c) 电压的初始分布、稳态分布和最大电压包络线

图5-37　三角形接线单相进波和三相进波

5.5.3　绕组间的波过程

当冲击电压作用于变压器的某一绕组时，除了在该绕组因暂态振荡产生过电压之外，由于绕组间存在着静电感应（耦合）和电磁感应（耦合），在其他绕组上也可能出现感应（耦合）过电压，这就是冲击电压在绕组间的传递。冲击电压在绕组间的传递途径主要有静电感应（耦合）和电磁感应（耦合）两种方式，如图5-38所示。

当绕组Ⅰ为三绕组变压器的高压绕组，绕组Ⅱ为低压绕组，而冲击电压从

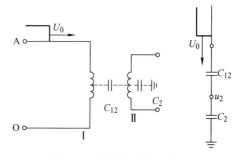

图5-38　绕组间的静电耦合

高压侧侵入，变压器又处于高、中压运行，低压开路的运行方式时，C_2（低压绕组对地电容）较小，这样在低压绕组上出现的静电感应电压分量（接近 U_0）就可能危及低压绕组的绝缘而需对其采取适当的保护措施。对于双绕组变压器，因不存在高压运行、低压开路的运行方式，此时低压绕组常和许多出线、电缆连接，相当于加大了 C_2 值，所以静电感应电压分量较低；对低压绕组绝缘不会构成威胁。

当绕组 I 在冲击电压作用下，随着时间的增长，绕组电感中会逐渐通过电流，所产生的磁通将在绕组 II 中感应出电压，这就是电磁感应（耦合）电压分量。电磁感应（耦合）分量按绕组间的电压比传递。对于三相绕组，还与绕组的接线方式、进波的相数等有关。

对于电磁感应（耦合）分量，只有在低压绕组进波的情况（如由于配电变压器低压侧线路遭受雷击），才有可能对高压绕组的绝缘构成威胁。而在高压绕组进波的情况下，按变比传递至低压绕组后电压已大大降低，再由于低压绕组的相对冲击强度（冲击耐压与额定相电压之比）较高压绕组大得多，所以电磁感应（耦合）电压分量不会对低压绕组的绝缘构成威胁。

思考题与习题

1. 电力系统过电压如何分类？它们各自的特点是什么？

2. 分布参数的波阻抗与集中参数中的电阻有何不同？

3. 何为冲击电晕？冲击电晕对线路波过程有什么影响？

4. 分析变压器绕组在冲击电压作用下产生振荡的根本原因。

5. 为什么冲击截波比全波对变压器绕组的影响更为严重？

6. 某变电所母线上接有三路出线，其波阻抗均为 500Ω。

(1) 设有峰值为 1000kV 的过电压波沿线路侵入变电所，求母线上的电压峰值。

(2) 设上述电压同时沿线路 1 及线路 2 侵入，求母线上的过电压峰值。

7. 某 10kV 发电机直接与架空线路连接。当有一幅值为 80kV 的直角波沿线路三相同时进入电机时，为了保证电机入口处的冲击电压上升速度不超过 $5kV/\mu s$，需接电容进行保护。设线路三相总的波阻抗为 280Ω，电机绕组三相总的波阻抗为 400Ω，求需要并联的电容 C 值。

8. 有一幅值为 300kV 的无限长矩形波沿波阻抗 Z_1 为 400Ω 的线路传入到波阻抗为 800Ω 的发电机上，为保护该发电机匝间绝缘，在发电机前并联一组电容量为 $0.25\mu F$ 的电容器 C，试求：

(1) 稳定后的入射波电流、反射波电压和电流、折射波电压和电流；

(2) 画出入射波电压和电流、折射波电压和电流、反射波电压和电流随时间的变化曲线；

(3) 并联电容 C 的作用何在？

9. 为了限制侵入发电机电压波的陡度，需在发电机与架空线路之间加入一段电缆，已知架空线路、电缆线路、发电机绕组的波阻抗分别为 350Ω、50Ω 和 750Ω，波在电缆和发电机中的传播速度分别为 $150m/\mu s$ 和 $60m/\mu s$，发电机每匝长 3m，匝间耐压为 600V。沿架空线路侵入的电压波为幅值 $U_0 = 100kV$ 的无限长矩形波。

(1) 求应接多长电缆。

(2) 在此电缆长度下求 $6.5\mu s$ 时发电机上的电压和电流，设侵入波电压在 $t = 0$ 时传至架空线路与电缆线路连接节点。

(3) 求 $t \to \infty$ 时发电机上电压和电流。

10. 电力系统过电压分为（　　　）两类。

(a) 雷电过电压和操作过电压　　　　　　(b) 雷电过电压和内部过电压

(c) 外部过电压和暂时过电压　　　　　　(d) 雷电过电压和谐振过电压

11. 在架空线路和电缆中波速（　　　）。

(a) 均与光速接近　　　　　　　　　　(b) 后者与光速相近，前者只有光速的一半左右

(c) 均明显小于光速　　　　　　　　　(d) 前者与光速相近，后者只有光速的一半左右

12. 电压波与电流波极性满足（　　　）。

(a) 前行波和反行波中二者均同极性　　　(b) 前行波二者同极性，反行波二者反极性

(c) 前行波和反行波中二者均反极性　　　(d) 反行波二者同极性，前行波二者反极性

13. 两不同波阻抗分别为 z_1 和 z_2 线路 1 和线路 2 相连于 A 点，行波从线路 2 往线路 1 入射，电压折射系数 α 等于（　　　）。

(a) $\dfrac{Z_2 - Z_1}{Z_1 + Z_2}$　　　(b) $\dfrac{Z_2 + Z_1}{Z_1 - Z_2}$　　　(c) $\dfrac{2Z_2}{Z_1 + Z_2}$　　　(d) $\dfrac{2Z_1}{Z_1 + Z_2}$

14. 无限长直角波作用下绕组（　　　）初始电位梯度最大。

(a) 首端　　　　　(b) 末端　　　　　(c) 中间　　　　　(d) 随机部位

15. 电晕对行波的影响不包括（　　　）。

(a) 波阻抗减少　　　　　　　　　　　(b) 波速减少

(c) 导线间耦合系数减少　　　　　　　(d) 波的衰减和变形

16. 电机绕组进波，波陡度为 $10kV/\mu s$，每匝长度为 5m，波速为 $100m/\mu s$，作用于匝间的电压为（　　　）。

(a) 1kV　　　　　(b) 2kV　　　　　(c) 5kV　　　　　(d) 0.5kV

17. 下列有关电流波极性，说法正确的是（　　　）。

(a) 与电子的运动方向有关，电子沿着 x 正方向运动形成正电流

(b) 与正电荷的运动方向有关，正电荷沿着 x 正方向运动形成正电流

(c) 只决定于导线对地电容上电荷的极性

(d) 只决定与导线电感上电荷的极性

18. 对于中性点不接地的变压器星形绕组，如果两相同时进波 U，则振荡过程中出现的中性点最大对地电位为（　　　）。

(a) 2U/3　　　　　(b) 4U/3　　　　　(c) 2U　　　　　(d) 8U/3

19. 冲击波刚刚到达变压器单相绕组时，可等效为（　　　）。

(a) 电容链　　　　(b) 电阻链　　　　(c) 电感链　　　　(d) 无法等效

第5章自测题

第6章

雷电及防雷保护装置

雷电是大自然中宏伟而恐怖的气体放电现象。对雷电物理本质的了解始于 18 世纪，最著名的当属美国的 B. 富兰克林和俄国的 M. B. 罗蒙诺索夫。富兰克林在 18 世纪中期提出了雷电是大气中的火花放电，首次阐述了避雷针的原理并进行了试验；而罗蒙诺索夫则提出了关于乌云起电的学说。雷电放电对于现代航空、电力、通信、建筑等领域都有很大的影响，促使人们从 20 世纪 30 年代开始加强了对雷电及其防护技术的研究，特别是利用高速摄影、数字记录、雷电定向定位等现代测量技术所做的实测研究的成果，大大丰富了人们对雷电的认识。

雷电在电力系统中的危害主要在两方面：① 雷电放电在电力系统中引起很高的雷电过电压也即大气过电压。雷电过电压是造成电气设备绝缘故障和停电事故的主要原因之一。② 雷电放电将产生巨大的电流，可能使设备损坏。这里主要探讨雷电形成的电力系统过电压。

为了预防或限制雷电的危害性，电力系统采用了一系列防雷措施和防雷保护装置。本章也将着重介绍它们的工作原理和主要特性。

6.1　雷电放电及其参数

6.1.1　雷电放电及其等效电路

1. 雷电放电

雷电是由雷云放电引起的，关于雷云的形成和带电至今还没有令人满意的解释。目前，一般认为，在有利的大气和大地条件下，由强大的潮湿热气流不断上升进入稀薄的大气层冷凝成水滴，同时强烈气流穿过云层，使水滴被撞分裂带电。轻微的水珠带负电，被风吹得较高，形成大块的带负电的雷云；大滴水珠带正电，凝聚成雨下降，或悬浮在云中，形成一些局部带正电的区域。带正电荷或负电荷的雷云在地面上会感应出大量异极性电荷。这样，在带有大量不同极性电荷的雷云间或雷云与大地之间就形成了强大的电场，其电位差可达数兆伏甚至数十兆伏。

由探测可知，雷云中的电量分布是很不均匀的，整块雷云往往有若干个电荷中心。当雷云中电荷密集处的场强达 $25 \sim 30 \mathrm{kV/cm}$ 时，就会发生放电。雷电的极性是按从雷云流入大地电荷的符号决定的。实测表明，对地放电的雷云，90% 左右是负极性的。作为电气工程技术人员，更关心的是雷云形成以后对地面以及电气设备的放电。

雷云对地放电基本过程如图 6-1 所示，雷云中的负电荷逐渐积聚，当雷云中局部场强达到 $25 \sim 30 \mathrm{kV/cm}$ 时，就开始有放电通道自雷云向地面发展，此过程为先导放电，如图 6-1a

所示。先导放电通道具有良好导电性，因此雷云中的负电荷沿通道分布，并继续向地面延伸，地面上的感应正电荷也逐渐增多。当先导通道发展临近地面时，由于局部空间的电场强度增大，常出现正电荷的先导放电向天空发展，这称为迎面先导，如图 6-1b 所示。当先导通道到达地面或者与迎面先导相遇以后，就在通道端部因大气强烈游离而产生高密度的等离子区，此区域自下而上迅速传播，形成一条高导电率的等离子体通道，使先导通道以及雷云中的负电荷与大地的正电荷迅速中和，形成数值很大的雷电流，这就是主放电过程，如图 6-1c、d 所示。

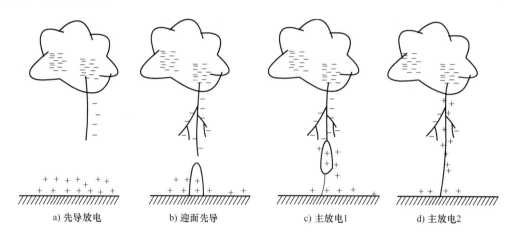

a) 先导放电   b) 迎面先导   c) 主放电1   d) 主放电2

图 6-1　雷电放电的基本过程

先导放电和主放电对应的电流变化如图 6-1 所示。先导放电发展的平均速度较低，约为 $(1 \sim 8) \times 10^5 \mathrm{m/s}$，表现出的电流不大，约为数百安。而主放电的发展速度很高，约为 $(2 \times 10^7) \sim (1.5 \times 10^8) \mathrm{m/s}$，所以出现甚强的冲击电流，可达几十至数百千安。

雷电观测表明，雷云对大地的放电通常包括若干次重复的放电过程，而且每一次都由先导放电和主放电组成，这是由于雷云中可能存在多个电荷中心。这种重复放电之间的间歇时间大约为几十微秒，而重复次数一般为 $2 \sim 3$ 次，最多可达 40 多次。

2. 雷电放电的等效电路

雷云与地面之间发生主放电前，如图 6-2a 所示，相当于开关 S 处于断开状态，以负极性雷为例，下行先导通道中充满了负电荷。图中 Z 是被击物与大地（零电位）之间的阻抗或被击物体的波阻抗，先导放电通道中存在一定密度的负电荷。S 闭合相当于主放电开始，如图 6-2b 所示。发生主放电时，将有大量的正电荷沿先导通道逆向运动，并中和雷云中的负电荷。由于电荷的运动形成电流，因此雷击点 A 的电位也突然发生变化（$u = iZ$）。电流 i 的大小显然与先导通道的电荷密度以及主放电的发展速度有关，而且还受阻抗 Z 的影响。

在防雷研究中，最关心的是雷击点 A 的电位升高，而可以不考虑主放电速度、先导电荷密度及具体的雷击物理过程，因此可以把雷电放电过程简化为一个数学模型，如图 6-2c 所示；进而得到其等效电路，如图 6-2d、e 所示。图 6-2 中，Z_0 表示雷电通道的波阻抗（我国行业标准建议取约 300Ω）。需要说明的是，尽管雷云有很高的初始电位才可能导致主放电，但地面被击物体的电位并不取决于这一初始电位，而是取决于雷电流与被击物体阻抗的乘积。所以，从电路的性质看，雷电具有电流波的性质。

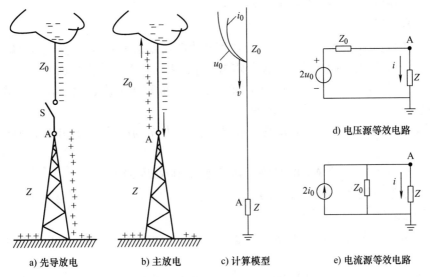

a) 先导放电　　　b) 主放电　　　c) 计算模型　　　e) 电流源等效电路

图 6-2　雷电放电模型和等效电路

研究表明，尽管先导放电是不规则的树枝状，但其通道还是具有分布参数的特征，作为粗略估计，一般假设它是一个具有均匀电感、电容等分布参数的导电通道，即可以假设其波阻抗是均匀的。

综上所述，雷击物体可以看成是一个入射波为 i_0 的电流波沿着一条波阻抗为 Z_0 的通道向被击物体传播的过程。从图 6-2e 中可以看出，流经雷击点 A 的电流为

$$i = 2i_0 \frac{Z_0}{Z_0 + Z} \tag{6-1}$$

当 $Z = 0$ 时，$i = 2i_0$；若当 $Z \ll Z_0$ 时，仍然可以得到 $i \approx 2i_0$，在工程实际中一般都满足此条件。所以国际上习惯于把流经波阻抗为零（或接近于零）的被击物体的电流为"雷电流"。从其定义可知，雷电流 i 的幅值等于沿通道 Z_0 传来的电流波的电流波 i_0 的 2 倍。

6.1.2　雷电参数

雷击放电涉及气象、地貌等自然条件，随机性很大，表征雷电特性的参数因此具有统计的性质，需要通过大量实测才能确定。防雷保护设计的依据即来源于这些实测数据，其中最关心雷电流波形、幅值和落雷密度等参数。

1. 雷电活动频度——雷暴日和雷暴小时

雷暴日指一年中发生雷电的天数，以听到雷声为准，一日内只要听到雷声，无论多少次，均计为一个雷暴日。

雷暴小时是指一年中发生雷电放电的小时数，在一个小时内，只要有一次雷电，即计为一个雷暴小时，在我国大部分地区，一个雷暴日可大致折合为三个雷暴小时。

在我国，西北地区雷暴日很少，雷暴日小于或等于 15 的可以认为是少雷区，超过 40 的可以认为是多雷区，超过 90 的可以认为是特殊强雷区，在防雷设计中，应根据雷暴日数的多少进行。

同时，为了对不同地区电力系统的耐雷性能进行比较，必须将它们换算到同样的雷电频

度条件下，通常取 40 个雷暴日作为基准。

2. 地面落雷密度和输电线路落雷次数

雷电活动的频度不能区分雷电是雷云之间的放电还是雷云对地放电，从防雷观点出发，最重要的是雷云对地放电的次数。地面落雷密度 γ，表示每平方公里地面上在一个雷暴日中受到的平均雷击次数。一般年雷暴日大的地区，其地面落雷密度也大。我国标准对雷暴日 $T_d = 40$ 的地区取 $\gamma = 0.07/(\text{km}^2 \cdot \text{雷暴日})$。

对雷暴日为 40 的地区，避雷线或导线平均高度为 h 的线路，每 100km 每年雷击的次数为

$$N = 0.28(b + 4h)\left[\text{次}/(100\text{km} \cdot \text{a})\right] \tag{6-2}$$

式中，b 为两根避雷线之间的距离（m）。

3. 雷电流幅值

雷电流幅值是表示雷电强度的指标，也是产生雷电过电压的根源，所以是最重要的雷电参数。

根据我国长期进行的大量实测结果，在一般地区，雷电流幅值超过 I 的概率 P 可以按下式计算

$$\lg P = -I/88 \tag{6-3}$$

式中，I 为雷电流幅值（kA）；P 为幅值大于 I 的雷电流出现概率。

例如，大于 88kA 的雷电流幅值出现的概率为 10%。

除陕南以外的西北地区和内蒙古自治区的部分地区，它们的平均年雷暴日数只有 20 或更少，测得的雷电流幅值也较小，可改用式(6-4) 求其出现概率

$$\lg P = -I/44 \tag{6-4}$$

4. 雷电流的波前时间、陡度及波长

实测表明：雷电流的波前时间 T_1 处于 $1 \sim 4\mu s$ 之间，平均为 $2.6\mu s$，雷电流的半峰值时间 T_2 处于 $20 \sim 100\mu s$ 范围内，多数为 $50\mu s$。我国规定的防雷设计中采用 $2.6/50\mu s$ 的波形，在绝缘冲击高压试验中，标准雷电波波形为 $1.2/50\mu s$，已经很严格了。

雷电流的幅值和波前时间决定了它的波前陡度 α，它也是防雷设计和决定防雷保护措施的一个重要参数，对波前时间 $T_1 = 2.6\mu s$，雷电流的平均陡度为

$$\alpha = I/2.6\,\text{kA}/\mu s \tag{6-5}$$

5. 雷电流的计算波形

实测结果表明，雷电流的幅值、陡度、波头、波尾虽然每次不同，但都是单极性的脉冲波，电力设备的绝缘防护和电力系统的防雷保护设计中，要求将雷电流波形等效为典型化、可用公式表达、便于计算的波形。常用的等效波形有三种，如图 6-3 所示。

图 6-3a 是标准冲击波（双指数波），$i = I_0\left(e^{-\alpha t} - e^{-\beta t}\right)$。这是与实际雷电流波形最为接近的计算波形，也

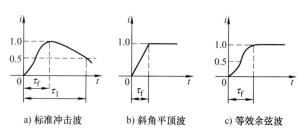

a) 标准冲击波　　b) 斜角平顶波　　c) 等效余弦波

图 6-3　雷电流典型等效波形

用作冲击绝缘强度试验的标准电压波形，但计算比较复杂。我国采用国际电工委员会（IEC）国际标准：波头 $\tau_f = 1.2\mu s$，波长 $\tau_t = 50\mu s$，记为 $1.2/50\mu s$。

图 6-3b 是斜角平顶波：$i = \alpha t$（α 为波前陡度），α 主要可由给定的雷电流幅值 I 和波头时间决定，即 $\alpha = I/\tau_f$，在防雷保护设计中，雷电流波头 τ_f 采用 $2.6\mu s$。这样，α 可取为 $\dfrac{I}{2.6}$ kA/μs。

图 6-3c 是等效余弦波，雷电流波形的波头部分，接近半余弦波，其表达式为 $i = I(1 - \cos\omega t)/2$，$\omega$ 为角频率，由波头 τ_f 决定，$\omega = \pi/\tau_f$。这种等效波形多用于分析雷电流波头的作用，因为用余弦函数波头计算雷电流通过电感支路时所引起的压降比较方便。此时，最大陡度出现在波头中间，即 $t = \tau_f/2$ 处，其值为

$$\alpha_{\max} = \left(\frac{\mathrm{d}i}{\mathrm{d}t}\right)_{\max} = \frac{I\omega}{2} \tag{6-6}$$

6.2 防雷保护装置

雷电放电作为一种强大的自然力的爆发，是难以制止的。目前，我们主要是设法躲避和限制它的破坏性。电力系统主要的防雷保护装置有避雷针、避雷线、避雷器和接地装置等。避雷针、避雷器可以防止雷电直接击中被保护物体，因此也称作直击雷保护；避雷器可以防止沿输电线侵入变电所的雷电侵入波，因此也称作侵入波保护。而接地装置的作用是减小避雷针（线）或避雷器与大地（零电位）之间的电阻值，以达到降低雷电冲击电压幅值的目的。

图 6-4 所示为独立式避雷针。

图 6-4　独立式避雷针

6.2.1　避雷针

1. 保护原理

避雷针和避雷线都是通过使雷电击向自身来发挥其保护作用的，为了使雷电流顺利泄入地下，并且降低雷击点过电压，必须有可靠的引线和良好的接地装置，接地电阻足够小。

避雷针（线）保护原理如下：在雷云先导放电的起始阶段，由于与地面物体相距甚远（雷云高度达数千米），地面物体的影响很小，先导随机地向任意方向发展。当先导通道到达某一离地高度，空间电场已受到地面上一些高耸的导电物体的影响而畸变，在这些物体的顶部聚集起许多异号电荷而形成局强场区，甚至可能向上发展迎面先导。由于避雷针（线）一般均高于被保护对象，它们的迎面先导往往开始得最早、发展得最快，从而最先影响下行先导的发展方向，使之击中避雷针（线），并将雷云中的电荷顺利泄入地下，从而使处于它们周围的较低物体受到屏蔽保护免遭雷击。

避雷针（线）是接地的导电体，其作用就是将雷吸引到自己身上并安全地导入地中。因此，避雷针（线）的名称其实并不确切，叫做"引雷针（线）"更为合适。为了使雷云

中电荷顺利下泄，必须有良好的与大地连接的导电通道。因此，避雷针（线）的基本组成部分是由导体组成的接闪器（引发雷击的部位）、引下线和接地体。

雷电绕过避雷装置而击中被保护物体的现象称作绕击，发生这种绕击的概率称为绕击率。对应不同的绕击率可以得到不同的保护范围，我国规程推荐的保护范围适用于 0.1% 的绕击率，这样小的绕击率一般可认为其保护作用已是足够可靠的。关于保护范围的计算，折线法设计直观、计算简便，我国电力行业采用折线法。

2. 避雷针保护范围

（1）单支避雷针

单支避雷针的保护范围是一个以其本体为轴线的曲线圆锥体，它的侧面边界线实际上是曲线，但我国规程建议近似用折线来拟合，如图 6-5 所示。在某一被保护物高度 h_x 的水平面上的保护半径 r_x 可按下式计算（h 为避雷针高度）：

$$\begin{cases} 当\ h_x \geq h/2\ 时, r_x = (h - h_x)P \\ 当\ h_x < h/2\ 时, r_x = (1.5h - 2h_x)P \end{cases} \quad (6\text{-}7)$$

式中，P 为高度影响系数。当 $h \leq 30\mathrm{m}$ 时，$P = 1$；当 $30\mathrm{m} < h \leq 120\mathrm{m}$ 时，$P = 5.5/\sqrt{h}$；当 $h \geq 120\mathrm{m}$，$P = 5.5/\sqrt{120}$。

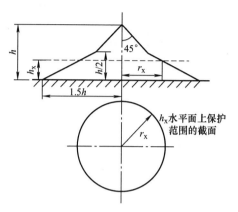

图 6-5　单支避雷针保护范围

（2）两支等高避雷针

由上述可知，h 越大，P 越小。可见，为了增大保护范围，一味提高单支避雷针的高度，在经济上不合算，在技术上也难以实现。因此，工程中多采用两支或多支避雷针以扩大保护范围。

两支等高避雷针在相距不太远时，由于两支针的联合屏蔽作用，使两针中间部分的保护范围比单支针时有所扩大。若两支高为 h 的避雷针 1、2 相距为 D（m），则它们的保护范围及高为 h_x 的被保护物水平面上保护范围，如图 6-6 所示。

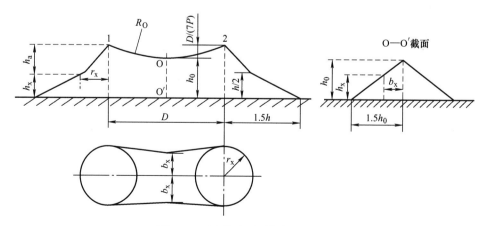

图 6-6　两支等高避雷针保护范围

两针外侧的保护范围仍按单支避雷针的计算方法确定。两针内侧的保护范围如下：

1) 定出保护范围上部边缘最低点 O，O 点的高度 h_0 按下式计算：

$$h_0 = h - D/(7P) \tag{6-8}$$

式中，D 为两避雷针间距离（m）；P 为高度影响系数，取值同式(6-7) 中描述。

这样保护范围上部边缘是由 O 点及两针顶点决定的圆弧来确定。

2) 两针间 h_x 水平面上保护范围的一侧宽度 b_x 可按下式计算：

$$b_x = 1.5(h_0 - h_x) \tag{6-9}$$

注意两针间的距离 D 不能选得太大，一般 D/h 不宜大于 5。根据行业标准，b_x 的计算还可以通过查相关计算曲线获得。

（3）两支不等高避雷针

如图 6-7 所示，两针内侧的保护范围先按照单针算出高针 2 的保护范围，然后经过较低针 1 的顶点作水平线与之交于 3，再设 3 为一假想针的顶点，做出两支等高针 1 和 3 的保护范围，图中 $f = D'/(7P)$，二针外侧的保护范围仍按照单针计算。

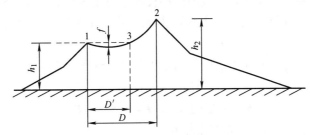

图 6-7 两支不等高避雷针 1 和 2 的保护范围

（4）多支等高避雷针

三支等高避雷针的保护范围见图 6-8a，三针所形成的三角形 1、2、3 的外侧保护范围分别按两支等高针的计算方法确定，如在三角形内被保护物最大高度 h_x 的水平面上各自相邻避雷针间保护范围的一侧宽度 $b_x \geqslant 0$ 时，则全部面积受到保护。

对于四支及四支以上避雷针的保护范围，如图 6-8b 所示，四支等高避雷针可将其分成两个三角形，然后按三角形等高针的方法计算，四支以上避雷针可分成两个以上的三角形，然后按三角形等高针的方法计算。

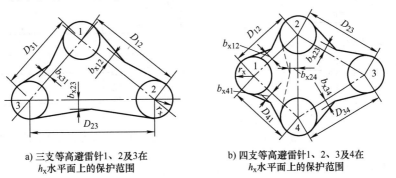

a) 三支等高避雷针1、2及3在 h_x 水平面上的保护范围

b) 四支等高避雷针1、2、3及4在 h_x 水平面上的保护范围

图 6-8 三支和四支等高避雷针的保护范围

【例 6-1】某油罐直径为 18m，高出地面 10m，若采用单根避雷针保护，且要求避雷针与油罐的距离不得小于 5m，试问避雷针的高度至少应该有多高，才能保护到油罐？

解：假设　$h_x < \dfrac{h}{2}$　　$h > 20\text{m}$

再假设　$h \leqslant 30\text{m}$　　$P = 1$

则　　$r_x = 18 + 5 = (1.5h - 2h_x)$　　$h_x = 10$

所以　$h = 28.7\text{m}$　　符合假设。

故，避雷针高 28.7m。

6.2.2　避雷线

1. 避雷线保护范围

避雷线是高于带电导线的接地导线，也称为架空地线。当然除了保护线路之外，也有用来保护建筑物的。由于避雷线使电力线只发生两度空间的集中而不像避雷针发生三度空间的集中，所以避雷线的引雷作用要小于避雷针，还要考虑到避雷线受风吹而摆动，因此避雷线的保护宽度比避雷针要小。但因避雷线的保护长度是与线等长的，故特别适用于保护架空输电线路及大型建筑物。目前，世界上大多数国家已转而采用避雷线来保护 500kV 大型超高压变电所。

高度为 h 的单根避雷线的保护范围如图 6-9 所示，可按下式计算：

$$\left.\begin{array}{l} h_x \geqslant h/2 \text{ 时}, r_x = 0.47(h - h_x)P \\ h_x < h/2 \text{ 时}, r_x = (h - 1.53h_x)P \end{array}\right\} \qquad (6\text{-}10)$$

式中，系数 P 为高度影响系数，取值同式(6-7)。

两根等高平行避雷线的保护范围的确定，如图 6-10 所示。其两边外侧的保护范围按单避雷线的方法确定，两线内侧保护范围的横截面可通过 1、O、2 的圆弧确定。两线及保护范围上部边缘最低点 O 点高度为

$$h_0 = h - D/(4P) \qquad (6\text{-}11)$$

式中，D 为两避雷线间的距离；P 为高度影响系数，取值同式(6-7)。

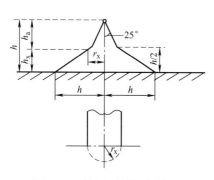

图 6-9　单根避雷线保护范围

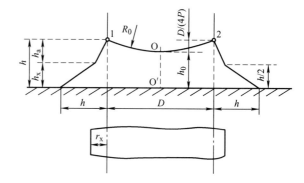

图 6-10　两根等高避雷线的联合保护范围

2. 保护角

在架空输电线路上多用保护角来表示避雷线对导线的保护程度。保护角 α 是指避雷线同外侧导线的连线与垂直线之间的夹角，如图 6-11 中的角 α。

显然，α 越小，导线就越处在保护范围的内部，保护也越可靠。

在高压输电线路的杆塔设计中，一般取 α 为 $20° \sim 30°$，就认为导线已得到可靠保护。

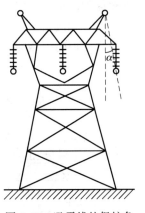

图 6-11 避雷线的保护角

6.2.3 避雷器

如前所述，当发电厂、变电所用避雷针保护以后，电力几乎可以免受直接雷击。但是长达数十、数百公里的输电线路，虽然有避雷线保护，可由于雷电的绕击和反击，仍不能完全避免输电线上遭受大气过电压的侵袭，过电压的幅值可达一二百万伏。而且，此过电压波还会沿着输电线侵入发电厂和变电所，直接危及变压器等电气设备，造成事故。为了保护电气设备的安全，必须限制出现在电气设备绝缘上的过电压峰值，这就需要装设另外一类过电压保护装置——避雷器。

避雷器实质上是一种具有非线性电阻特性的限压器，并联在被保护设备附近。当电压没有达到避雷器的动作电压时，避雷器呈现高阻抗；当线路上传来的过电压超过避雷器的动作电压时，避雷器先行放电，电阻变小，把过电压波中的电荷引入大地中，限制过电压的发展，从而保护了其他电气设备免遭过电压的损害而发生绝缘损坏。

为了达到预想的保护效果，避雷器应满足以下基本要求：

1）雷电击于输电线路时，过电压波会沿着导线入侵发电厂或变电所，在危及被保护绝缘时，要求避雷器能瞬时动作。

2）避雷器一旦在冲击电压作用下放电，就造成对地短路，此时瞬间的雷电过电压虽然已经消失，但工频电压却相继作用在避雷器上，此时流经间隙的工频电弧电流，称为工频续流，此电流将是间隙安装处的短路电流，为了不造成断路器跳闸，避雷器应当具有自行迅速截断工频续流、恢复绝缘强度的能力，使电力系统得以继续正常工作。

3）具有良好的伏秒特性。避雷器与被保护设备之间应有合理的伏秒特性的配合。要求避雷器的伏秒特性比较平直、分散性小，避雷器伏秒特性的上限应不高于被保护设备伏秒特性的下限，并具有一定安全裕度。

4）具有一定通流容量，且其残压应低于被保护物的冲击耐压。避雷器动作以后，在规定的雷电流通过时，不应损坏避雷器，同时在避雷器上造成的压降——残压（冲击电压通过阀式避雷器时，在避雷器上产生的最大压降）应低于被保护物的冲击耐压。否则，虽然避雷器动作，被保护物仍有被击穿的危险。

按避雷器的发展历史和保护性能的改进过程，避雷器可分为保护间隙避雷器、排气式避雷器、普通阀式避雷器、磁吹避雷器、金属氧化物避雷器等类型。

1. 保护间隙

保护间隙是最简单的一种避雷器。它一般由两个相距一定距离的、敞露于大气的电极构成，将它与被保护设备并联，如图 6-12 所示。按照其形状可分有棒形、角形、环形、球形等。图 6-12 所示为 $3 \sim 10 \text{kV}$ 电网常用的角形保护间隙。主间隙做成角形，可以使工频电流（称为工频续流）的电弧在自身电动力和热气流作用下易于上升拉长直至熄灭；辅助间隙是为了防止主间隙被外物短路误动作而设。

当雷电侵入波要危及它所保护的电气设备的绝缘时，间隙首先击穿，工作母线接地，避免了被保护设备上的电压升高，从而保护了设备。过电压消失后，由于工频电压的作用，间隙中仍有工频续流，通过间隙而形成工频电弧。然后根据间隙的熄弧能力决定在电流过零时，或自行熄弧，恢复正常运行，或不能自行熄弧，引起断路器跳闸。

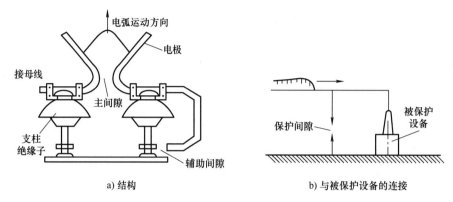

a) 结构   b) 与被保护设备的连接

图 6-12 角形保护间隙及其与被保护设备的连接

保护间隙的结构简单、制造方便。但是却有着明显的缺点：① 保护间隙大多属于不均匀电场，伏秒特性很陡，而被保护绝缘则大多是经过均匀化的，伏秒特性比较平缓，两者很难取得良好的配合。若保护间隙的静态击穿电压确定得太低，会频繁出现不必要的击穿，引起断路器跳闸。若把保护间隙的静态击穿电压取得略比被保护绝缘的低，则两者有交点，必然会出现保护不到的地方。② 保护间隙没有专门的灭弧装置，其灭弧能力有限，当过电压消失后，保护间隙中会出现工频续流，保护间隙不能使它们自熄，就会导致断路器跳闸事故。③ 保护间隙动作后，会产生大幅值的截波作用在绝缘上，对变压器类绝缘很不利。

由于这些缺点，保护间隙只是用于不重要和单相接地不会导致严重后果的场合，如低压配电网和中性点有效接地的电网中。为了保证安全供电，一般与自动重合闸配合使用。

2. 排气式避雷器

由于保护间隙熄弧能力差，为了提高熄弧能力，生产了排气式避雷器（图 6-13），它本质上是一种具有较高灭弧能力的保护间隙。基本元件是安装在灭弧管内的火花间隙 G_1，安装时再串接一只外火花间隙 G_2，灭弧管内层为产气管，产气管所用的材料是在高温高压下可以产生大量气体的纤维、塑料等。排气式避雷器在过电压作用下，两个间隙均被击穿，限制了过电压的幅值，接着出现工频续流电弧使产气管分解出大量气体，管内气压大增，气体从环形电极开口处猛烈喷出，造成对电弧的纵吹，使其在 1～3 个工频周期内在某一过零点熄灭。增设外火花间隙 G_2 的目的在于在正常运行时把灭弧管与工作电压隔离，以免管子老化。

排气式避雷器的灭弧能力与工

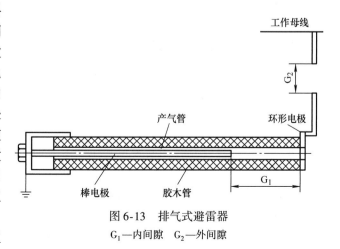

图 6-13 排气式避雷器
G_1—内间隙 G_2—外间隙

频续流大小有关，续流太小则产气不足而不能够灭弧，续流太大则管内气压增大过多，可能使管子炸裂。排气式避雷器所能熄灭的续流有一定的上下限，通常均在型号中标示出来。

排气式避雷器所采用的间隙也属于不均匀电场，在伏秒特性和产生截波方面与保护间隙相似；其运行不可靠，容易炸管。因此排气式避雷器不易大量安装，仅仅装设在输电线路上绝缘比较薄弱的地方，或用于变电站的进行段保护。

3. 阀式避雷器

由于保护间隙和排气式避雷器存在上述缺点，所以在变电所和发电厂大量使用阀式避雷器，它相对于排气式避雷器在保护性能上有了重大改进，是电力系统中广泛采用的主要防雷保护设备，它的保护特性是选择高压电力设备绝缘水平的基础。

（1）基本接线和工作原理

阀式避雷器主要由间隙和非线性电阻（称为阀片）两部分串联而成，如图 6-14 所示。为了免受外界因素的影响，间隙和非线性电阻都安装在密封良好的瓷套中。

在系统正常工作时，间隙将电阻阀片与工作母线隔离，以免因工作电压在阀片电阻中产生电流使阀片烧坏。

当出现雷电过电压时，间隙迅速击穿，冲击电流通过电阻阀片流入大地，从而使设备得到保护。由于阀片的非线性特性，其电阻在流过大的冲击电流时变得很小，故阀片上产生的残压将得到限制，使其低于被保护设备的冲击耐压，设备得到保护。

当过电压消失后，间隙中由工作电压产生工频电弧电流将流过阀式避雷器，受电阻非线性的影响，工频续流比较小，电阻急剧回升，电弧电流迅速减小，使间隙能在工频续流第一次过零就将电流切断。

（2）工作电阻

工作电阻是由碳化硅阀片叠加而成，阀片的电阻值与流过的电流有关，具有非线性特性，电流越大电阻越小，其伏安特性曲线如图 6-15 所示，亦可表示为

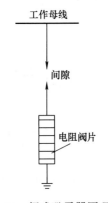

图 6-14　阀式避雷器原理接线

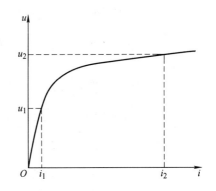

图 6-15　阀片电阻的伏安特性曲线
i_1—工频续流　i_2—雷电流
u_1—工频电压　u_2—残压

$$u = Ci^{\alpha} \tag{6-12}$$

式中，u 为阀片上的电压；i 为通过阀片的电流；C 为与阀片材料尺寸有关的系数；α 为非线性系数，其值小于 1，一般为 0.2 左右，与材料有关。

非线性系数 α 越小，非线性越好，当有大的冲击电流通过阀片时，阀片上的残压越接近于常数，阀片的性能越好。

（3）类型

火花间隙和电阻阀片是阀式避雷器的基本元件，根据数量不同，可组成不同电压等级的避雷器。阀式避雷器按间隙结构特点，分为普通阀式避雷器和磁吹阀式避雷器两大类，后者通常被称为磁吹避雷器。

1）普通阀式避雷器的火花间隙由图 6-16 所示的许多单个短间隙串联而成。间隙的电极由黄铜材料冲压成小圆盘状，中间以云母垫圈隔开，间距为 0.5 ~ 1mm。由于电极间电场接近均匀电场，而且在云母垫圈与电极接触处的薄层气隙中未达到间隙放电电压时就因场强大而产生局部放电，对间隙提供了光辐射缩

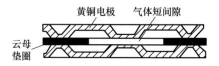

图 6-16 普通阀式避雷器的单元间隙

短了间隙的放电时间，因此间隙的伏秒特性较平，放电分散性较小，有利于与被保护设备绝缘之间的伏秒特性配合。单个火花间隙工频放电电压约为 2.73kV（有效值），其冲击系数为 1.1 左右。

阀式避雷器的火花间隙由大量单元间隙串联组成，多个间隙串联电路中，由于各个短间隙对地、对高压端都有寄生电容存在，所以在灭弧过程中，工频电压在各个间隙上的分布是不均匀的，从而影响每个间隙作用的充分发挥，减弱了整个避雷器的灭弧能力。对于 FZ 型普通阀式避雷器，通常将四个放电间隙放在一个瓷套筒里，组成标准间隙组，在每个标准间隙组的侧面并联有两个串联的半环形非线性分路电阻，以便起到均压的作用，如图 6-17 所示。

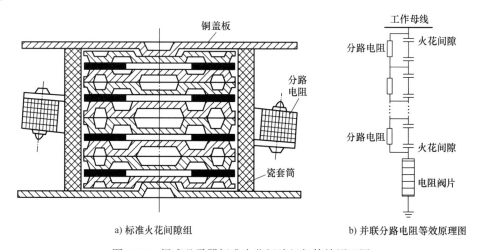

a) 标准火花间隙组   b) 并联分路电阻等效原理图

图 6-17 阀式避雷器标准火花间隙组与等效原理图

在工频电压和恢复电压作用下，间隙电容的阻抗很大，而分路电阻阻值较小，故间隙上的电压分布主要由分路电阻确定，因分路电阻阻值相同，故间隙上的电压分布均匀，从而提高了熄弧电压和工频放电电压。在冲击电压作用下，由于冲击电压的等效频率很高，电容的阻抗小于分路阻抗，此时间隙上的电压分布主要取决于电容分布，所以分路电阻的存在并不影响避雷器的冲击放电电压。

分路电阻长期处于最高运行相电压的作用下，长期有电流流过，因此要求分路电阻要有足够的热容量。通常分路电阻都采用非线性系数为 0.35~0.45 的非线性电阻。

避雷器动作后，工频续流电弧被火花间隙分成许多串联的短电弧，利用短电弧自然熄弧能力使电弧熄灭。在没有热电子发射时，单个间隙的初始恢复强度可达 250V 左右，为此，间隙的工频续流应限制在 80A 峰值（配电型为 50A）以下，以保证工频续流第一次过零时熄灭。

2）磁吹阀式避雷器的火花间隙。与普通阀式避雷器相比，磁吹阀式避雷器采用了灭弧能力较强的磁吹火花间隙，属于第二代阀式避雷器。磁吹火花间隙利用磁场对电弧的电动力，迫使间隙中的电弧加快运动、旋转或拉长，使弧柱中去游离作用增强，从而大大提高其灭弧能力。图 6-18 所示为灭弧栅型磁吹避雷器结构示意图。

当过电压入侵时，主间隙和辅助间隙均被击穿而限制了过电压的幅值。当过电压消失时，通过避雷器的工频续流 i，此时会在线圈中产生磁通，主间隙的续流电弧被磁场迅速吹入灭弧栅的狭缝内，使得电弧被拉长或分割成许多短弧而迅速熄灭。

由于磁吹间隙能切断达 450A 的工频续流，所以磁吹避雷器采用通流能力较大的电阻阀片，因此也能适应于 330kV 及以上超高压变电站以及旋转电机的保护。

（4）电气参数

1）额定电压：使用此避雷器的电网额定电压，也即正常运行时作用在避雷器上的工频工作电压。

2）灭弧电压：指该避雷器尚能可靠熄灭工频续流电弧时的最大工频电压（在工频续流第一次过零点）。灭弧电压应大于避雷器安装点可能出现的最大工频电压。

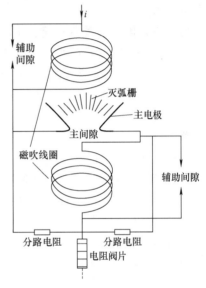

图 6-18　灭弧栅形磁吹避雷器结构示意图

3）冲击放电电压：对额定电压 220kV 及以下的避雷器，冲击放电电压是指在标准雷电冲击波下的放电电压的上限。对于 330kV 以上超高压避雷器，除了雷电冲击放电电压外，还包括标准操作冲击波下的放电电压上限。

4）工频放电电压：普通阀式避雷器不允许在长时间的内部过电压下动作，因此它们的工频放电电压还应该有一个下限，以免在内部过电压下误动作。

5）残压：冲击电流流过避雷器时，在工作电阻上产生的电压峰值。

6）阀式避雷器的保护水平：该避雷器上可能出现的最大冲击电压的峰值，被保护绝缘的冲击绝缘水平应高于避雷器的保护水平，且需留有一定的安全裕度。

7）阀式避雷器的冲击系数：避雷器冲击放电电压与工频放电电压幅值之比。

8）切断比：避雷器工频放电电压的下限与灭弧电压之比。

9）保护比：避雷器残压与灭弧电压之比。保护比越小，则残压越小，或灭弧电压越高，越容易切断工频续流，保护性能越好。

4. 金属氧化物避雷器

（1）工作特点

氧化锌避雷器本质上也是一种阀型避雷器，其阀片以氧化锌（ZnO）为主要材料，加入少量金属氧化物，在高温下烧结而成。ZnO 阀片具有很好的非线性特性，其非线性系数 α 为 0.02 ~ 0.05。图 6-19 示出 ZnO 避雷器、SiC 避雷器和理想避雷器的伏安特性曲线，以作比较。图中，假定 ZnO、SiC 阀片在 10kA 电流下的残压相同。但在额定电压（或灭弧电压）下，ZnO 伏安特性曲线所对应的电流一般在 10^{-5}A 以下，可以近似认为其工频续流为零，而 SiC 伏安特性曲线所对应的续流却为 100A 左右。也就是说，在工作电压下 ZnO 阀片可看作是绝缘体。

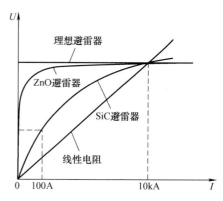

图 6-19　ZnO 和 SiC 伏安特性曲线比较

与传统碳化硅避雷器相比，由于氧化锌避雷器采用了非线性优良的 ZnO 阀片，使其具有以下诸多优点：

1）无间隙、无续流。在工作电压下，ZnO 阀片呈现极大的电阻，流过阀片的电流近似为零，相当于绝缘体。因而，工作电压长期作用也不会使阀片烧坏，所以可以不再需要串联间隙来隔离工作电压，从而使 ZnO 避雷器结构简化、体积缩小、运行维护方便。

2）保护特性优越，非线性优越，而且没有火花间隙，一旦作用电压开始升高，阀片立即开始吸收过电压的能量，抑制过电压的发展。因而，在相同雷电流的作用下，ZnO 避雷器比 SiC 避雷器的残压更低，从而降低作用在被保护设备上的过电压。

3）在绝缘配合方面可以做到陡波、雷电流和操作波的保护裕度接近一致。

4）氧化锌避雷器通流容量大，能够制成重载避雷器。氧化锌避雷器的通流容量远大于碳化硅阀片，更有利于用来限制作用时间较长（与大气过电压相比）的内部过电压。还可以采用多柱并联的办法进一步增大通流容量，制造出用于特殊保护对象的重载避雷器。

基于以上优点，金属氧化物避雷器在电力系统中得到了越来越广泛的应用，特别是超高压电力设备的过电压保护和绝缘配合已完全取决于金属氧化物避雷器的性能。

（2）电气参数

1）额定电压：避雷器两端之间允许施加的最大工频电压有效值。

2）持续运行电压：允许长期连续施加在避雷器两端的工频电压有效值。

3）起始动作电压（或参考电压）：大致位于氧化锌电阻片伏安特性曲线由小电流区域上升部分进入大电流区域平坦部分的转折处，从这一电压开始，认为避雷器已进入限制过电压的工作范围，所以也称为转折电压。

4）压比：指氧化锌避雷器通过波形为 $8/20\mu s$ 的额定冲击放电电流时的残压与起始动作电压（或参考电压）之比。目前的产品水平压比为 1.6 ~ 1.8。

5）荷电率：表征单位电阻片上的电压负荷，是氧化锌避雷器的持续运行电压峰值与起始动作电压（或参考电压）的比值。

6）保护比：

$$保护比 = \frac{额定残压}{持续运行电压(峰值)} = \frac{压比}{荷电率}$$

5. 各种避雷器的综合性能比较

综上所述，将保护间隙和各种避雷器的综合性能作比较，见表 6-1。

表6-1 各种避雷器的综合比较

比较项目	保护间隙	排气式避雷器	阀式避雷器		氧化锌避雷器
			普通阀式避雷器	磁吹避雷器	
放电电压的稳定性	周围的大气条件对暴露在大气中的火花间隙的放电电压有影响，同时间隙中的不均匀电场导致极性效应		大气条件和电压极性对放电电压无影响		有十分稳定的起始动作电压
伏秒特性与绝缘配合	这两种避雷器的伏秒特性曲线均很陡，难以与设备绝缘的伏秒特性取得良好的配合，但能与线路绝缘的伏秒特性取得配合		避雷器的伏秒特性很平坦，能与设备绝缘的伏秒特性很好配合		具有良好的陡坡响应特性
动作后产生的波形	动作后产生陡度很大的截波，会危及变压器类设备的纵绝缘		因有非线性电阻上的压降，动作后电压不会降至零		不产生截波
灭弧能力（切断工频续流的能力）	无灭弧能力，需与自动重合闸配合使用	有	很强		几乎无续流
通流容量	大	大	较小		较大
内部过电压保护能力	没有，但在内部过电压下动作，本身并不会损坏		没有，在内部过电压下动作，本身将损坏		有
结构复杂程度	最简单	较复杂	复杂	最复杂	较简单
价格	最便宜	较贵	贵	最贵	较便宜
应用范围	低压配电网，中性点非有效接地系统	输电线路的绝缘弱点，变电站、发电厂的进线段保护	变电站	变电站，旋转电机	所有场合

6.2.4 接地装置

1. 相关概念

所谓接地，就是把设备与电位参照点的地作电气上的连接，使其对地保持一个低的电位差。

接地装置是由接地体和连接导体组成。接地体可分为自然接地体和人工接地体。自然接地体包括埋在地下的金属管道、金属结构和钢筋混凝土基础，但可燃液体和气体的金属管道除外；人工接地体是专为接地需要而设置的接地体。

人工接地体有垂直接地体和水平接地体之分。垂直接地体一般是用长约 $2.5 \sim 3m$ 的角钢、圆钢或钢管垂直打入地下，顶端深入地下 $0.3 \sim 0.5m$；水平接地体多用扁钢、圆钢或铜导体，埋于地下 $0.5 \sim 1m$ 处或埋于厂房、楼房基础底板以下，构成环形或网格形的接地系统。

按照其目的不同，接地可分为：

1）工作接地：根据电力系统运行的需要，人为地将电力系统某一点接地，其目的是为了稳定对地电位与继电保护上的需要。

2）保护接地：为保证人身安全、防止触电事故，将电气设备的外露可导电部分与地作良好的连接。

3）防雷接地：用来将雷电流顺利泄入地下，以减小它所引起的过电压，保障人身和设备安全。

顾名思义，防雷接地装置的主要作用用于防雷保护中，防雷接地装置性能好坏将直接影响到被保护设备的耐雷水平和防雷保护的可靠性。

2. 接地电阻

当接地装置通过电流时，电流从接地体向周围土壤流散，由于大地并不是理想的导体，它具有一定的电阻率，所以接地电流将沿大地产生电压降。在靠近接地体处，电流密度和电位梯度最大。距接地体越远，电流密度和电位梯度也越小，一般接地装置约在 20～40m 处便趋于零。电位分布曲线如图 6-20 所示。

接地点电位 u 与接地电流 i 的关系服从欧姆定律，即 $u = Ri$，R 称为接地体的接地电阻，根据接地电流 i 的性质，如冲击电流或工频电流，接地电阻 R 可分别称为冲击接地电阻或工频接地电阻。

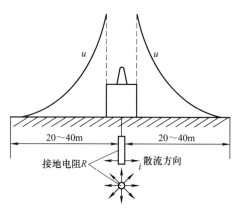

图 6-20　接地装置的电位分布

当 i 为定值时，接地电阻越小，电位 u 越低，反之就越高，这时地面上的接地物也具有了电位 u。由于接地点电位 u 的升高，有可能引起与其他带电部分间绝缘的闪络，也有可能引起大的接触电压和跨步电压，从而不利于电气设备的绝缘以及人身的安全，这就是为什么要力求降低接地电阻的原因。

稳态接地电阻 R_e 为从接地体到地下远处零电位之间的电压 U_e 与接地体流过的工频电流或直流电流 I_e 之比，即 $R_e = U_e/I_e$，工频电流和直流电流都属于稳态电流，称 R_e 为稳态接地电阻。

防雷接地中，当电气设备受冲击电流作用时，接地装置流过冲击电流时所呈现的电阻称为冲击接地电阻 R_i，通常将冲击接地电阻与稳态接地电阻之比称为接地装置的冲击系数，即 $\alpha_i = R_i/R_e$。

冲击接地电阻与稳态接地电阻有所不同：① 流入冲击接地装置的是雷电流，雷电流幅值大，会使地中的电流密度增大，提高了土壤中的电场强度，在接地体周围土壤中就会发生局部火花放电，使土壤导电性增强，接地电阻减小，这称为火花效应。② 雷电流的等效频率较高，使接地体自身电感影响增大，阻碍电流向远端传播，使冲击接地电阻大于稳态接地电阻，这称为电感效应。

由于这两种效应的综合影响，一般来说，$\alpha_i \approx 1$，当接地体较长时，$\alpha_i > 1$。

3. 防雷接地的有关计算

稳态电阻通常均用发出工频交流的测量仪器实际测得，但有些几何形状比较简单和规则的接地体的工频（即稳态）接地电阻也可利用一些计算公式近似地求得。这些计算公式大都利用稳定电流场与静电场之间的相似性，以电磁场理论中的静电类比法得出。最常见的一些接地体的工频接地电阻计算公式如下：

（1）单根垂直接地体

当 $l \gg d$ 时
$$R_{e} = \frac{\rho}{2\pi l}\left(\ln\frac{8l}{d} - 1\right) \tag{6-13}$$

式中，ρ 为土壤电阻率（$\Omega \cdot m$）；l 为接地体的长度（m）；d 为接地体的直径（m）。

如果接地体不是用钢管或圆钢制成，那么可将别的钢材的几何尺寸按下面的公式折算成等效的圆钢直径，仍可利用式(6-13)进行计算：

如为等边角钢：$d = 0.84b$（b 为每边宽度）；

如为扁钢：$d = 0.5b$（b 为扁钢宽度）。

（2）多根垂直接地体

当单根垂直接地体的接地电阻不能满足要求时，可用多根垂直接地体并联的办法来解决，但 n 根并联后的接地电阻并不等于 $\frac{R_{e}}{n}$，而是要大一些，这是因为它们溢散的电流相互之间存在屏蔽影响的缘故，如图 6-21 所示。此时的接地电阻

$$R_{e}' = \frac{R_{e}}{n\eta} \tag{6-14}$$

式中，η 为利用系数，$\eta < 1$。

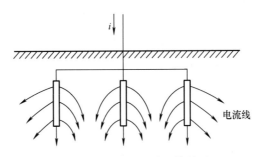

图 6-21　多根垂直接地体并联

（3）水平接地体

$$R_{e} = \frac{\rho}{2\pi L}\left(\ln\frac{L^2}{dh} + A\right) \tag{6-15}$$

式中，L 为水平接地体的总长度（m）；h 为水平接地体的埋深（m）；d 为接地体的直径（m），如为扁钢，$d = 0.5b$（b 为扁钢宽度）；A 为形状系数，反映各水平接地极之间的屏蔽影响，其值可从表 6-2 查得。

表 6-2　水平接地体的形状系数

序号	1	2	3	4	5	6	7	8
接地体形式	一	∟	人	○	＋	□	＊	＊
A	-0.6	-0.18	0	0.48	0.89	1	3.03	5.65

（4）接地网

变电所或发电厂的接地装置通常为若干条钢带或垂直钢管连接在一起构成接地网，其工频接地电阻 R_e（即稳态接地电阻）可近似地利用下面的经验公式求得：

$$R_e = \rho \left(\frac{B}{\sqrt{S}} + \frac{1}{L + nl} \right) \tag{6-16}$$

式中，ρ 为土壤电阻率（$\Omega \cdot \mathrm{m}$）；L 为全部水平接地体的总长度（m）；n 为垂直接地体的根数；l 为垂直接地体的长度（m）；S 为接地网所占的总面积（m^2）；B 为按 $l/\sqrt{S}$ 值决定的一个系数，可从表6-3得出。

表6-3　系数 B

$l/\sqrt{S}$	0	0.05	0.1	0.2	0.5
B	0.44	0.40	0.37	0.33	0.26

4. 发电厂和变电所的接地装置

发电厂要求有良好的接地装置，一般是根据安全和工作接地要求设置一个统一的接地网，然后在避雷器和避雷针下面增加独立接地体以满足防雷接地的要求。

发电厂的接地装置除利用自然接地体外，还应敷设水平的人工接地网。人工接地网应围绕设备区域连成闭合形状，并在其中敷设成方格网状的若干均压带（见图6-22）。水平接地网应埋入地下≥0.6m，以免受到机械损伤，并可减少冬季土壤表层冻结和夏季地表水分蒸发对接地电阻的影响。

随着电力系统的发展，超高压电力网的接地

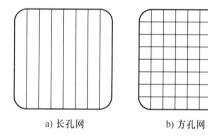

a) 长孔网　　　b) 方孔网

图6-22　接地网示意图

短路电流日益增大。在发电厂和变电所内，接地网电位的升高已成为重要问题。为了保证人身安全，除适当布置均压带外，还采取以下措施：

1）因接地网边角外部电位梯度较高，边角处应做成圆弧形。

2）在接地网边缘上经常有人出入的走道处，应在该走道下不同深度装设与地网相连的帽檐式均压带或者将该处附近铺成具有高电阻率的路面。

对大容量电厂，其500kV和220kV配电装置、汽轮机房、锅炉房等主要建筑物下面，常将深埋的水平接地体敷设成方格网。一般在主厂房接地网和升压变电所接地网连接处设接地井，井内有可拆卸的连接部件，以便分别测试各个主接地网的接地电阻，主接地网的接地电阻一般要求在0.5Ω以下。

在地下接地网的适当部位，用多股绞线引出地面，以便连接需要接地的设备或接地母线（总地线排）或与厂房钢柱连接，形成整个建筑物接地。室外防雷保护接地引下线与接地网的连接点，通常设在地表下0.3~0.5m。

发电厂中，大量电气设备外壳或其他非载流金属部分，如配电盘的框架、开关柜或开关设备的支架、金属电缆架、移动式或手持式电动工具等，都必须接地。所有的接地可用适当截面的接地线直接连接到固定的接地端子、接地母线或已接地的建筑金属构件上，也可用单独的绝缘地线与电缆等敷设在同一条电缆走道、管道内，再接到适当的接地端子或接地母线上。

思考题与习题

1. 常用的雷电流波形有哪些？分别适用于什么情况？

2. 何为避雷针、避雷线的保护范围，何为避雷线的保护角？

3. 某电厂烟囱高 200m，顶端直径为 5m，其上有一根高出烟囱 3m 的避雷针，试验算其保护有效性。

4. 为什么保护有线圈的电气设备一般不采用保护间隙或排气式避雷器而要采用碳化硅阀式避雷器或金属氧化物避雷器？

5. 试述碳化硅阀式避雷器的工作原理和主要电气参数的含义。

6. 试全面比较金属氧化物避雷器与碳化硅阀式避雷器之间的优缺点。

7. 表示某地区雷电活动强弱的主要指标是（　　）。

(a) 耐雷水平　　　　(b) 雷暴小时与雷暴日　　(c) 雷击跳闸率　　(d) 雷击次数

8. 保护范围是指具有（　　）左右雷击概率对应的空间范围。

(a) 1%　　　　　(b) 0.01%　　　　　(c) 0.1%　　　　　(d) 3%

9. 我国规定防雷设计中雷电流波形为（　　）。

(a) 1.2/50μs　　(b) 2.6/50μs　　(c) 250/2500μs　　(d) 500/2500μs

10. （　　）称为地面落雷密度。

(a) 每个雷暴日每平方千米地面遭受雷击的次数

(b) 每年每平方千米地面遭受雷击的次数

(c) 每个雷暴小时每平方千米地面遭受雷击的次数

(d) 每年每千米输电线路遭受雷击的次数

11. 工作接地是指（　　）。

(a) 在电气设备检修时，工人采取的临时接地

(b) 在电力系统电气装置中，为运行需要所设的接地

(c) 电气装置的金属外壳等，为防止其危及人体和设备安全而设的接地

(d) 为防止静电对易燃油、天然气储罐和管道等的危险作用而设的接地

12. 雷电流通过避雷器阀片电阻时，产生压降的最大值称为（　　）。

(a) 额定电压　　　(b) 冲击放电电压　　　(c) 残压　　　(d) 灭弧电压

第6章自测题

第7章

电力系统雷电过电压防护

雷害事故在现代电力系统的跳闸停电事故中占有很大的比重。特别是随着开关技术的发展，电力系统内部过电压的降低及其导致的事故的减少，雷击引起的跳闸事故日益占据主要的地位。

电力系统中的雷电过电压虽大多起源于架空输电线路，但因过电压波会沿着线路传播到变电站和发电厂，而且变电站和发电厂本身也有遭受雷击的可能性，且发生雷击事故后停电的影响面更大，因而电力系统的防雷保护包括了输电线路、变电站、发电厂等各个环节。

7.1 输电线路的防雷保护

输电线路是电力系统的大动脉，担负着传输、分配电能的重任。架空输电线路很长，分布面广，且往往翻山越岭，容易遭受雷击。一条 100km 长的架空输电线路在一年中往往要遭到数十次雷击，因而线路的雷击事故在电力系统总的雷电事故中占有很大的比重。据统计，因雷击线路造成的跳闸事故占电网总事故的 60% 以上。输电线路防雷保护的目的就是尽可能减少线路雷害事故的次数和损失。

衡量输电线路防雷性能优劣，主要有两个指标：

（1）耐雷水平（I）

雷击线路时，其绝缘尚不至于发生闪络的最大雷电流幅值或能引起绝缘闪络的最小雷电流幅值，单位为 kA。表 7-1 中列出了各级电压线路应有的耐雷水平以及超出该耐雷水平的雷电流出现的概率，可见即使是电压等级很高的线路，也并不是完全耐雷的，仍有一部分雷击会引起绝缘闪络。

表 7-1　各级电压线路应有的耐雷水平

额定电压 U_n/kV	35	66	110	220	330	500
耐雷水平 I/kA	20 ~ 30	30 ~ 60	40 ~ 75	75 ~ 110	100 ~ 150	125 ~ 175
雷电流超过 I 的概率 P（%）	59 ~ 46	46 ~ 21	35 ~ 14	14 ~ 6	7 ~ 2	3.8 ~ 1

（2）雷击跳闸率（n）

指在雷暴日 $T_d = 40$ 的情况下，100km 线路每年因雷击而引起的跳闸次数，单位为"次/（100km×40 雷暴日）"，为了评估不同地区输电线路的防雷效果，都把它们换算到统一相同条件下（100km，40 雷暴日）进行比较。

根据过电压形成的物理过程，输电线路上出现的雷电过电压主要有两种，即直击雷过电压和感应雷过电压。

感应雷过电压是雷击线路附近大地，由于电磁感应在导线上产生的过电压，如图 7-1 中
①所示。

直击雷过电压是雷直接击于线路的不同部
位，使线路导线上出现的过电压。根据雷击线
路部位的不同，直击雷过电压又可分为两种情
况。一种是雷绕过避雷线直接击于线路导线上
（即此时避雷线屏蔽失效）或者无避雷线时雷
直接击于线路导线上之后形成过电压，如图 7-1
中④所示。另一种是雷击于线路杆塔或避雷线，
雷电流通过杆塔或避雷线，使得雷击点对地电
位大大升高，当雷击点与导线之间的电位差超
过线路绝缘的冲击放电电压时，会出现对导线
的闪络，结果导线上出现过电压。由于这种闪
络是由于杆塔或避雷线的对地电位高于导线
（正常时导线对地电位高于杆塔或避雷线的零
电位），所以这种闪络称为逆闪络，或称为反击，如图 7-1 中②和③所示。运行经验表明，
直击雷过电压对电力系统的危害最大，而感应雷过电压只对 35kV 及以下的线路有威胁。

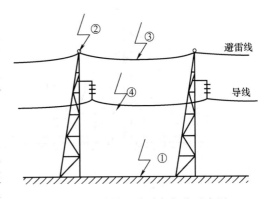

图 7-1　雷击输电线路各部位示意图
① 感应雷过电压　② 雷击杆塔
③ 雷击避雷线　④ 雷绕击于导线

从直击雷过电压和感应雷过电压的形成机理看，它们所对应的耐雷水平是不相同的。

7.1.1　输电线路的感应雷过电压

1. 感应雷过电压的产生

当雷击线路附近的大地时，由于电磁感应，在导线上将产生感应过电压。感应过电压的
形成机理如图 7-2 所示，设雷云带负电荷。在主放电开始之前，雷云中的负电荷沿先导通道
向地面运动，输电线路处于雷云和先导通道形成的电场中。由于静电感应，导线表面电场强
度的轴向分量 E_x 将正电荷吸引到最靠近先导通道的一段导线上（图 7-2 中 A 点附近），成为
束缚电荷。导线上的负电荷则受 E_x 的作用向导线两端运动，经线路的泄漏电导和系统的中
性点而流入大地。由于先导发展的速度较慢，导致导线上束缚电荷的聚集过程也比较缓慢，
因而在这个过程中导线上形成的电流很小，可以忽略不计，在不考虑工频电压的情况下，导
线将通过系统的中性点或泄漏电阻保持零电位。主放电开始后，先导通道中的负电荷被迅速
中和，电场大为减弱，使导线上的束缚电荷得到释放，沿导线向两侧运动形成过电压。这种
由于先导通道中电荷所产生的静电场突然消失而引起的感应电压，称为感应过电压的静电分
量。同时，主放电通道中的雷电流在通道周围空间感应了强磁场，该磁场的变化也将使导线
上感应出很高的电压。这种由于主放电通道中雷电流所产生的磁场变化而引起的感应电压称
为感应过电压的电磁分量。由于主放电通道与导线互相垂直，因此电磁分量不大。

经分析可见，感应雷过电压具有以下特点：

1）感应雷过电压极性与雷云极性相反，相邻导线感应过电压的极性与感应源相同。

2）感应雷过电压一定要在雷云及其先导通道中的电荷被中和后，才能出现，相邻导线
间的感应电压与感应源同生同灭。

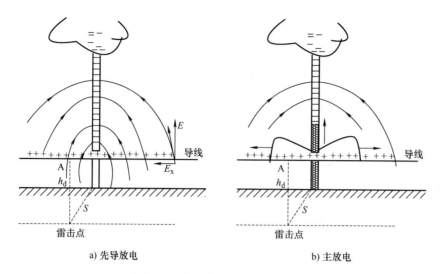

a) 先导放电　　　　　　　　　　　　　b) 主放电

图 7-2　感应雷过电压形成示意图

h_d—导线高度　S—雷击点离导线距离

2. 感应雷过电压的计算

（1）导线上方无避雷线

当雷击点离线路的距离 S（垂直距离）大于 65m 时，则导线上的感应雷过电压最大值 U_g（kV）可按下式计算

$$U_g = 25 \frac{Ih_d}{S} \tag{7-1}$$

式中，S 为雷击点与线路的距离（m）；h_d 为导线悬挂的平均高度；I 为雷电流幅值。

感应雷过电压 U_g 的极性与雷电流极性相反。从式(7-1) 可知，感应过电压与雷电流 I 成正比，与导线悬挂平均高度 h_d 成正比。h_d 越高则导线对地电容越小，感应电荷产生的电压就越高；感应过电压与雷击点到线路的距离 S 成反比，S 越大，感应过电压越小。

由于雷击地面时雷击点的自然接地电阻较大，雷电流幅值 I 一般不超过 100kA。实测证明，感应过电压一般不超过 300～400kV，对 35kV 及以下水泥杆线路会引起一定的闪络事故；对 110kV 及以上的线路，由于绝缘水平较高，所以一般不会引起闪络事故。

感应过电压同时存在于三相导线，故相间不存在电位差，只能引起对地闪络，如果二相或三相同时对地闪络，则形成相间闪络事故。

（2）导线上方挂有避雷线

当雷电击于挂有避雷线的导线附近大地时，则由于避雷线的屏蔽效应，导线上的感应电荷就会减少，从而降低了导线上的感应过电压。在避雷线的这种屏蔽作用下，导线上的感应过电压可用下法求得。

设导线和避雷线的对地平均高度分别为 h_d 和 h_b，若避雷线不接地，则根据式(7-1) 可求得避雷线和导线上的感应过电压分别为 U_{gb} 和 U_{gd}

$$U_{gb} = 25 \frac{Ih_b}{S}, U_{gd} = 25 \frac{Ih_d}{S}$$

可得

$$U_{gb} = U_{gd} \frac{h_b}{h_d}$$

但是避雷线实际上是通过每基杆塔接地的，因此必须设想在避雷线上尚有一个 $-U_{gb}$ 荷电电压，以此来保持避雷线为零电位，由于避雷线与导线间的耦合作用，此设想的 $-U_{gb}$ 将在导线上产生耦合电压 $k(-U_{gb})$，k 为避雷线与导线间的几何耦合系数。这样导线上的电位将为 U'_{gd}

$$U'_{gd} = U_{gd} - kU_{gb} = \left(1 - k\frac{h_b}{h_d}\right)U_{gd} \qquad (7-2)$$

式(7-2)表明，接地避雷线的存在，可使导线上的感应过电压下降。耦合系数越大，则过电压越低。

3. 雷击线路杆塔时，导线上的感应过电压

上述讨论了雷击线路附近大地时，导线上过电压的形成及其计算。而且，式(7-1)只适用于 $S > 65m$ 的情况，更近的落雷，事实上将因线路的引雷作用而击于线路。

当雷击杆塔或线路附近的避雷线（针）时，由于雷电通道所产生的电磁场的迅速变化，将在导线上感应出与雷电流极性相反的过电压。目前，规程建议对一般高度（约40m以下），计算无避雷线的线路，此感应过电压最大值可用下式计算：

$$U_{gd} = ah_d \qquad (7-3)$$

式中，a 为感应过电压系数（kV/m），近似等于雷电流的平均波前陡度，即 $a \approx I/2.6$。

有避雷线时，由于其屏蔽效应，式(7-3)应为

$$U'_{gd} = ah_d(1 - k_0 h_b/h_d) \qquad (7-4)$$

式中，k_0 为几何耦合系数。

7.1.2 输电线路直击雷过电压和耐雷水平

如图7-1所示，输电线路遭受直击雷一般有三种情况：① 雷击杆塔塔顶；② 雷击避雷线或档距中央；③ 雷击导线或绕过避雷线击于导线（绕击）。

1. 雷击杆塔塔顶

（1）雷击塔顶时雷电流的分布及等效电路图

雷击塔顶前，雷电通道的负电荷在杆塔及架空地线上感应正电荷；当雷击塔顶时，雷电通道中的负电荷与杆塔及架空地线上的正感应电荷迅速中和形成雷电流，如图7-3a所示。雷击瞬间自雷击点（即塔顶）有一负雷电流波沿杆塔向下运动，另有两个相同的负电流波分别自塔顶沿两侧避雷线向相邻杆塔运动，与此同时，自塔顶有一正雷电波沿雷电通道向上运动，此正雷电流波的数值与三个电路负电流波之总和相等，线路绝缘上的过电压即由这几个电流波所引起。对于一

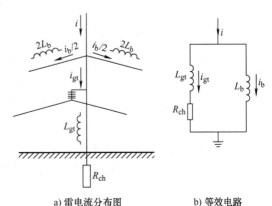

a) 雷电流分布图　　　b) 等效电路

图7-3　雷击塔顶时雷电流的分布及等效电路

般高度的杆塔（40m 以下），在工程上常采用图 7-3b 的集中参数等效电路进行分析计算，图中 L_{gt} 为杆塔的等效电感，R_{ch} 为被击杆塔的冲击接地电阻，L_b 为杆塔两侧的一个档距内避雷线电感的并联值，i 为雷电流。不同类型杆塔的等效电感 L_{gt} 可由表 7-2 查得。单根避雷线的等效电感 L_b（此处单位为 μH）约为 $0.67l$（l 为档距长度，m），两根避雷线的 L_b（此处单位为 μH）约为 $0.42l$。

表 7-2　杆塔的电感和波阻抗的平均值

杆塔型式	杆塔电感/（μH/m）	杆塔波阻抗/Ω
无拉线水泥单杆	0.84	250
有拉线水泥单杆	0.42	125
无拉线水泥双杆	0.42	125
铁　　塔	0.50	150
门型铁塔	0.42	125

（2）塔顶电位

考虑到雷击点的阻抗比较低，故在计算中可略去雷电通道波阻抗的影响。由于避雷线的分流作用，流经杆塔的电流 i_{gt} 小于雷电流 i，即

$$i_{gt} = \beta i \tag{7-5}$$

式中，β 为分流系数，对于不同电压等级一般长度档距的杆塔，β 可由表 7-3 查取。

表 7-3　一般长度档距的线路杆塔分流系数 β

线路额定电压/kV	110		220		330	500
避雷线根数	1	2	1	2	2	2
β 值	0.90	0.86	0.92	0.88	0.88	0.88

于是，塔顶电位 U_{gt} 可由下式计算：

$$U_{gt} = R_{ch}i_{gt} + L_{gt}\frac{\mathrm{d}i_{gt}}{\mathrm{d}t} = \beta R_{ch}i + \beta L_{gt}\frac{\mathrm{d}i}{\mathrm{d}t} \tag{7-6}$$

而杆塔横担高度处电位则为

$$U_{gh} = \beta R_{ch}i + \beta L_{gt}\frac{h_h}{h_g}\frac{\mathrm{d}i}{\mathrm{d}t} \tag{7-7}$$

式中，h_h 为横担对地高度（m）；h_g 为杆塔对地高度（m）。

取 $\dfrac{\mathrm{d}i}{\mathrm{d}t} = \dfrac{I}{2.6}$，则横担高度处杆塔电位的幅值 U_{gh} 为

$$U_{gh} = \beta I\left(R_{ch} + \frac{L_{gt}}{2.6}\frac{h_h}{h_g}\right) \tag{7-8}$$

式中，I 为雷电流幅值。

（3）导线电位和线路绝缘子串上的电压

当塔顶电位为 U_{gt} 时，则与塔顶相连的避雷线上也将有相同的电位 U_{gt}；由于避雷线与导线间的耦合作用，导线上将产生耦合电压 kU_{gt}，此电压与雷电流同极性；此外，由于雷电通道的作用，根据式（7-4）在导线上尚有感应过电压，此电压与雷电流异极性。所以，导线电位的幅值 U_d 为

$$U_d = kU_{gt} - \alpha h_d\left(1 - k_0\frac{h_b}{h_d}\right) \tag{7-9}$$

线路绝缘子串上两端电压为杆塔横担高度处电位和导线电位之差，故线路绝缘上的电压幅值 U_j 为

$$U_j = U_{gh} - U_d = I\left[(1-k)\beta R_{ch} + \left(\frac{h_h}{h_g} - k\right)\beta\frac{L_{gt}}{2.6} + \left(1 - \frac{h_b}{h_d}k_0\right)\frac{h_d}{2.6}\right] \tag{7-10}$$

雷击时，导线及地线上电压较高，将出现冲击电晕，k 值应采用电晕修正后的数值，电晕修正系数见表 5-1。

应该指出，式(7-9) 表示的导线电位没有考虑线路上的工作电压，事实上，作用在线路绝缘上的电压还有导线上的工作电压。对 220kV 及以下的线路，因其值所占的比重不大一般可以略去；但对超高压线路，则不可不计，雷击时导线上工作电压的瞬时值及其极性应作为一随机变量来考虑。

（4）耐雷水平

从式(7-10) 看出，当电压 U_j 未超过线路绝缘水平，即 $U_j < U_{50\%}$ 时，导线与杆塔之间不会发生闪络，由此可得出雷击杆塔时线路的耐雷水平 I_1

$$I_1 = \frac{U_{50\%}}{(1-k)\beta R_{ch} + \left(\frac{h_h}{h_g} - k\right)\beta\frac{L_{gt}}{2.6} + \left(1 - \frac{h_b}{h_d}k_0\right)\frac{h_d}{2.6}} \tag{7-11}$$

需注意此处的 $U_{50\%}$ 应取绝缘子串中的正极性 50% 冲击放电电压，因为流入杆塔电流大多是负极性的，此时导线相对于塔顶处于正电位，而绝缘子串的 $U_{50\%}$ 在导线为正极性时较低。

由式(7-11) 可看出，减小接地电阻 R_{ch}、提高耦合系数 k、减小分流系数 β、加强线路绝缘都可以提高线路的耐雷水平。实际上往往以降低杆塔接地电阻 R_{ch} 和提高耦合系数 k 作为提高耐雷水平的主要手段。对一般高度杆塔，冲击接地电阻 R_{ch} 上的压降是塔顶电位的主要成分，因此降低接地电阻可以减小塔顶电位，以提高其耐雷水平；增加耦合系数 k 可以减少绝缘子串上的电压和感应过电压，因此同样可以提高其耐雷水平。

若雷击杆塔时雷电流超过线路的耐雷水平 I_1，就会引起线路闪络，这是由于接地的杆塔及避雷线电位升高所引起的，故此类闪络称为"反击"。"反击"这个概念很重要，因为原来被认为接了地的杆塔却带上了高电位，反过来对输电线路放电，把雷电压施加在线路上，并进而侵入变电所。为了减少反击，我们必须提高线路的耐雷水平，规程规定，不同电压等级的输电线路，雷击杆塔时的耐雷水平 I_1 不应低于表 7-4 所列数值。

表 7-4 有避雷线线路的耐雷水平

额定电压/kV	35	60	110	220	330	500
耐雷水平/kA	20~30	30~60	40~75	80~120	100~150	125~175

2. 雷击避雷线档距中央

（1）等效电路图及雷击点的电压

雷击避雷线档距中央如图 7-4a 所示，根据彼德逊法则可画出它的电流源等效电路图，如图 7-4b 所示。于是雷击点 A 的电压 U_A 为

$$U_A = i_b \frac{Z_b}{2} = i_0 \frac{Z_0 Z_b}{2Z_0 + Z_b} \tag{7-12}$$

式中，i_0 为雷电流；Z_0 为雷电通道的波阻抗；Z_b 为避雷线波阻抗；i_b 为流入雷击点的雷电流。

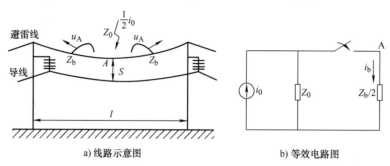

a) 线路示意图　　　　　　　　b) 等效电路图

图 7-4　雷击避雷器档距中央及其等效电路图

（2）避雷线与导线空气隙 S 所承受的最大电压

雷击点 A 处的电压波 U_A 沿两侧避雷线的相邻杆塔运动，经 $l/(2v_b)$ 时间（l 为档距长度，v_b 为避雷线中的波速）到达杆塔，由于杆塔的接地作用，在杆塔处将有一负反射波返回雷击点；又经 $l/(2v_b)$ 时间，此负反射波到达雷击点，若此时雷电流尚未到达幅值，即 $2l/(2v_b)$ 小于雷电流波头时间，则雷击点的电位将下降，故雷击点 A 的最高电位将出现在 $t = 2 \times l/(2v_b) = l/v_b$ 时刻。

若雷电流取为斜角波头，即 $i = \alpha t$，则根据式（7-12）以 $t = l/v_b$ 代入可得雷击点的最高电位 U_A

$$U_A = \alpha \frac{l}{v_b} \frac{Z_0 Z_b}{2Z_0 + Z_b}$$

由于避雷线与导线间的耦合作用，在导线上将产生耦合电压 kU_A，故雷击处避雷线与导线间的空气隙 S 上所承受的最大电压 U_s 如下式表示：

$$U_s = U_A(1-k) = \alpha \frac{l}{v_b} \frac{Z_0 Z_b}{2Z_0 + Z_b}(1-k) \tag{7-13}$$

由此可见，U_s 与耦合系数 k、雷电流陡度 α、档距长度 l 等因素有关。利用式（7-13）并依据空气间隙的抗电强度，可以计算出不发生击穿的最小空气距离 S。经过多年运行经验，规程认为如果档距中央导线、地线间空气距离 S（单位 m）满足下述经验公式则一般不会出现击穿事故，即

$$S = 0.012l + 1 \tag{7-14}$$

式中，l 为档距长度（m）。

对于大跨越档距，若 l/v_b 大于雷电流波头时间，则相邻杆塔来的负反射波到达雷击点 A 时，雷电流已过峰值，故雷击点的最高电位由雷电流峰值所决定，导线、地线间的距离 S 将由雷击点的最高电位和间隙平均击穿强度所决定。

3. 雷绕过避雷线击于导线或直接击于导线

（1）等效电路图及雷击点的电压

忽略避雷线和导线间的耦合作用以及井塔接地的影响，发生绕击或直击于导线时，认为雷电流波 $\frac{1}{2}i_0$ 沿着波阻抗为 Z_0 的主放电通道，自雷击点 d 处沿两侧导线运动，设导线无穷

长，其等效电路图如图 7-5 所示，于是雷击点 d 的电压 U_d 为

$$U_d = i_0 \frac{Z_0 Z_d}{2Z_0 + Z_d} \qquad (7\text{-}15)$$

式中，Z_d 为导线波阻抗。

按我国有关标准，雷电通道的波阻抗 $Z_0 \approx Z_d/2$，故

$$U_d = i_0 \frac{Z_d}{4}$$

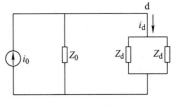

图 7-5　雷击导线等效电路图

一般 Z_d 大约等于 400Ω，所以

$$U_d \approx 100 i_0 \qquad (7\text{-}16)$$

显然导线上电压 U_d 随雷电流 i_0 的增加而增加，若其幅值超过线路绝缘子串的冲击闪络电压，则绝缘将发生闪络。

（2）耐雷水平

雷击导线的耐雷水平 I_2，可令 U_d 等于绝缘子串 50% 闪络电压 $U_{50\%}$ 来计算。这样

$$I_2 = \frac{U_{50\%}}{100} \qquad (7\text{-}17)$$

根据我国有关标准，35kV、110kV、220kV、330kV 线路的绕击耐雷水平分别为 3.5kA、7kA、12kA 和 16kA，其值较雷击杆塔的耐雷水平小得多。

7.1.3　输电线路的雷击跳闸率

输电线路落雷时，引起线路跳闸必须要满足两个条件，其一是雷电流超过线路耐雷水平，引起线路绝缘发生冲击闪络；这时，雷电流沿闪络通道入地，但由于时间只有几十微秒，线路开关来不及动作，因此还必须满足第二个条件，即雷电流消失后，沿着雷电通道流过工频短路电流的电弧持续燃烧，线路才会跳闸停电。但是并不是每次闪络都会转化为稳定工频电弧，它具有一定的统计性，所以还必须研究其建弧的概率（建弧率）的问题。

1. 建弧率

所谓建弧率就是冲击闪络转为稳定工频电弧的概率，用 η 来表示。从冲击闪络转为工频电弧的概率与弧道中的平均电场强度有关，也与闪络瞬间工频电压的瞬时值和去游离条件有关，根据实验和运行经验，建弧率 η（%）可用下式表示：

$$\eta = 4.5 E^{0.75} - 14 \qquad (7\text{-}18)$$

式中，E 为绝缘子串的平均工作电压梯度有效值（kV/m）。

对中性点有效接地系统

$$E = U_n / (\sqrt{3} l_1) \qquad (7\text{-}19)$$

中性点非有效接地系统

$$E = U_n / (2l_1 + l_2) \qquad (7\text{-}20)$$

式中，U_n 为额定电压有效值（kV）；l_1 为绝缘子串闪络距离（m）；l_2 为木横担线路的线间距离（m），对铁横担和水泥横担，则 $l_2 = 0$。

对于中性点不接地系统，单相闪络不会引起跳闸，只有当第二相导线再发生反击后才会造成相间闪络而跳闸，因此在式（7-19）和式（7-20）中应是线电压和相间绝缘长度。

实践证明，当 $E \leq 6$kV/m 时，则建弧率很小，所以近似地认为 $\eta = 0$。

2. 有避雷线线路雷击跳闸率的计算

输电线路的雷击跳闸率与线路可能受雷击的次数有密切的关系，在工程设计中常被作为一个综合指标来衡量输电线路的防雷性能。对于 110kV 及以上的输电线路，雷击线路附近地面时的感应过电压一般不会引起闪络；而根据国内外的运行经验，在档距中间雷击避雷线引起的闪络事故也极为罕见。因此，在求 110kV 及以上有避雷线线路的雷击跳闸率时，可以只考虑雷击杆塔（即发生反击）和雷绕击于导线两种情况下的跳闸率并求其总和，现分述如下。

（1）雷击杆塔时的跳闸率 n_1

n_1 的单位为次/(100km·a)，可用下式表达：

$$n_1 = NgP_1\eta \tag{7-21}$$

式中，N 为每 100km 线路每年（40 个雷暴日）落雷次数，$N = 0.28(b + 4h)$ ［次/(100km·a)］；g 为击杆率，雷击杆塔次数与雷击线路总次数的比称为击杆率，它与避雷线所经过地区地形有关，规程建议击杆率可取表 7-5 的数值；P_1 为雷电流峰值超过雷击杆塔的耐雷水平 I_1 的概率，它可由式(7-11) 及式(6-3) 计算得出；η 为建弧率，可由式(7-18) 计算得到。

表 7-5　击杆率 g

地形	避雷线根数		
	0	**1**	**2**
平原	1/2	1/4	1/6
山区	—	1/3	1/4

（2）绕击跳闸率 n_2

雷电绕过避雷线直击于线路的跳闸率 n_2 单位为次/(100km·a)，可用下式表达：

$$n_2 = NP_\alpha P_2\eta \tag{7-22}$$

式中，N 为年落雷总次数；P_α 为绕击率；P_2 为超过耐雷水平 I_2 的雷电流出现的概率，它可由式(7-17) 和式(6-3) 计算得出；η 为建弧率。

绕击率即雷电绕过避雷线直击于线路的概率，模拟试验和现场经验证明，绕击概率与避雷线对外侧导线的保护角 α（如图 6-11 所示）、杆塔高度和线路经过地区的地貌和地质有关，我国有关标准建议用下列公式计算绕击率 P_α：

对平原地区　　　　　　$\lg P_\alpha = \dfrac{\alpha\sqrt{h}}{86} - 3.9$

$$\left.\begin{array}{l} \lg P_\alpha = \dfrac{\alpha\sqrt{h}}{86} - 3.9 \\[2mm] \lg P_\alpha = \dfrac{\alpha\sqrt{h}}{86} - 3.35 \end{array}\right\} \tag{7-23}$$

对山区　　　　　　　　$\lg P_\alpha = \dfrac{\alpha\sqrt{h}}{86} - 3.35$

式中，α 为保护角（°）；h 为杆塔高度（m）。

（3）输电线路雷击跳闸率 n

不论雷击杆塔，还是绕过避雷线击于线路，均属于雷击此输电线路，雷击跳闸率 n 为

$$n = n_1 + n_2 = N(gP_1 + P_\alpha P_2)\eta \tag{7-24}$$

【例 7-1】 平原地区 220kV 双避雷线线路如图 7-6 所示，绝缘子串由 13×X-4.5 组成，正极性 $U_{50\%}$ 为 1200kV，避雷线半径 $r = 5.5$mm，导线弧垂 12m，避雷线弧垂 7m，杆塔冲击接地电阻 $R = 7\Omega$，求该线路的耐雷水平及雷击跳闸率。

解：（1）计算避雷线和导线对地的平均高度 h_b 和 h_d。如图 7-6 所示，避雷线在杆塔端

点距地高 $h = (23.4 + 2.2 + 3.5)\text{m}$，避雷线弧垂 $h' = 7\text{m}$。

则
$$h_b = h - \frac{2}{3}h'$$
$$= (23.4 + 2.2 + 3.5)\text{m} - \frac{2}{3} \times 7\text{m}$$
$$= 24.5\text{m}$$

导线在杆塔端点距地高 $h = 23.4\text{m}$，导线弧垂 $h' = 12\text{m}$。

则
$$h_d = h - \frac{2}{3}h'$$
$$= 23.4\text{m} - \frac{2}{3} \times 12\text{m}$$
$$= 15.4\text{m}$$

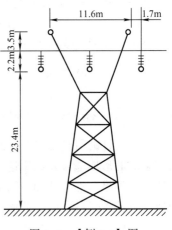

图 7-6 【例 7-1】图

（2）计算双避雷线对外侧导线的几何耦合系数 k。避雷线对外侧导线的耦合系数比对中相导线的耦合系数为小，线路绝缘的过电压也较为严重，故取作计算条件，双避雷线对外侧导线的几何耦合系数设为 k_0，根据【例 5-5】可算得

$$k_0 = \frac{\ln\dfrac{\sqrt{39.9^2 + 1.7^2}}{\sqrt{9.1^2 + 1.7^2}} + \ln\dfrac{\sqrt{39.9^2 + 13.3^2}}{\sqrt{9.1^2 + 13.3^2}}}{\ln\dfrac{2 \times 24.5}{0.0055} + \ln\dfrac{\sqrt{49^2 + 11.6^2}}{11.6}} = 0.237$$

考虑电晕影响，查表 5-1，电晕修正系数 $k_1 = 1.25$，于是校正后的耦合系数
$$k = k_1 k_0 = 1.25 \times 0.237 = 0.296$$

（3）计算杆塔等效电感及分流系数。查表 7-2，铁塔的电感可按 $0.5\mu\text{H/m}$ 计算，故得
$$L_{gt} = 0.5\mu\text{H/m} \times 29.1\text{m} = 14.55\mu\text{H}$$

查表 7-3，可得分流系数 $\beta = 0.88$。

（4）计算雷击杆塔时耐雷水平 I_1。根据式（7-11），可得

$$I_1 = \frac{1200}{(1 - 0.296) \times 0.88 \times 7 + \left(\dfrac{25.6}{29.1} - 0.296\right) \times 0.88 \times \dfrac{14.5}{2.6} + \left(1 - \dfrac{24.5}{15.4} \times 0.237\right) \times \dfrac{15.4}{2.6}}\text{kA} = 110\text{kA}$$

（5）计算雷绕击于导线时的耐雷水平 I_2。根据式（7-17），可得

$$I_2 = \frac{1200}{100}\text{kA} = 12\text{kA}$$

（6）计算雷电流幅值超过耐雷水平的概率。根据雷电流幅值概率式（6-3），可得雷电流幅值超过 I_1 的概率 $P_1 = 5.6\%$，超过 I_2 的概率 $P_2 = 73.1\%$。

（7）计算击杆率 g、绕击率 P_α 和建弧率 η。查表 7-5，得击杆率 $g = 1/6$，可得绕击率

$$\lg P_\alpha = \frac{\alpha\sqrt{h}}{86} - 3.9 = 0.144\%$$

为了求出建弧率 η，先依据式（7-19）计算 E

$$E = \frac{220\text{kV}}{\sqrt{3} \times 2.2\text{m}} = 57.735\text{kV/m}$$

所以，根据式(7-18) 可得

$$\eta = (4.5 \times 57.735^{0.75} - 14)\% = 80\%$$

（8）计算线路跳闸率 n ［次/(100km·a)］

$$n = 0.28 \times (11.6 + 4 \times 24.5) \times 0.8 \left(\frac{1}{6} \times \frac{5.6}{100} + \frac{0.144}{100} \times \frac{73.1}{100} \right) = 0.25$$

7.1.4 输电线路防雷原则及措施

防雷设计的目的是提高线路的耐雷性能，降低雷击跳闸率。通过前述内容的分析，线路雷害事故的形成通常要经历这样几个阶段：首先输电线路要受到雷电过电压的作用，并且线路要发生闪络，然后从冲击闪络转变为稳定的工频电弧，引起线路跳闸，如果在跳闸后不能迅速恢复正常运行，就会造成供电中断。因此，输电线路的防雷措施在许可情况下，要做到"四道防线"，即：①防止雷直击导线；②防止雷击塔顶或避雷线后引起绝缘闪络；③防止雷击绝缘后闪络转化为稳定的工频电弧；④防止供电中断。

在雷害发展过程的各个环节，需采取相应措施，如图7-7所示，从而全面提高输电线路的耐雷性能。

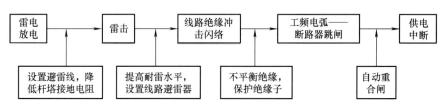

图7-7 线路雷害事故的发展过程及其防护措施

以下为一些常用的线路防雷措施：

（1）架设避雷线

避雷线是高压和超高压输电线路最基本的防雷措施，其主要目的是防止雷直击导线，此外，还对雷电流有分流作用，减小流入杆塔的雷电流，使塔顶电位下降；对导线有耦合作用，降低雷击杆塔时绝缘子串上的电压；对导线有屏蔽作用，可降低导线上的感应电压。

我国有关标准规定，330kV 及以上应全线架设双避雷线；220kV 宜全线架设双避雷线；110kV 线路一般全线架设单避雷线，但在少雷区或运行经验证明雷电活动轻微的地区可不沿全线架设避雷线。35kV 及以下线路一般不沿全线架设避雷线。保护角一般取 20° ~ 30°，330kV 及 220kV 双避雷线线路，一般保护角取 20°。现代超高压、特高压线路或高杆塔，皆采用双避雷线，杆塔上两根避雷线间的距离不应超过导线与避雷线间垂直距离的 5 倍。

为了降低正常工作时避雷线中电流引起的附加损耗和将避雷线兼作通信用，可将避雷线经小间隙对地绝缘起来，雷击时此小间隙击穿避雷线接地。

（2）降低杆塔接地电阻

对于一般高度的杆塔，降低杆塔接地电阻是提高线路耐雷水平防止反击的有效措施。规程规定，有避雷线的线路，每基杆塔（不连避雷线）的工频接地电阻，在雷季干燥时不宜超过表7-6所列数值。

土壤电阻率低的地区，应充分利用杆塔自然接地电阻，一般认为采用与线路平行的地中伸长地线办法，因其与导线间的耦合作用，可降低绝缘子串上的电压而使耐雷水平提高。

表 7-6 有避雷线输电线路杆塔的工频接地电阻

土壤电阻率/Ω·m	100 及以下	100 ~500	500 ~1000	1000 ~2000	2000 以上
接地电阻/Ω	10	15	20	25	30

（3）架设耦合地线

在降低杆塔接地电阻有困难时，可以采用在导线下方架设地线的措施，其作用是增加避雷线与导线间的耦合作用以降低绝缘子串上的电压；此外，耦合地线还可增加对雷电流的分流作用。运行经验表明，耦合地线对减少雷击跳闸率效果是显著的。

（4）采用不平衡绝缘方式

在现代高压及超高压线路中，同杆架设的双回路线路日益增多，对此类线路在采用通常的防雷措施尚不能满足要求时，还可采用不平衡绝缘方式来降低双回路雷击同时跳闸率，以保证不中断供电。不平衡绝缘的原则是使两回路的绝缘子串片数有差异，这样，雷击时绝缘子串片数少的回路先闪络，闪络后的导线相当于地线，增加了对另一回路导线的耦合作用，提高了另一回路的耐雷水平使之不发生闪络以保证另一回路可继续供电。一般认为，两回路绝缘水平的差异宜为$\sqrt{3}$倍相电压（峰值），差异过大将使线路总故障率增加，差异究竟为多少，应以各方面技术经济比较来决定。

（5）采用消弧线圈接地方式

对于 35kV 及以下的线路，一般不采用全线架设避雷线的方式，而采用中性点不接地或经消弧线圈接地的方式，这可使得雷击引起的大多数单相接地故障能够自动消除，不致引起相间短路和跳闸；而在两相或三相着雷时，雷击引起第一相导线闪络并不会造成跳闸，闪络后的导线相当于地线，增加了耦合作用，使未闪络相绝缘子串上的电压下降，从而提高了耐雷水平。

（6）装设自动重合闸

由于雷击造成的闪络大多能在跳闸后自行恢复绝缘性能，所以重合闸成功率较高，据统计，我国 110kV 及以上高压线路重合闸成功率为 75% ~90% ；35kV 及以下线路约为 50% ~80% 。因此，各级电压的线路应尽量装设自动重合闸。

（7）装设线路避雷器

一般在线路的多雷区，存在绝缘弱点处，杆塔接地电阻超标或大跨越高杆塔上安装线路避雷器，以降低线路雷击跳闸率。

（8）加强绝缘

在冲击电压作用下木质是较良好的绝缘，因此可以采用木横担来提高耐雷水平和降低建弧率，但我国受客观条件限制一般不采用木绝缘。

对于高杆塔，可以采取增加绝缘子串片数的办法来提高其防雷性能，高杆塔的等效电感大，感应过电压大，绕击率也随高度而增加，因此规程规定，全高超过 40m 有避雷线的杆塔，每增高 10m 应增加一片绝缘子，全高超过 100m 的杆塔，绝缘子数量应结合运行经验通过计算确定。

7.2 发电厂和变电站的防雷保护

发电厂和变电所是多条输电线路的交汇点和电力系统的枢纽，一旦发生雷害事故，往往导致变压器、发电机等重要电气设备的损坏，并造成大面积停电，严重影响国民经济和人民生活。其次，变电设备（其中最主要的是电力变压器）的内绝缘水平往往低于线路绝缘，而且不具有自恢复功能，一旦因雷电过电压而发生击穿，后果十分严重。因此，发电厂、变电所的防雷保护必须是十分可靠的。

发电厂、变电所遭受雷害一般来自两方面：

1）雷直击于发电厂、变电所。

2）雷击输电线后产生的雷电波侵入发电厂、变电所。

对直击雷的保护，一般采用避雷针或避雷线，根据我国的运行经验，凡装设符合规程要求的避雷针（线）的发电厂和变电所绕击和反击事故率是非常低的。

因线路落雷比较频繁，所以沿线路侵入的雷电波是造成变电所、发电厂雷害事故的主要原因。对侵入波防护的主要措施是在发电厂、变电所内安装阀式避雷器以限制电气设备上的过电压峰值，同时在发电厂、变电所的进线段上采取辅助措施以限制流过阀式避雷器的雷电流和降低侵入波的陡度。对于直接与架空线路相连的旋转电机（一般称为直配电机），还应在电机母线上装置电容器以降低侵入波陡度，使电机匝间绝缘和中性点绝缘不易损坏。

下面将分别介绍针对以上情况的变电所防雷保护措施。

7.2.1　直击雷过电压的防护

如果雷电直接击中变电所设施的导电部分（例如母线），则会出现很高的雷电过电压，从而引起绝缘的闪络或击穿，所以必须装设避雷针或避雷线对直击雷进行防护，让变电所中需要保护的设备和设施均处于其保护范围之内，这已在前面进行了介绍。此外，还要求雷击避雷针和避雷线时，不应对被保护物发生反击，以下主要对此进行讨论。

按照安装方式的不同，可将避雷针分为独立避雷针和装设在配电装置构架上的避雷针（简称构架避雷针）两类。从经济观点出发，当然希望采用构架避雷针，因为它既能节省支座的钢材，又能省去专用的接地装置。但是，对绝缘水平不高的35kV以下的配电装置来说，雷击构架避雷针时很容易导致绝缘逆闪络（反击），这显然是不能容许的。而独立避雷针是指具有自己专用的支座和接地装置的避雷针，其接地电阻一般不超过10Ω。

基于此，我国规程规定：

1）110kV及以上的配电装置，一般将避雷针装在构架上。但在土壤电阻率 $\rho > 1000\Omega \cdot m$ 的地区，仍宜装设独立避雷针，以免发生反击。

2）35kV及以下的配电装置应采用独立避雷针来保护。

3）60kV的配电装置，在 $\rho > 500\Omega \cdot m$ 的地区宜采用独立避雷针，在 $\rho < 500 \cdot m$ 的地区容许采用构架避雷针。

1. 独立避雷针

图7-8所示为独立避雷针，R_{ch} 为避雷针的冲击接地电阻，相邻配电装置的接地电阻为 R，h 为相邻配电装置构架的高度，避雷针高度为 h 处的对地电压为

$$u_k = L \frac{di_L}{dt} + i_L R_{ch}$$

避雷针的接地装置上出现的电位

$$u_d = R_{ch} i_L$$

若取

$$i_{\text{L}} = 150\text{kA}, \qquad \frac{\text{d}i_{\text{L}}}{\text{d}t} = 30\text{kA}/\mu\text{s}$$

$$L = 1.7h$$

则

$$u_{\text{k}} = 150R_{\text{ch}} + 50h$$

$$u_{\text{d}} = 150R_{\text{ch}}$$

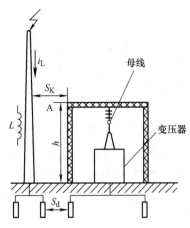

图7-8 独立避雷针离配电架构的距离

为防止避雷针与被保护的配电构架或设备之间空气间隙被击穿而造成反击事故，若取空气的平均耐压强度为500kV/m，则

$$S_{\text{K}} > \frac{150R_{\text{ch}} + 50h}{500}$$

$$S_{\text{K}} > 0.3R_{\text{ch}} + 0.1h$$

一般情况下，$S_{\text{K}} \geqslant 5\text{m}$。

为防止避雷针接地装置和被保护设备接地装置之间土壤中的间隙被击穿，取土壤的平均耐电强度为300kV/m，则

$$S_{\text{d}} > 0.3R_{\text{ch}}$$

一般情况下 $S_{\text{d}} \geqslant 3\text{m}$。

2. 架构避雷针

对于110kV及以上的配电装置，由于绝缘水平较高，在土壤电阻率不太高（不大于1000Ω·m）的地区，不易发生反击，可采用构架避雷针。

构架避雷针同样需考虑防止反击问题。装有避雷针的构架上，地部分与带电部分间的空气中距离不得小于绝缘子串的长度。同时此构架应就近埋设辅助接地装置，此接地装置与变电所接地网的连接点离主变压器接地装置与变电所接地网的连接点之间的距离不应小于15m。这样雷击避雷针时，在避雷针接地装置上产生的高电位电压波，沿接地网向变压器连接点传播过程中逐渐衰减，到达变压器接地点时才不会造成对变压器的反击。

关于是否采用避雷线的问题，过去因为强调避雷线断线又造成母线短路的危险，所以在发电厂和变电站用的很少。但国内外多年运行经验表明，用避雷线同样可以得到很高的防雷可靠性，架设避雷线时同样要注意避免引起反击事故。

7.2.2 雷电侵入波过电压的防护

发电厂和变电所采用了避雷针（线）进行直击雷防护后，发生绕击和反击的雷害事故率是非常低的。于是，造成发电厂和变电站雷害事故的主要原因就是雷电侵入波。而由于发电厂和变电站内的电气设备的绝缘水平比线路绝缘水平低很多，例如110kV线路绝缘子串50%放电电压为700kV，而变压器的全波冲击试验电压只有425kV。所以，发电厂和变电所的雷电入侵波防护尤为重要。

装设阀式避雷器或氧化锌避雷器是限制入侵雷电波的主要措施，主要是限制过电压的幅值，并在发电厂、变电所的进线上设置进线段以限制流经避雷器的雷电流和入侵雷电波的

陡度。

避雷器的保护作用有三个前提：① 它的伏秒特性与被保护绝缘的伏秒特性有良好配合。低于被保护绝缘，但不能太低，伏秒特性要比较平缓。② 它的伏安特性要保证其残压低于被保护绝缘的冲击电气强度。③ 被保护绝缘必须处于该避雷器的保护距离之内，否则被保护绝缘会由于波的折反射而无法得到保护。

基于以上基本要求，将根据避雷器与变压器的连接方式不同，分析避雷器的保护作用。

1. 避雷器与变压器之间电气距离为零

如图 7-9a 所示，避雷器直接安装在变压器旁，即认为避雷器与变压器之间的电气距离为零。为简化分析，不计变压器对地入口电容，且输电线路为无限长，雷电侵入波 u 自线路入侵，避雷器动作后可用图 7-9b 的等效电路来分析，避雷器动作后两端电压为 u_b 时，可列出下列方程：

$$2u = i_b Z_1 + u_b \tag{7-25}$$

式中，i_b 为避雷器流过的电流。

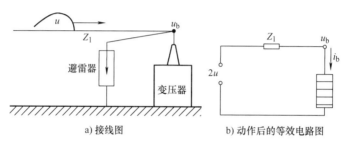

a) 接线图   b) 动作后的等效电路图

图 7-9　避雷器直接安装于变压器旁

动作前避雷器电压 u_b 与侵入雷电波电压 u 相同，当 u 与避雷器冲击放电伏秒特性 $u_f = f(t)$ 相交时（参阅图 7-10），则避雷器动作。假定避雷器的伏安特性 $u_b = f(i_b)$，由于避雷器工作电阻的非线性，式（7-25）是一个非线性方程，此时，可用作图法求出变压器上的电压，如图 7-11 所示。

纵坐标取为电压 u，横坐标分别取为时间 t 和电流 i。在 u – t 坐标内，当侵入波 $2u$ 与伏秒特性 u_f 相交时（此时电压为 U_{ch}），避雷器开始放电；在 u – i 坐标内根据给定的避雷器伏安特性 $u_b = f(i_b)$ 和线路波阻抗 Z_1 可以画出曲线 $u_b + i_b Z_1$，由式（7-25）可知，它必须与侵入波 $2u$ 相等。因此就可以根据给定的 $2u$ 波形，按照图 7-10 中虚线表示的步骤，逐点求出避雷器上的电压 u_b，这也就是变压器上的电压。例如，若求雷电电压达幅值时变压器和避雷器上的电压值，只要从雷电波幅值处作水平线与曲线 $u_b + i_b Z_1 = 2u$ 相交，交点的横坐标就是流过避雷器的雷电流 i_b，由伏安特性 $u_b = f(i_b)$ 决定的电压 U_{ca} 就是变压器在该时刻所承受的过电压值。

由图 7-10 可见，避雷器电压 u_b 具有两个峰值：一个是 U_{ch}，它是避雷器冲击放电电压，其值决定于避雷器的伏秒特性，由于阀式避雷器的伏秒特性 u_f 很平，可认为 U_{ch} 是一固定值；另一个是 U_{ca}，这就是避雷器残压的最高值，在避雷器伏安特性已定的情况下，它与通过避雷器的电流 i_b 的大小有关，但由于阀片的非线性，电流 i_b 在很大范围内变动时残压变化很小。由于在具有正常防雷接线的 110 ~ 220kV 变电所中，流经避雷器的雷电流一般不超过

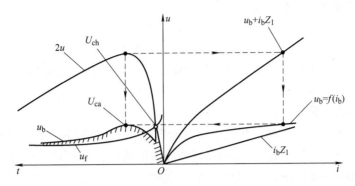

图 7-10　避雷器电压 u_b 图解法

u—来波　u_f—避雷器伏秒特性　u_b—避雷器上的电压　$u_b = f(i_b)$—避雷器伏安特性

5kA（对应的 330kV 为 10kA），故残压的最大值 U_{ca} 与取 5kA 下的残压 U_c 基本相等，因此可以将避雷器电压 u_b 近似地视为一斜角平顶波，如图 7-11 所示，其幅值为 5kA 的残压，波头时间（即避雷器放电时间 t_p）则取决于侵入波陡度。若雷电侵入波为斜角波，即 $u = \alpha t$，则避雷器的作用相当于在 $t = t_p$ 时刻，在避雷器安装处产生一负电压波 u'，即 $u' = -\alpha(t - t_p)$。

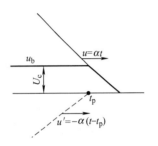

图 7-11　分析用避雷器上的电压 u_b 波形

由于避雷器直接接在变压器旁，故变压器上的过电压波形与避雷器上电压波形相同，若变压器的冲击耐压大于避雷器的冲击放电电压和 5kA 下的残压，则变压器将得到可靠的保护。

2. 避雷器与变压器之间有一定电气距离 l

上述讨论的是避雷器与被保护设备直接相连，此时被保护设备上的电压就等于避雷器上的电压，其最大值就等于避雷器的最大残压。

在实际应用中，不可能也没有必要在每个电气设备旁都装设一组避雷器，一般只在变电所母线上装设避雷器。这样，避雷器与各个电气设备之间就不可避免地要沿连接线分开一定的距离，称为电气距离。当侵入波电压使避雷器动作时，由于波在这段距离的传播和发生折、反射，就会在设备绝缘上出现高于避雷器端点的电压，也即被保护设备

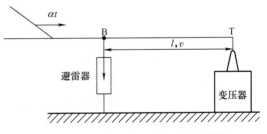

图 7-12　避雷器距变压器一定电气距离

与避雷器之间会出现一个电压差 ΔU。此时，避雷器对变电站所有设备是否都能起到保护作用，为了分析这个问题，以图 7-12 所示接线来分析当雷电波侵入时，避雷器和变压器分别承受的电压。

图 7-12 所示避雷器离开变压器距离为 l，波在该段线路中的传播速度为 v，为计算方便，不计变压器的对地电容。设侵入波为斜角波 αt，根据网格法计算行波的多次折、反射，可画出网格图如图 7-13 所示。在计算折、反射波时，避雷器动作前看作开路，动作后看作短路；变压器相当于开路终端。

首先，讨论避雷器上的电压 $u_B(t)$：

1）点 T 反射波尚未到达 B 点时，设 $\tau = l/v$，则

$$u_B(t) = \alpha t \quad (t < 2\tau)$$

2）点 T 反射波到达 B 点以后至避雷器动作以前（设避雷器的动作时间 $t_p > 2\tau$）

$$u_B(t) = \alpha t + \alpha(t - 2\tau) = 2\alpha(t - \tau) \quad (2\tau \leqslant t < t_p)$$

3）在避雷器动作瞬时，即 $t = t_p$ 时，$u_B = 2\alpha(t_p - \tau)$。

4）避雷器动作以后 $t > t_p$ 时，根据前面的分析，t_p 出现在避雷器的伏秒特性曲线 u_f 与电压 $u_B(t)$ 相交的一点。又认为避雷器动作以后即保持残压 U_c，因此 $t > t_p$ 以后可以看作在 B 点又叠加上一个负波 $-2\alpha(t - t_p)$，即

$$u_B(t) = 2\alpha(t - \tau) - 2\alpha(t - t_p)$$
$$= 2\alpha(t_p - \tau) = U_c$$

避雷器上的电压 $u_B(t)$ 的波形及公式如图 7-14 所示。

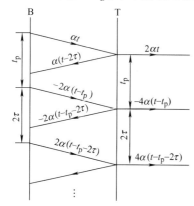

图 7-13　网格法分析避雷器和变压器上的电压

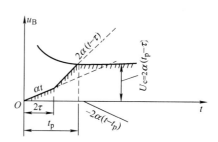

图 7-14　避雷器电压 $u_B(t)$

由于一切通过避雷器连接点 B 点的电压波最终都将传播到变压器连接点 T 点，但在时间上滞后 τ，所以避雷器放电后所产生的限压效果要到 $t = t_p + \tau$ 时，才能对变压器的电压产生影响。也就是说，避雷器动作后，相当于在避雷器端施加了反极性的电压波，这个反极性的电压波要经过时间 τ 后（即 $\tau = t_p - t$ 后）才能到达 T 点使之电压降低。而在反极性波到达 T 点之前，$u_T = 2\alpha(t - \tau)$，因此 T 点电压的最大值为

$$u_T = 2\alpha(t - \tau) = 2\alpha[(t_p + \tau) - \tau] = 2\alpha t_p$$

可见，变压器和避雷器两点之间的电压差 $\Delta U(\text{kV})$ 为

$$\Delta U = u_T - u_B = 2\alpha t_p - 2\alpha(t_p - \tau) = 2\alpha\tau = 2\alpha\frac{l}{v} \tag{7-26}$$

式中，α 为入侵波的时间陡度（kV/μs）；l 为避雷器与变压器的电气距离（m）；v 为波速（m/μs）。可见，变压器与避雷器的电气距离 l 越大，进波陡度 α 越大，电压差值越大。

由图 7-13，根据行波网络分析法可得变压器上电压变化，如图 7-15 所示。

可见，变压器上的电压波形具有振荡性质，其振荡轴为避雷器的残压 U_c。显然这是由于避雷器动作后产生的负电压波在 B 点和 T 点之间发生多次反射而引起的。

以上分析是从最简单、最严重的情况出发的。实际上，由于变电站接线比较复杂，出线可能不止一路，设备本身又存在对地电容，这些都将对变电所的波过程产生影响。实测表

明，雷电波侵入变电所时变压器上实际电压的
典型波形如图 7-16 所示。它相当于在避雷器的
残压上叠加一个衰减的振荡波，这种波形和全
波波形相差较大，对变压器绝缘的作用与截波
的作用较为接近，因此常以变压器承受截波的
能力来说明在运行中该变压器承受雷电波的能
力。变压器承受截波的能力称为多次截波耐压
值 U_j，根据实践经验，对变压器而言，此值为
变压器三次截波冲击试验电压 $U_{j,3}$ 的 $\dfrac{1}{1.15}$ 倍，
即 $U_j = \dfrac{U_{j,3}}{1.15}$。同样，其他电气设备在运行中承
受雷电波的能力可用多次截波耐压值 U_j 来
表示。

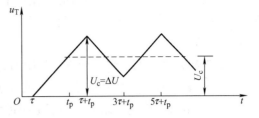

图 7-15　变压器上的电压 $u_T(t)$

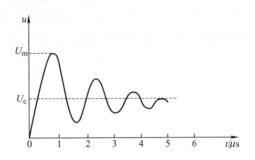

图 7-16　雷电波入侵时变压器上电压的实际波形

当雷电波侵入变电所时，若设备上受到最
大冲击电压值 U_m 小于设备本身的多次截波耐
压值 U_j，则设备不发生事故；反之，则可能造
成雷害事故。因此，为了保证设备安全运行，
必须满足下式：

$$U_m \leqslant U_j$$

即

$$U_m = U_c + 2\alpha \frac{l}{v} \leqslant U_j \qquad (7\text{-}27)$$

式中，U_m 为设备上所受冲击电压的最大值；U_j 为设备多次截波耐压值；U_c 为避雷器上 5kA
下的残压；α 为入侵波的时间陡度；l 为设备与避雷器之间的电气距离；v 为入侵波传播
速度。

式 (7-27) 表明，为了保证变压器和其他设备的安全运行，必须对流过避雷器的电流
加以限制使之不大于 5kA，同时也必须限制侵入波陡度 α 和设备离开避雷器的电气距离 l。

3. 变压器距避雷器的最大允许电气距离 l_m

由式 (7-26) 的分析可知，当侵入波的陡度一定时，避雷器与变压器的电气距离越大，
变压器上电压与避雷器残压的差值也就越大。为了限制变压器上电压以免发生绝缘击穿事
故，就必须确定避雷器与变压器间允许的最大电气距离。

变压器到避雷器的最大允许电气距离 l_m，即避雷器的保护距离 l_m，可由式 (7-27) 导出

$$l_m \leqslant \frac{U_j - U_c}{2\alpha/v} \text{或} \ l_m \leqslant \frac{U_j - U_c}{2\alpha'} \qquad (7\text{-}28)$$

式中，$\alpha' = \alpha/v$ 为侵入波空间陡度（kV/m）。

式 (7-28) 表明，避雷器保护距离 l_m 与变压器多次截波冲击耐压值 U_j 和避雷器 5kA 下残
压的差值（$U_j - U_c$）有关，差值越大，则 l_m 越大。通常变压器的多次截波冲击耐压 U_j 比普
通型避雷器残压高出 40% 左右，比磁吹型残压高出约 80% 左右。因此，变电所中若使用磁

吹避雷器，则变压器到避雷器的最大允许电压距离 l_m 将比使用普通型时为大。此外，在变压器绝缘水平一定（即多次截波耐压值一定）时，选用残压较低的避雷器也可增大最大允许电气距离 l_m。

式(7-28)也表明，最大允许电气距离 l_m 与侵入波时间陡度 α（或空间陡度 α'）密切相关，α（或 α'）越大，则 l_m 越小；α（或 α'）越小，则 l_m 越大。

另外，最大允许电气距离还与变电所进线数量有关。普通阀式避雷器和金属氧化物避雷器至主变压器间的最大电气距离可分别参照表7-7和表7-8确定。

表 7-7　普通阀式避雷器至主变压器的 l_m （单位：m）

系统额定电压/kV	进线段长度/km	进线路数			
		1	2	3	≥4
35	1	25	40	50	55
	1.5	40	55	65	75
	2	50	75	90	105
66	1	45	65	80	90
	1.5	60	85	105	115
	2	80	105	130	145
110	1	45	70	80	90
	1.5	70	95	115	130
	2	100	135	160	180
220	2	105	165	195	220

注　1. 全线有避雷线时按进线段长度为2km选取；进线段长度在 1~2km 之间时按补插法确定，表7-8亦然。

　　2. 35kV 也适用于有串联间隙金属氧化物避雷器的情况。

表 7-8　金属氧化物避雷器至主变压器的 l_m （单位：m）

系统额定电压/kV	进线段长度/km	进线路数			
		1	2	3	≥4
110	1	55	85	105	115
	1.5	90	120	145	165
	2	125	170	205	230
220	2	125 (90)	195 (140)	235 (170)	265 (190)

注　1. 本表也适用于电站碳化硅磁吹避雷器的情况。

　　2. 本表括号内距离所对应的雷电冲击全波耐受电压为850kV。

变电所中其他设备，由于它们的冲击耐压值比变压器高，因而最大允许距离选用比变压器大35%，即 $1.35l_{max}$。

对一般变电所的侵入雷电波防护设计主要是选择避雷器的安装位置，其原则是在任何可能的运行方式下，变电所的变压器和各设备距避雷器的电气距离皆应小于最大允许电气距离 l_m。一般说来，避雷器安装在母线上，若一组避雷器不能满足要求，则应考虑增设。

7.2.3 变电所的进线段保护

在上一节中，通过避雷器的保护作用分析知道，要使避雷器能可靠地保护电气设备，必须设法使避雷器电流幅值不超过5kA（在330～500kV时为10kA），而且必须保证来波陡度 α 不超过一定的允许值。运行经验表明，变电站的雷电侵入波事故约有50%是由雷击离站1km以内的线路引起的，约有70%是由雷击3km以内的线路引起的。因此，必须在靠近变电所的一段进线上采取可靠的防直击雷保护措施，防止发生近区雷击事故。

进线段保护是指在临近变电所1～2km的一段线路上加强防雷保护措施，并提高雷击杆塔时的反击耐雷水平。当线路全线无避雷线时，此段必须架设避雷线；当线路全线有避雷线时，应使此段线路具有较高耐雷水平，减小该段线路内由于绕击和反击所形成侵入波的概率。这样，就可以认为侵入变电所的雷电波主要是来自"进线"保护段之外，使它经过这段距离后才能达到变电所。在这一过程中由于进线波阻抗的作用减小了通过避雷器的雷电流，同时由于导线冲击电晕的影响削弱了侵入波的陡度。

1. 进线段保护的接线

（1）35～110kV全线无避雷线线路

此时进线段保护时应在1～2km的进线段线路上架设避雷线，且具有较小的保护角。保护接线如图7-17a所示。图中，避雷器F3，仅对冲击绝缘水平比较高的木杆或木横担线路以及降压运行的线路才装设，因为在这种情况下侵入波电压比较高，流过避雷器的电流可能超过规定值，所以就要在进线段首端装设避雷器F3。对于进线断路器或隔离开关在雷雨季节可能经常处于开路状态，而线路侧又经常带电的线路，需要安装避雷器F2，否则沿路有雷电波侵入时，在断开点将发生全反射使过电压升高到2倍，有可能使开路状态的断路器或隔离开关对地闪络，由于线路侧带电，这将导致工频短路，烧毁断路器或隔离开关的绝缘部件。但是，装有F2而断路器又在合闸位置运行时，侵入波不应使F2动作，否则F2动作产生截波而危及变压器的纵绝缘。避雷器F1用于保护变压器，限制雷电波入侵电压。

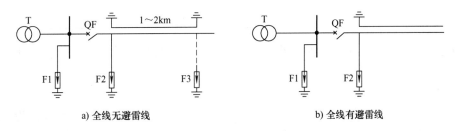

a) 全线无避雷线   b) 全线有避雷线

图7-17　变电所进线段保护接线

（2）35～110kV全线有避雷线线路

线路进线段保护时，应使被保护的进线段具有比其余部分线路更高的耐雷水平，避雷线应具有较小的保护角，一般不超过20°。接线如图7-17b所示。图中避雷器的装设情况及其作用同上。

2. 进线段保护的作用

进行段保护主要起两方面的作用：① 进入变电所的雷电流将来自于进行段以外，它们流经进线段时因冲击电晕而衰减和变形，降低了进波陡度；② 限制流过避雷器的冲击电流幅值。

那么，采取进线段保护后，能否满足规程规定的雷电流幅值和陡度要求，考虑最不利的情况，分析计算雷电流 i_b 和陡度 α。

（1）进线段首端落雷，流经避雷器电流的计算

最不利的情况时，进线段首端落雷，由于受线路绝缘放电电压的限制，雷电流侵入波的最大幅值为线路绝缘 50% 冲击放电电压 $U_{50\%}$；行波在 1～2km 的进线段来回一次的时间需要 $2l/v = 2 \times$ （1000～2000）/300μs = 6.7～13.7μs，侵入波的波头又很短，故避雷器动作后产生的负电压波折回雷击点在雷击点产生的反射波到达避雷器前，流经避雷器的雷电流已过峰值，因此可以不计反射波及其以后过程的影响，只按照原侵入波进行分析计算。

根据彼德逊法则，图 7-18 为进线段限制通过避雷器电流的等效电路图，有

$$\left.\begin{array}{l} 2U_{50\%} = i_b Z + u_b \\ u_b = f(i_b) \end{array}\right\} \tag{7-29}$$

式中，Z 为导线波阻抗；$u_b = f(i_b)$ 为避雷器阀片的非线性伏安特性。

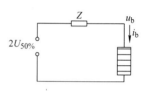

参考图 7-10，可用图解法解出通过避雷器的最大电流 i_b。例如，220kV 线路绝缘强度 $U_{50\%} = 1200$kV，导线波阻抗 $Z = 400\Omega$，采用 FZ－220J 型避雷器，算出通过避雷器的最大雷电流不超过 4.5kA。这也就是避雷器电气特性中一般给出 5kA 下的残压值作为标准的理由。不同电压等级的 i_b 见表 7-9。

图 7-18　进线段限制通过避雷器电流的等效电路

表 7-9　进线段外落雷，流经单路进线变电所避雷器雷电流最大值的计算值

额定电压/kV	避雷器型号	线路绝缘的 $U_{50\%}$/kV	i_b/kA
35	FZ－35	350	1.4
110	FZ－110	700	2.6
220	FZ－220	1200～1400	4.35～5.5
330	FCZ－330	1645	7

从表 7-9 可知，1～2km 长的进线段已能够满足限制避雷器中雷电流不超过 5kA （或 10kA）的要求。

（2）进入变电所的雷电波陡度 α 的计算

可以认为，在最不利的情况下，出现在进线段首端的雷电侵入波的最大幅值为线路绝缘的 50% 冲击闪络电压 $U_{50\%}$，且具有直角波头。$U_{50\%}$ 已大大超过导线的临界电晕电压，因此在侵入波作用下，导线将发生冲击电晕，于是直角波头的雷电波自进线段首端向变电所传播的过程中，波形将发生变形、波头变缓。根据式(5-40) 可求得，进入变电所雷电波的陡度 α(kV/μs) 为

$$\alpha = \frac{u}{\Delta \tau} = \frac{u}{l\left(0.5 + \dfrac{0.008u}{h_d}\right)} \tag{7-30}$$

式中，h_d 为进线段导线悬挂平均高度（m）；l 为进线段长度（km）；u 为避雷器的冲击放电电压或残压。

虽然来波幅值由线路绝缘的 $U_{50\%}$ 决定，但由于变电所内装有阀式避雷器，只要求在避雷器放电以前来波陡度不大于一定值即可，而在避雷器放电后，电压已基本上不变，其值等于残压，所以在计算侵入波陡度时，u 值取为避雷器的冲击放电电压或残压。

因为波的传播速度为 $v = 3 \times 10^8 \text{m/s}$，可用式(7-30) 的时间陡度化为空间陡度（kV/m）。

$$\alpha' = \frac{\alpha}{v} = \frac{\alpha}{300} \tag{7-31}$$

表 7-10 列出了用式(7-30) 和式(7-31) 计算出的不同电压等级变电站雷电侵入波计算用陡度 α' 值，由此可求得变压器或其他电气设备到避雷器的最大电气距离 l_m。

表 7-10　各级变电站侵入波的计算用陡度 α'

系统额定电压等级/kV		35	110	220	330	500
入侵波 α' /(kV/m)	1km 进线段	1.0	1.5	—	—	—
	2km 进线段或全线有避雷线	0.5	0.75	1.5	2.2	2.5

7.2.4　变电站防雷保护中若干具体问题

1. 三绕组变压器的防雷保护

三绕组变压器正常运行中，可能出现高、中压绕组工作而低压绕组开路的情况。这时，当高压绕组或低压绕组中有雷电波入侵时，处于开路状态的低压侧绕组对地电容较小，可能使低压绕组上的感应过电压静电分量达到很高的数值，从而危害低压侧绝缘。由于静电感应分量使低压绕组的三相导线电位同时升高，因此为了限制这种过电压，在低压绕组三相出线上加装阀式避雷器。

三绕组变压器中高压绕组虽然也有开路运行，但其绝缘水平较高，一般不需加装避雷器。

2. 自耦变压器的防雷保护

自耦变压器除了有高、中压自耦绕组外，还有三角形接线的低压非自耦绕组，以减小零序阻抗和改善电压波形。该低压非自耦绕组上，为了限制静电感应电压同样应该加装避雷器。此外，根据自耦变压器的运行方式，会在高、中压侧产生过电压。下面依据不同的运行方式，来分析过电压产生情况以及保护措施。

（1）高、低压侧运行，中压侧开路

图 7-19a 画出了自耦变压器自耦绕组的线路图，A 为高压端，A′为中压端，设它们的电压比为 K。当幅值为 U_0 的侵入波加在高压端 A 时，绕组中的电位的起始与稳态分布以及最大电位包络线都和中性点接地的绕组相同，如图 7-19b 所示。在开路的中压端子 A′上出现的最大电压约为高压侧电压 U_0 的 $2/K$ 倍，这可能使处于开路状态的中压端套管闪络，因此在中压侧与断路器之间应装设一组避雷器，如图 7-19c 中的 F2，以便当中压侧断路器开路时保护中压侧绝缘。

（2）中、低压绕组运行，高压开路

当高压侧开路中压侧端上出现幅值为 U_0' 的侵入波时（图 7-20a 所示），绕组中电位的起始分布、稳态分布如图 7-20b 所示。由 A′到 O 这段绕组的电位分布与末端接地的变压器绕

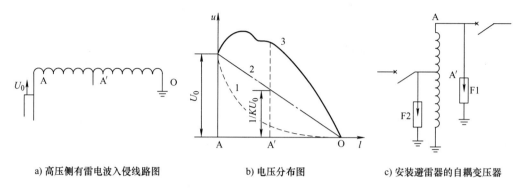

a) 高压侧有雷电波入侵线路图　　　　b) 电压分布图　　　　c) 安装避雷器的自耦变压器

图 7-19　自耦变压器防雷保护分析 1
1—起始电压分布　2—稳态电压分布　3—最大电压包络线

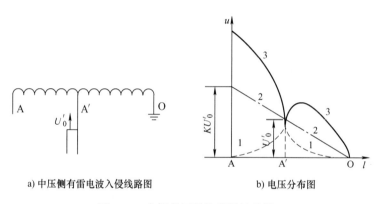

a) 中压侧有雷电波入侵线路图　　　　b) 电压分布图

图 7-20　自耦变压器防雷保护分析 2
1—起始电压分布　2—稳态电压分布　3—最大电压包络线

组相同。由 A′到 A 端绕组的电位稳态分布是由与 A′O 段稳态分布相应的电磁感应所形成，高压端稳态电压为 KU_0。由 A′到 A 端绕组的电位起始分布与末端开路的变压器绕组相同。在振荡过程中 A 点的电位最高可能达到 $2KU'_0$，这将危及处于开路状态的高压端绝缘。因此在高压端与断路器之间也必须装一组避雷器，如图 7-19c 中的 F1。

3. 变压器中性点保护

由前述绕组波过程理论（详见 5.5.2 节），当三相来波时，变压器中性点的电位会达到绕组首电位的两倍，因此需要考虑变压器中性点的保护问题。

（1）中性点绝缘水平

中性点绝缘水平可分为全绝缘和分级绝缘两种。

1）全绝缘，即中性点绝缘与绕组首端的绝缘水平相同，中性点绝缘按照线电压进行设计。

2）分级绝缘，即中性点绝缘低于绕组首端绝缘水平，分级绝缘是为了获得较好的经济效益。一般 110kV 及以上，大多中性点采用分级绝缘。

（2）不同电压等级的中性点保护

对于 35kV 及以下中性点非有效接地的系统，变压器是全绝缘的，其中性点的绝缘水平与线端相同。对变电站为单进线单台变压器运行的情况，需要在中性点装设避雷器。由于三相来波的概率较小，来波大多源自远处从而使波头较缓，对多路进线的情况，过电压幅值比较低，一般不用接避雷器保护。

对于110kV及以上的中性点有效接地系统，由于继电保护的需要，可能有一部分变压器中性点不接地运行。而在这些系统中的变压器往往是分级绝缘的，即变压器中性点绝缘水平远低于相线端（如我国110kV和220kV变压器中性点的绝缘分别为35kV级和110kV级绝缘），故需在中性点上加装避雷器或保护间隙。

4. 配电变压器的防雷保护

配电变压器的防雷保护接线如图7-21所示，应在变压器的高、低压侧装设避雷器。装在靠近高压侧线上的避雷器，其接地线应与变压器的金属外壳以及低压侧中性点（变压器中性点绝缘时则为中性点的击穿保险管的接地端）连在一起共同接地（即三点联合接地），并应尽量减小接地线的长度，以减小其上的压降。这样，当避雷器动作时，作用在变压器主绝缘上的就主要是避雷器残压，而不包括接地电阻上的压降。这种共同接地的缺点是避雷

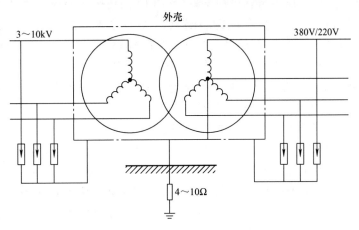

图7-21 配电变压器的防雷保护接线

器动作时引起地电位升高，可能危害低压用户安全。

当高压侧线路受到直击或感应雷击使避雷器动作时，冲击大电流在接地电阻上产生较高的压降，该电压将同时作用在低压侧线路的中性点上；由于低压线路可视为经导线波阻抗接地，因此该电压的大部分将降落在低压绕组上。这部分电压将按变比关系在高压绕组上感应出过电压。由于高压绕组出线端的电压受避雷器固定，故在高压绕组上感应出的过电压将沿高压绕组分布，在中性点处达到最大值，可能危及中性点附近的绝缘及绕组的相间绝缘。为了防止出现这种"反变换"过电压，应该在配电变压器的低压侧也加装避雷器。

5. 气体绝缘变电所防雷保护

（1）GIS防雷保护的特点

采用SF_6绝缘的气体绝缘变电站（GIS）因具有一系列优点而日益获得广泛采用。一旦在GIS中出现电晕，电子崩就发展成绝缘击穿，甚至导致整个GIS系统的损坏。而GIS本身的价格远较敞开式变电站昂贵，因而要求它的防雷保护措施更加可靠、在绝缘配合中留有足够的裕度。GIS的防雷保护除了与常规变电所具有共同的原则外，也有自己的一些特点。

1）GIS绝缘的伏秒特性很平坦（由于结构紧凑，气体绝缘间隙小，是均匀或稍不均匀电场），冲击系数接近于1，负极性击穿电压比正极性低，因此其绝缘水平取决于雷电冲击水平，对避雷器的伏秒特性、放电稳定性都提出了特别高的要求，比较理想的是采用氧化锌避雷器。

2）GIS 结构紧凑，设备之间的电气距离大大缩减，被保护设备与避雷器较近。

3）GIS 变电所的波阻抗远比架空线低，从架空线入侵的过电压波经过折射，其幅值和陡度都显著变小，有利于变电所的进线段保护。

4）GIS 内的绝缘大多为稍不均匀电场，一旦出现电晕，将立即导致击穿，且不能恢复原有的电气强度，导致整个 GIS 的损坏，因此对防雷保护要求更高。

（2）GIS 防雷保护接线

1）60kV 及以上进线无电缆的 GIS 变电所的防雷保护接线如图 7-22 所示，在 GIS 管道与架空线路的连接处，应装设金属氧化物避雷器（F1），其接地端应与管道金属外壳相连。如变压器或 GIS 一次回路的任何电气部分至 F1 间的最大电气距离在 60kV 时不大于 50m，在 110～220kV 时不大于 130m，则图 7-22 中可不装 F2。与 GIS 管道相连的架空线段长度应不小于 2km，且应符合进线段保护要求。

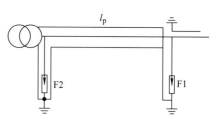

图 7-22　无电缆段进线的 GIS 变电所保护接线

2）60kV 及以上进线有电缆段的 GIS 变电所的防雷接线如图 7-23 所示，在电缆段与架空线路的连接处应装设金属氧化物避雷（F1），其接地端应与电缆的金属外皮连接。对三芯电缆，末端的金属外皮应与 GIS 管道金属外壳连接接地，如图 7-23a 所示；对单芯电缆，应经金属氧化物电缆护层保护器（FC）接地，如图 7-23b 所示。电缆末端至变压器或 GIS 一次回路的任何电气部分间的最大电气距离不超过前述值，可不装设 F2。与电缆相连的架空线进线段长度不小于 2km，且应符合进线段保护要求。

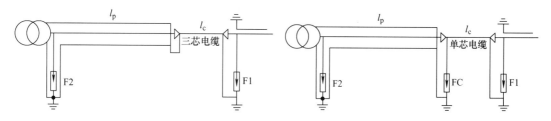

a) 三芯电缆段进线的GIS变电所保护接线　　　　　　b) 单芯电缆段进线的GIS变电所保护接线

图 7-23　有电缆段进线的 GIS 变电所保护接线

7.3　旋转电机的防雷保护

旋转电机是指发电机、电动机及调相机等在正常运行中处于高速旋转状态的电气设备，其中又以发电机最为重要，一旦受到雷害，影响面广，损失严重。这里主要讨论发电机保护。

7.3.1　旋转电机防雷保护的特点

旋转电机的雷害事故率比变压器高，其防雷保护也比变压器困难很多。这是因为：

1）在相同电压等级的电气设备中，发电机的冲击电气强度最低。原因有：① 电机只能采用固体绝缘，其绝缘水平不可能太高，同时在制造过程中，电机绝缘容易受到损伤，出现空洞或缝隙，在运行中容易发生局部放电，导致绝缘劣化；同时电机绝缘运行条件恶劣，热、机械振动、污染、潮气以及局部放电产生的臭氧侵蚀都容易导致绝缘老化。② 电机绝缘中的电场比较均匀，在雷电冲击过电压下电气强度低。发电机主绝缘的出厂耐压值是相同电压等级的变压器出厂耐压值的 1/4 ~ 1/2.5。

2）电机绝缘的冲击耐压水平与保护它的避雷器（磁吹避雷器）的保护水平相差不多，裕度很小，即使采用氧化锌避雷器也不够，另外在运行中电机冲击耐压强度下降，裕度更小。因此发电机只靠避雷器保护是不够的，必须与电容器组、电抗器、电缆段保护配合使用，以提高保护效果。

3）发电机绕组的匝间电容很小并且不连续，匝间电容不能起到改善冲击电压分布的作用，电压波进入电机绕组后只能沿着绕组导体传播，每匝绕组的长度比较长，因此匝间过电压比较大，与进波的陡度 a 成正比，为了保护好电机的匝间绝缘，必须严格限制进波陡度（5kV/μs 以下）。另外从降低电机中性点过电压出发，也要求限制侵入波陡度。因为当三相来波为直角波时，会在电机中性点出现 2 倍来波幅值的过电压。若入侵波陡度较小，当来波尚未达到幅值时，波已在绕组中经过多次反射受到衰减，在中性点上的过电压就不会太高。

总之，旋转电机的防雷保护要求高、困难大，需要全面考虑绕组的主绝缘、匝间绝缘和中性点绝缘保护的要求。

7.3.2 旋转电机防雷保护的措施

根据电机与线路的连接方式，旋转电机可分为两大类：一类是经过变压器接到架空线上去的电机，简称非直配电机；另一类是直接与架空线相连（也可以通过电缆段、电抗器等元件与架空线相连）的电机，简称直配电机。因线路上的雷电波可以直接侵入直配电机，故直配电机的防雷保护需要特别予以关注。

1. 直配电机的防雷保护

直馈线的电压等级都在 10kV 及以下，绝缘水平较低。雷击线路或邻近线路的大地产生的直击雷或感应雷都有可能沿线路侵入，危及直配电机的绝缘。直配电机的防雷应根据电机容量、雷电活动强弱和对供电的可靠性要求确定，采用多种保护措施，图 7-24 所示为我国行业标准推荐的 25 ~ 60MW 直配发电机防雷保护接线。直配电机防雷的主要措施有以下几方面。

1）在发电机出线母线上装设一组保护旋转电机专用避雷器（图 7-24 中 F2）。这是限制进入发电机绕组的侵入波幅值的最后一关。

2）在发电机出线母线上装设一组并联电容器 C（图中 C = 0.25 ~ 0.5μF/相）。可以限制侵入波陡度和降低感应雷击过电压。为了保护发电机的匝间绝缘，侵入波陡度必须限制到 5kV/μs 以下。

3）插接一段电缆段（图中 A、B 之间，长度 150m 以上）。通过电缆屏蔽层对缆芯的分流，限制流入避雷器 F1 的冲击电流，以降低避雷器的残压。进线电缆应直接埋设在土壤中，以充分利用其屏蔽层的分流作用。

4）装设限制工频短路电流的电抗器（图 7-24 中 L）。它在防雷方面也能发挥降低侵入波陡度、减小流过 F2 的冲击电流进而降低 F2 上残压作用。图中 F1 避雷器用来保护电抗器

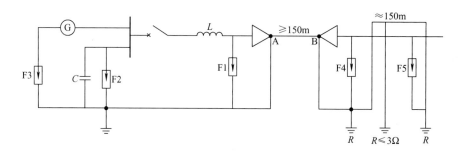

图 7-24　25～60MW 直配发电机的防雷保护接线

和电缆头的绝缘。

5）如发电机中性点有引出线时，在中性点加装一只旋转电机中性点避雷器进行中性点保护（图 7-24 中 F3）。

6）在架空进线段加装避雷线，并在进线段两端设置避雷器（图 7-24 中 F4、F5），限制侵入波电压。

即使采用了上述严密的保护措施后，仍然不能确保直配电机绝缘的绝对安全，因此我国标准仍规定 60MW 以上的发电机不能与架空线路直接连接，即不能以直配电机的方式运行。

2. 非直配电机的防雷保护

由于升压变压器低压侧接有发电机，等效电容较大，静电感应分量比较小，主要是电磁感应分量，高低绕组之间仍然保持着变比关系，传递过来的电压不会太大，只要电机的绝缘状态正常，一般不会构成威胁，因此把变压器保护好就可以了。但是在多雷地区，对发电机装设一组避雷器加以保护，再配上并联电容和中性点避雷器。

思考题与习题

1. 输电线路的防雷原则和措施是什么？

2. 输电线路的耐雷水平、建弧率、雷击跳闸率的含义是什么？

3. 图 7-6 所示线路的例题中，若线路架设在山区，杆塔冲击接地电阻 $R_{ch}=15\Omega$，其余条件不变，求该线路的耐雷水平和雷击跳闸率，并列出提高耐雷水平可采取的措施。

4. 试述绕击和反击的区别。

5. 变电所的直击雷防护需要考虑什么问题？为避免反击应采取什么措施？

6. 当用避雷器保护变压器时，避雷器动作后，为什么与之有一定电气距离变压器上的电压会高于避雷器的残压，最大允许电气距离如何估计？

7. 试述变电所进线保护段接线中各元件的作用。

8. 保护自耦变压器、三绕组变压器，以及变压器绕组中性点的避雷器如何配置？为什么？

9. 何谓配电变压器的反变换过电压？

10. 说明直配电机防雷保护的基本措施及其原理，以及电缆段对防雷保护的作用。

11. 下列不属于输电线路防雷措施的是（　　）。

(a) 加设避雷线　　　(b) 加设耦合地线　　　(c) 采用分裂导线　　　(d) 装设自动重合闸

12. 避雷器到变压器的最大允许电气距离（　　）。

(a) 随变压器多次截波耐压值与避雷器残压的差值增大而增大

(b) 随变压器冲击全波耐压值与避雷器冲击放电电压的差值增大而增大

(c) 随入侵波陡度增大而增大

(d) 随入侵波幅值增大而增大

13. 雷击线路时，线路绝缘不发生闪络的最大雷电流幅值称为（　　）。

(a) 地面落雷密度　　　(b) 耐雷水平　　　(c) 雷击跳闸率　　　(d) 击杆率

14. 雷击杆塔引起的线路绝缘闪络称为（　　）。

(a) 击穿　　　　　(b) 反击　　　　　(c) 直击　　　　　(d) 绕击

15. 雷击杆塔塔顶导致的感应雷过电压（　　）。

(a) 与雷电流幅值直接相关　　　　　(b) 与雷电波前时间直接相关

(c) 与雷电流波前陡度直接相关　　　(d) 随导线平均对地高度无关

16. GIS 变电所的特点之一是（　　）。

(a) 绝缘的伏秒特性更陡峭　　　　　(b) 波阻抗较高

(c) 与避雷器的电气距离较大　　　　(d) 绝缘没有自恢复能力

17. 图 7-25 所示为变电站主接线的示意图，避雷器装在母线上，变压器与避雷器之间的距离为 30m，今沿导线有一斜角波入侵，入侵波陡度 $\alpha = 300\text{kV}/\mu s$，波速 $v = 300\text{m}/\mu s$，已知避雷器的起始动作电压为 600kV，问避雷器在雷电波到达避雷器多久后动作（　　）。

(a) 1.0μs　　　(b) 1.1μs　　　(c) 1.2μs　　　(d) 1.5μs

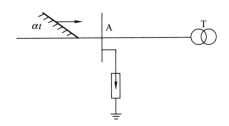

图 7-25　题 17 图

第7章自测题

第 8 章
电力系统内部过电压与绝缘配合

在电力系统中，除了前面所介绍的雷电过电压外，还经常出现另一类过电压——内部过电压。由于电力系统中的开关操作、故障或其他原因，使系统参数发生变化，在系统内部引起电磁能量转换和传递过程中产生的过电压，称为内部过电压。

内部过电压按其产生原因可以分为操作过电压和暂时过电压，而后者又包括谐振过电压和工频电压升高。前者因开关操作或故障导致电网参数突变而引起；后者因系统的电感电容参数配合发生变化引起。它们也可以按持续时间的长短来区分，一般操作过电压的持续时间在 0.1s（5 个工频周波）以内，而暂时过电压的持续时间要长得多。

与雷电过电压产生原因的单一性（雷电放电）不同，内部过电压因其产生原因、发展过程、影响因素的多样性，而具有种类繁多、机理各异的特点。下面的图解中列出了若干出现频繁、对绝缘水平影响较大、发展机理也比较典型的内部过电压：

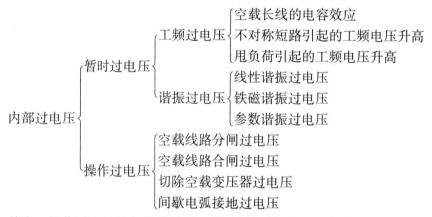

其中，操作过电压具有的特性为：① 持续时间短，一般在 0.1s 以内。② 过电压幅值大，可以采用某些限压保护装置及技术来加以限制。

暂时过电压具有的特性为：① 持续时间比较长。② 限压保护装置的通流能力和热容量都有限制，无法限制谐振过电压，只有在设计时尽量避免形成不利的谐振回路，并加装阻尼电阻等设备。③ 在选择电力系统绝缘水平时，要求各种绝缘能可靠耐受可能出现的谐振过电压，不再设置专门的限压保护措施。

前面介绍的雷电过电压是由外部能源（雷电）所产生，其幅值大小与电力系统的工作电压并无直接的关系，所以通常均以绝对值（单位：kV）来表示；而内部过电压的能量来源于电力系统本身，所以它的幅值大小与电力系统的工作电压大致上有一定的倍数关系，一般将内过电压的幅值 U_m 表示成系统的最高运行相电压幅值（标幺值，p.u.）的倍数 K，即 $U_m = K$ p.u.。

习惯上就用此过电压倍数表示内部过电压的大小。例如：某空载线路合闸过电压为 1.9

倍。这就表明合闸过电压的幅值为 $U_m = 1.9 \text{p. u.}$。

K 值与系统电网结构、系统运行方式、操作方式、系统容量的大小、系统参数、中性点运行方式、断路器性能、故障性质等诸多因素有关，并具有明显的统计性。我国电力系统绝缘配合要求内部过电压倍数不大于表 8-1 所列数值。

表 8-1　内部过电压倍数要求限制值

系统电压等级/kV	500	330	110 ~ 220	60 及以下
内部过电压倍数 K	2.4	2.75	3	4

8.1　暂时过电压

8.1.1　工频过电压

作为暂时过电压的一种，工频过电压（也称为工频电压升高）倍数不大，一般不会对电力系统的绝缘造成很大危害。但是在绝缘裕度较小的超高压和特高压输电系统的绝缘配合中，工频过电压是重要的考虑因素。这是因为：

1）工频电压升高的大小会直接影响操作过电压的实际幅值。工频电压升高大多是在线路空载或轻载条件下出现的，与多种操作过电压的发生条件相同，有可能同时出现，相互叠加，也可以说多种操作过电压都是在工频电压升高的基础上发生和发展的，所以在设计电网绝缘时，应计及它们的联合作用。

2）工频电压升高是决定某些过电压保护装置工作条件的重要依据。如避雷器灭弧电压就是按照电网单相接地时健全相上的工频电压升高来选定的，同时避雷器的额定电压必须大于连接点的工频电压升高，在同样的保护比下，额定电压越高，残压值越大，要求电气设备的绝缘水平也相应提高。

3）工频电压升高持续时间很长，对设备绝缘及其运行性能有重大影响。

1. 空载长线路电容效应引起的工频电压升高

输电线路具有感性阻抗，还有对地电容。在距离较短的情况下，工程上可用集中参数的感性阻抗 L、R 和电容 C_1、C_2 所组成的 π 形电路来等效，如图 8-1a 所示。一般线路的容抗远大于线路的感抗，故在线路末端空载（$\dot{I}_2 = 0$）的情况下，在首端电压 $\dot{U}_1$ 的作用下，回路中流过的电流为电容性电流 $\dot{I}_{C2}$。由于线路感性阻抗中 L 上的电压 $jX_L\dot{I}_{C2}$ 和电容 C_2 上电压 $\dot{U}_2$ 分别超前和滞后 $\dot{I}_{C2}$ 90°，电阻 R 上压降与 $\dot{I}_{C2}$ 同相，又 $\dot{U}_1 = \dot{U}_2 + R\dot{I}_{C2} + jX_L\dot{I}_{C2}$，由此可得到如图 8-1b 所示的相量图。

由图 8-1b 所示的相量图可以看到：空载线路末端电压值 $\dot{U}_2$ 较线路首端电压值 $\dot{U}_1$ 有较大的升高，这就是空载线路的电容效应（空载线路总体表现为电容性阻抗）所引起的工频电压升高或工频过电压。

对于距离较长的线路，一般需要考虑它的分布参数特性，输电线路就需要采用如图 8-2 所示的 π 形链式电路来等效。图中 L_0、C_0 分别表示线路单位长度的电感和对地电容，x 为线

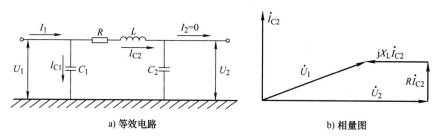

a) 等效电路   b) 相量图

图 8-1　线路集中参数 π 形等效电路及其末端开路时的相量图

路上某点到线路末端的距离，E 为系统电源电压，X_S 为系统电源等效电抗。

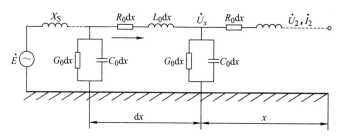

图 8-2　线路分布参数 π 形链式等效电路

为简化计算，忽略线路损耗，令 $R_0 = 0$，$G_0 = 0$。根据如图 8-2 所示的分布参数 π 型链式等效电路，可以求得线路上距末端 x 处的电压为

$$\dot{U}_x = \frac{\dot{E}\cos\theta}{\cos(\alpha l + \theta)}\cos\alpha x \tag{8-1}$$

$$\theta = \arctan\frac{X_S}{Z}$$

$$Z = \sqrt{\frac{L_0}{C_0}}$$

$$\alpha = \frac{\omega}{v}$$

式中，$\dot{E}$ 为系统电源电压；Z 为线路导线波阻抗；ω 为电源角频率；v 为光速。

由式（8-1）可见：

1）沿线路的工频电压从线路末端开始向首端按余弦规律分布，在线路末端电压最高。线路末端电压 $\dot{U}_2$ 为

$$\dot{U}_2 = \frac{\dot{E}\cos\theta}{\cos(\alpha l + \theta)}\cos\alpha x \Big|_{x=0} = \frac{\dot{E}\cos\theta}{\cos(\alpha l + \theta)} \tag{8-2}$$

将式（8-2）代入式（8-1）可得

$$\dot{U}_x = \dot{U}_2\cos\alpha x \tag{8-3}$$

这表明 $\dot{U}_x$ 为 αx 的余弦函数，且在 $x = 0$（即线路末端）处达到最大。

2）线路末端电压升高程度与线路长度有关。线路首端电压 $\dot{U}_1$ 为

$$\dot{U}_1 = \frac{\dot{E}\cos\theta}{\cos(\alpha l + \theta)}\cos\alpha x \bigg|_{x=l} = \frac{\dot{E}\cos\theta}{\cos(\alpha l + \theta)}\cos\alpha l = \dot{U}_2\cos\alpha l$$

$$\frac{\dot{U}_2}{\dot{U}_1} = \frac{1}{\cos\alpha l} \tag{8-4}$$

这表明线路长度 l 越长，线路末端工频电压比首端升高得越厉害。对架空线路，α 约为 $0.06°/\mathrm{km}$，当 $\alpha l = 90°$，即 $l = 90°/0.06°/\mathrm{km} = 1500\mathrm{km}$，$U_2 = \infty$。此时，线路恰好处于谐振状态。实际的情况是，这种电压的升高受到线路电阻和电晕损耗的限制，在任何情况下，工频电压升高将不会超过 2.9 倍。

3) 空载线路沿线路的电压分布。通常已知的是线路首端电压 $\dot{U}_1$。根据式(8-3) 及式(8-4) 可得

$$\dot{U}_x = \frac{\dot{U}_1}{\cos\alpha l}\cos\alpha x \tag{8-5}$$

线路上各点电压分布如图 8-3 所示。

4) 工频电压升高与电源容量有关。将式(8-1) 中 $\cos(\alpha l + \theta)$ 展开，并以 $\tan\theta = \dfrac{X_\mathrm{S}}{Z}$ 代入，可得

$$\dot{U}_x = \frac{\dot{E}}{\cos\alpha l - \dfrac{X_\mathrm{S}}{Z}\sin\alpha l}\cos\alpha x \tag{8-6}$$

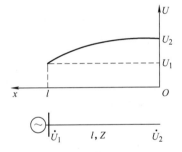

图 8-3　空载线路电压分布

由式(8-6) 可看出，X_S 的存在使线路首端电压升高从而加剧了线路末端工频电压的升高。电源容量越小（X_S 越大），工频电压升高越严重。当电源容量为无穷大时，$\dot{U}_x = \dfrac{\dot{E}}{\cos\alpha l}\cos\alpha x$，工频电压升高为最小。因此，为了估计最严重的工频电压升高，应以系统最小电源容量为依据。在单电源供电的线路中，应取最小运行方式时的 X_S 为依据。在双端电源的线路中，线路两端的断路器必须遵循一定的操作程序：线路合闸时，先合电源容量较大的侧，后合电源容量较小的一侧；线路切除时，先切电源容量较小的一侧，后切电源容量较大的一侧。这样的操作能减弱电容效应引起的工频过电压。

既然空载线路工频电压升高的根本原因在于线路中电容性电流在感抗上的压降使得电容上的电压高于电源电压，那么通过补偿这种电容性电流，从而削弱电容效应，就可以降低这种工频过电压。超高压线路由于其工频电压升高比较严重，常采用并联电抗器来限制工频过电压。并联电抗器视需要可以装设在线路的末端、首端或中部。并联电抗器降低工频过电压的效果，我们通过一具体例子加以说明。

【例 8-1】某 500kV 线路，长度为 250km，电源电抗 $X_\mathrm{S} = 263.2\Omega$，线路每单位长度电感和电容分别为 $L_0 = 0.9\mu\mathrm{H/m}$，$C_0 = 0.0127\mathrm{nF/m}$，求线路末端开路时末端的电压升高。若线路末端接有 $X_\mathrm{L} = 1837\Omega$ 的并联电抗器，求此时开路线路末端的电压升高。

解：
$$Z = \sqrt{\frac{L_0}{C_0}} = \sqrt{\frac{0.9 \times 10^{-6}}{0.0127 \times 10^{-9}}}\Omega = 266.2\Omega$$
$$\alpha l = 0.06 \times 250 = 15°$$

不接并联电抗器时，末端线路电压为

$$\dot{U}_2 = \frac{\dot{E}}{\cos\alpha l - \frac{X_S}{Z}\sin\alpha l} = \frac{\dot{E}}{\cos15° - \frac{263.2}{266.2}\sin15°} = 1.41\dot{E}$$

接入并联电抗器后，末端线路电压可用下列公式计算：

$$\dot{U}_2 = \frac{\dot{E}}{\left(1 + \frac{X_S}{X_L}\right)\cos\alpha l + \left(\frac{Z}{X_L} - \frac{X_S}{Z}\right)\sin\alpha l} = \frac{\dot{E}}{\left(1 + \frac{263.2}{1837}\right)\cos15° + \left(\frac{266.2}{1837} - \frac{263.2}{266.2}\right)\sin15°} = 1.13\dot{E}$$

可见，并联电抗器接入后可大大降低工频过电压。但是并联电抗器的作用不仅是限制工频电压升高，还涉及系统稳定、无功平衡、潜供电流、调相调压、自励磁及非全相状态下的谐振等因素。因而，并联电抗器容量及安装位置的选择需综合考虑。

2. 不对称故障引起的工频电压升高

不对称短路是电力系统中最常见的故障形式，当发生单相或两相对地短路时，健全相的电压都会升高，其中单相接地引起的电压升高更大一些。此外，阀式避雷器的灭弧电压通常也就是依据单相接地时的工频电压升高来选定的。所以下面将只讨论单相接地的情况。

单相接地时，故障点各相的电压、电流是不对称的，为了计算健全相上的电压升高，通常采用对称分量法和复合序网进行分析，不仅计算方便，且可计及长线的分布特性。

当 A 相接地时，可求得 B、C 两健全相上的电压为

$$\left.\begin{array}{l} \dot{U}_B = \dfrac{(a^2 - 1)Z_0 + (a^2 - a)Z_2}{Z_0 + Z_1 + Z_2}\dot{U}_{A0} \\[4mm] \dot{U}_C = \dfrac{(a - 1)Z_0 - (a^2 - a)Z_2}{Z_0 + Z_1 + Z_2}\dot{U}_{A0} \\[4mm] a = e^{j2\pi/3} \end{array}\right\} \tag{8-7}$$

式中，$\dot{U}_{A0}$ 为正常运行时故障点 A 相电压；Z_1、Z_2、Z_0 分别为从故障点看去的电网正序、负序和零序阻抗。

若忽略电阻，而且电源容量较大的系统 $Z_1 \approx Z_2$，则式(8-7) 可改写为

$$\left.\begin{array}{l} \dot{U}_B = \left[-\dfrac{1.5\dfrac{X_0}{X_1}}{2 + \dfrac{X_0}{X_1}} - j\dfrac{\sqrt{3}}{2}\right]\dot{U}_{A0} \\[8mm] \dot{U}_C = \left[-\dfrac{1.5\dfrac{X_0}{X_1}}{2 + \dfrac{X_0}{X_1}} + j\dfrac{\sqrt{3}}{2}\right]\dot{U}_{A0} \end{array}\right\} \tag{8-8}$$

B、C 相电压的模值为

$$U_{B} = U_{C} = \sqrt{\left(\dfrac{1.5\dfrac{x_0}{x_1}}{2+\dfrac{x_0}{x_1}}\right)^2 + \dfrac{3}{4}}\, U_{A0} = KU_{A0} \qquad (8\text{-}9)$$

式中，K 称为接地系数，$K = \sqrt{\left(\dfrac{1.5\dfrac{x_0}{x_1}}{2+\dfrac{x_0}{x_1}}\right)^2 + \dfrac{3}{4}}$，它表示单相接地时健全相的最高对地工频电

压有效值与无故障时对地电压有效值之比。根据接地系数 K 的定义式即可绘制出图 8-4 所示的 K 与 X_0/X_1 的关系曲线。

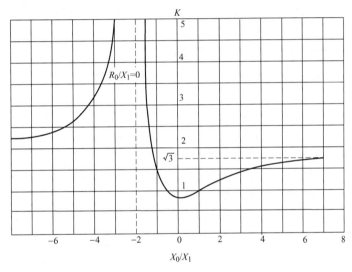

图 8-4　单相接地时健全相的工频电压升高

下面按照电力系统中性点接地方式分别分析健全相电压升高的程度。

1）中性点不接地系统，零序电流不能流过三相变压器，零序电抗是线路对地容抗，为负值，正序电抗则为感性，K 为负值，单相接地时健全相上的工频电压升高约为额定值的 1.1 倍，因此避雷器的灭弧电压按 110% U_n（线电压）选择，避雷器的灭弧电压也即其额定工作电压，也就是在发生短时工频电压升高时避雷器仍然能够可靠运行一段时间，称为 "110% 避雷器"。

2）中性点经消弧线圈接地的 35～60kV 系统，在过补偿状态下运行时，X_0 为很大的正值，单相接地时健全相上的电压为额定电压，避雷器的额定电压稍大于额定线电压，称为 "100% 避雷器"。

3）中性点有效接地的 110kV 及以上电网，X_0 为不大的正值，单相接地时健全相上的电压升高不大于 $0.8U_n$，故采用 "80% 避雷器"。

3. 甩负荷引起的工频电压升高

当断路器由于某种原因甩负荷时，会在原动机与发电机内部引起一系列机电暂态过程，引起工频电压升高。

在突然甩负荷的瞬间，发电机的磁链不能突变，将维持甩负荷前正常运行时的暂态电动

势 E'_d 不变，原来负荷的电感电流对发电机主磁通突然消失，而空载线路的电容电流对发电机主磁通起助磁作用使 E'_d 上升，加剧了工频电压的升高。

从机械过程来看，发电机突然甩掉一部分负荷后，原动机的调速系统有一定惯性，短时间内输入原动机的功率来不及减少，将使发电机转速增大，电源频率升高，发电机电动势随转速的升高而升高，而且还会使线路的容抗减小，加剧线路的电容效应，从而引起较大的工频电压升高。

在实际运行中，220kV 及以下的系统不需要采取特殊措施来限制工频电压升高。但是在 330～500kV 超高压电网中，应采用并联电抗器或静止补偿装置等措施来限制工频电压升高。

8.1.2　谐振过电压

电力系统中有许多电感、电容元件，例如电力变压器、互感器、发电机、电抗器等的电感，线路导线的对地与相间电容、补偿用的串联和并联电容器组、各种高压设备的等效电容，它们的组合可以构成一系列不同自振频率的振荡回路。当系统进行操作或发生故障时，某些振荡回路就有可能与外加电源发生谐振现象，导致系统中某些部分（或设备）上出现过电压，这就是谐振过电压。

谐振是一种周期性或准周期性的运行状态，其特征是某一个或某几个谐波的幅值急剧上升。复杂的电感、电容电路可以有一系列的自振频率，而电源中也往往含有一系列的谐波，因此只要某部分电路的自振频率与电源的谐振频率之一相等（或接近）时，这部分电路就会出现谐振现象。谐振频率，也即谐振过电压的频率可以是工频 50Hz，也可以是高于工频的高次频率，也可以是低于工频的分次频率。

1. 谐振过电压的类型

不同电压等级以及不同结构的电力系统中可以产生不同类型的谐振，按其性质可分为以下三类：

（1）线性谐振

线性谐振是电力系统中最简单的谐振形式。线性谐振电路中的参数是常数，不随电压或电流变化，这些电路元件主要是不带铁心的电感元件（如线路电感和变压器漏感）或励磁特性接近线性时的有铁心电感（如消弧线圈，其铁心中通常有空气隙），以及系统中的电容元件（如线路对地与相间电容、设备等效电容、补偿电容等）。在正弦交流电源作用下，当系统自振频率与电源频率相等或接近时，就发生线性谐振。

在电力系统运行中，可能出现的线性谐振有：空载长线路电容效应引起的谐振，中性点非有效接地系统中对称接地故障时的谐振（系统零序电抗与正序电抗在特定配合下），消弧线圈全补偿时（欠补偿的消弧线圈在遇某些情况时会形成全补偿）的谐振以及某些传递过电压的谐振。

（2）参数谐振

参数谐振是指水轮发电机在正常的同步运行时，直轴同步电抗 X_d 与交轴同步电抗 X_q 周期性地变动，或同步发电机在异步运行时，其电抗将在 $X_d \sim X_q$ 之间周期性地变动，如果与发电机外电路的容抗 X_C 满足谐振条件，就有可能在电感参数周期性变化的振荡回路中，激发起谐振现象，称为参数谐振。

（3）铁磁谐振（非线性谐振）

铁磁谐振回路是由带铁心的电感元件（如变压器、电压互感器）和系统的电容元件组成。因铁心电感元件的饱和现象，使回路的电感参数是非线性的，这种含有非线性电感元件的回路，在满足一定谐振条件时，会产生铁磁谐振，在电力系统中可引起严重事故。

2. 铁磁谐振过电压

铁磁谐振仅发生于含有铁心电感的电路中。铁心电感的电感值随电压、电流的大小而变化，不是一个常数，所以铁磁谐振又称为非线性谐振。

为了探讨这种过电压最基本的物理过程，可以用图8-5中最简单的 R、C 和铁心电感 L 的串联电路。假设在正常运行条件下，其初始状态是感抗大于容抗，即 $\omega L_0 > \dfrac{1}{\omega C}$，此时不具备线性谐振条件。但当铁芯电感两端电压有所升高时，或电感线圈中出现涌流时，就有可能使铁心饱和，其感抗随之减小，当降至 $\omega L = 1/(\omega C)$ （即 $\omega = \omega_0 = \dfrac{1}{\sqrt{LC}}$），满足串联谐振条件时发生谐振，且在电感和电容

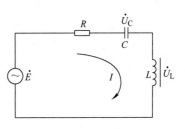

图8-5　串联铁磁谐振回路

两端形成过电压，这种现象称为铁磁谐振现象。

因为谐振回路中电感不是常数，故回路没有固定的自振频率（即 ω_0 非定值）。当谐振频率 f_0 为工频（50Hz）时，回路的谐振称为基波谐振；当谐振频率为工频的整数倍（如3倍、5倍等）时，回路的谐振称为高次谐波谐振；同样的回路中也可能出现谐振频率为分次（如 1/3 次、1/5 次等）的谐振，称为分次谐波谐振。因此，具有各种谐波谐振的可能性是铁磁谐振的重要特点，此特点是线性谐振所没有的。

在图8-6中分别画出了电感上的电压 U_L 及电容上的电压 U_C 与电流 I 的关系（电压、电流均以有效值表示）。由于电容是线性的，所以 U_C 是一条直线 $U_C = \dfrac{I}{\omega C}$；随着电流的增大，铁心出现饱和现象，电感 L 不断减小，设两条伏安特性相交于 P 点。

由于 $\dot{U}_L$ 与 $\dot{U}_C$ 的相位相反，当 $\omega L > \dfrac{1}{\omega C}$，即 $U_L > U_C$ 时，电路中的电流是感性的；但当 $I > I_P$ 以后，$U_C > U_L$，电流变为容性。忽略回路电

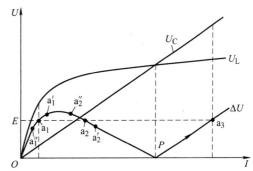

图8-6　串联铁磁谐振回路的伏安特性

阻，由回路元件上的压降与电源电动势的平衡关系可得

$$\dot{E} = \dot{U}_L + \dot{U}_C \tag{8-10}$$

上面的平衡式也可以用电压降总和的绝对值 ΔU 来表示，即

$$E = \Delta U = |U_L - U_C| \tag{8-11}$$

ΔU 与 I 的关系曲线亦在图8-6中绘出。

电动势 E 和 ΔU 曲线相交点，就是满足上述平衡方程的点。由图8-6中可以看出，有 a_1、a_2、a_3 三个平衡点，但这三点并不都是稳定的。研究某一点是否稳定，可假定回路中有一微小的扰动，分析此扰动是否能使回路脱离该点。例如 a_1 点，若回路中电流稍有增加，

$\Delta U > E$，即电压降大于电动势，使回路电流减小，回到 a_1 点。反之，若回路中电流稍有减小，$\Delta U < E$，电压降小于电动势，使回路电流增大，同样回到 a_1 点。因此 a_1 点是稳定点。用同样的方法分析 a_2、a_3 点，即可发现 a_3 也是稳定点，而 a_2 是不稳定点。

同时，从图 8-6 中可以看出，当电动势较小时，回路存在着两个可能的工作点 a_1、a_3，而当 E 超过一定值以后，可能只存在一个工作点。当有两个工作点时，若电源电动势是逐渐上升的，则能处在非谐振工作点 a_1。为了建立起稳定的谐振点 a_3，回路必须经过强烈的扰动过程，例如发生故障、断路器跳闸、切除故障等。这种需要经过过渡过程建立的谐振现象称之为铁磁谐振的"激发"。而且一旦"激发"起来以后，谐振状态就可以保持很长时间，不会衰减。

根据以上分析，铁磁谐振有如下特点：

1）产生串联谐振的必要条件是，电感和电容的伏安特性必须相交，即 $\omega L_0 > 1/(\omega C)$。

2）对铁磁谐振回路，在同一电势源作用下可能不止一个稳定工作状态。在外界激发下，回路可能从非谐振状态跃变到谐振状态，电路从感性变为容性，发生相位反倾，同时产生过电压和过电流。

3）铁磁元件的非线性是产生铁磁谐振过电压的根本原因，但其饱和特性本身又限制了过电压的幅值。回路中的损耗也会使过电压降低。

电力系统中的铁磁谐振过电压常发生在非全相运行状态中，其中电感可以是空载变压器或轻载变压器的励磁电感、消弧线圈的电感、电磁式电压互感器的电感等，电容是导线的对地电容、相间电容以及电感线圈对地的杂散电容等。

为了限制和消除铁磁谐振过电压，人们已找到了许多有效的措施：

1）改善电磁式电压互感器的特性，或改用电容式电压互感器。

2）在电压互感器开口三角绕组中接入阻尼电阻，或在电压互感器一次绕组的中性点对地接入电阻。

3）通过装设并联电容器或改用电缆，增大对地电容，从参数搭配上避开谐振。

4）特殊情况下，将系统中性点临时经电阻接地或直接接地，或投入消弧线圈，也可按事先规定投入某些线路或改变电路参数，消除谐振过电压。

3. 几种常见的谐振过电压

(1) 传递过电压

传递过电压发生于中性点绝缘或经消弧线圈接地的电网中。在正常运行条件下，此类电网的中性点位移电压很小（当三相平衡运行，即零序电流为零时，中性点位移电压为零）。但是，当电网中发生不对称接地故障、断路器非全相或不同期操作时，中性点位移电压将显著增大，通过静电耦合和电磁耦合，在变压器的不同绕组之间或者相邻的输电线路之间会发生电压的传递现象，若此时在不利的参数配合下使耦合回路处于线性串联谐振或铁磁谐振状态，那就会出现线性谐振过电压或铁磁谐振过电压，这就是传递过电压。

下面就发电机—升压变压器接线分析这种传递过电压的产生过程。图 8-7a 为一发电机—升压变压器组的接线图。

变压器高压侧相电压为 U_x，中性点经消弧线圈接地（或中性点绝缘），C_{12} 为变压器高低压绕组间的耦合电容，C_0 为低压侧每相对地电容，L 为低压侧对地等效电感（包括消弧线圈电感与电压互感器励磁电感）。当发生前面所述不对称接地等故障时，将出现较高的高压

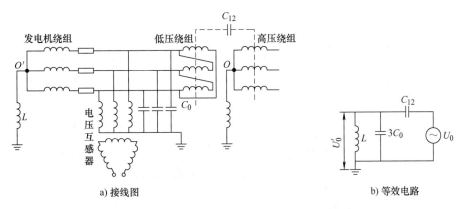

a) 接线图   b) 等效电路

图 8-7 发电机—变压器组的接线图与等效电路

侧中性点位移电压 $\dot{U}_0$，$\dot{U}_0$ 即零序电压（单相接地时 $\dot{U}_0$ 达相电压 $\dot{U}_x$）。$\dot{U}_0$ 的电压将通过静电与电磁的耦合传递至低压侧。考虑主要通过耦合电容 C_{12} 的静电耦合时，等效电路见图 8-7b，传递至低压侧的电压为 $\dot{U}_0'$。通常低压侧消弧线圈采取过补偿运行，所以 L 与 $3C_0$ 并联后呈感性，即并联后阻抗 $\dfrac{1}{\dfrac{1}{\omega L}-3\omega C_0}$ 为感性阻抗。在特定情况下，当 $\dfrac{1}{\dfrac{1}{\omega L}-3\omega C_0}=\dfrac{1}{\omega C_{12}}$ 时，将发生串

联谐振，$\dot{U}_0'$ 达到很高的数值，即出现了传递过电压。当出现这种传递过电压，同时伴随消弧线圈、电压互感器等的铁心饱和时可表现为铁磁谐振，否则为线性谐振。

防止传递过电压的办法首先是尽量避免出现中性点位移电压，如尽量使断路器三相同期动作，不出现非全相操作等措施；其次是适当选择低压侧消弧线圈的脱谐度，如错开串联谐振条件 $\omega L=\dfrac{1}{\omega C_{12}+3\omega C_0}$。

（2）断线引起的谐振过电压

电力系统中的铁磁谐振过电压常发生在非全相运行状态中，其中断线过电压是较为常见的一种。这里所说的"断线"是泛指导线因故障折断、断路器非全相操作及熔断器一相或二相熔断等非全相运行。只要电源侧和受电侧中任一侧中性点不接地，那么非全相运行时都可能出现谐振过电压，导致避雷器爆炸、负载变压器相序反倾和电气设备绝缘闪络等现象。

对于断线过电压，最常遇到的是三相对称电源供给不对称三相负载。下面以中性点不接地系统线路末端接有空载（或轻载）变压器，变压器中性点不接地，其中一相（例如 A 相）导线断线为例分析断线过电压的产生过程。

如图 8-8a 所示，线路末端接有空载变压器，A 相导线断线。由于电源三相对称，且当 A 相断线后，B、C 相在电路上完全对称，因而图 8-8a 所示的电路可以简化成图 8-8b 所示的单相等效电路，这个电路可应用戴维南定理进一步简化成如图 8-9 所示的等效串联谐振电

路。此等效电路中的等效电动势 $\dot{E}$ 就是图 8-8b 中 a、b 两点间的开路电压，而等效电容 C 就是 a、b 间的入口电容。

由图 8-9 串联谐振电路可求出不发生断线基波铁磁谐振电压的条件

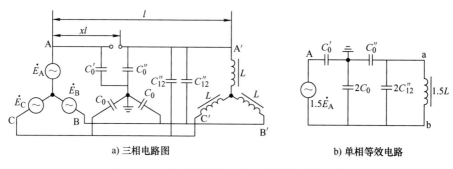

a) 三相电路图　　　　　　　　　b) 单相等效电路

图 8-8　中性点不接地系统一相断线时的电路

$$\omega C \leqslant \frac{1}{1.5\omega L}$$

以及计算出断线时可能产生基波铁磁谐振的电容值（与线路长度有关）范围。

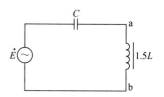

图 8-9　等效串联谐振电路

这种断线铁磁谐振过电压的出现可能会通过静电和电磁耦合传递至绕组的另一侧，即所谓传递过电压，对电力系统运行影响很大。

为了防止和限制断线过电压，除了加强线路巡视和检修，避免发生断线外，常采取的措施有：

1）不采用熔断器和减少三相断路器的不同期操作，尽量使三相同期。

2）在中性点有效接地系统中，操作时应将原来不接地的负载变压器中性点临时接地，以破坏形成铁磁谐振的条件。

（3）电磁式电压互感器饱和引起的谐振过电压

在中性点不接地系统中，为了监视三相对地电压，在发电厂变电站的母线上常接有 Y_N 接线的电磁式电压互感器，如图 8-10a 所示。$L_1 = L_2 = L_3 = L$ 为电压互感器各相的励磁电感，$\dot{E}_A$、$\dot{E}_B$、$\dot{E}_C$ 为三相电源电动势，C_0 为各相导线对地电容。

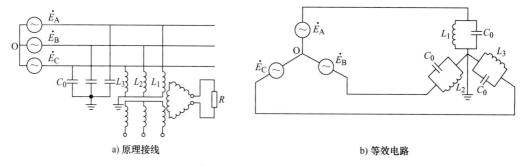

a) 原理接线　　　　　　　　　　b) 等效电路

图 8-10　带有 Y_N 接线电压互感器的三相回路

正常运行时，电压互感器的励磁阻抗是很大的，所以每相阻抗（L 和 C_0 并联）呈容性，对应的导纳 $Y_1 = Y_2 = Y_3$，三相对地负载基本平衡，电网中性点 O 的位移电压很小。但当电网中出现某些扰动时，使两相（或一相）电压瞬时升高，使互感器两相（或一相）励磁电流突然增大，铁芯饱和。由于各相饱和程度的不同，就可能出现较高的中性点位移电压，可

能激发起谐振过电压。中性点位移电压为

$$U_O = \frac{E_A Y_1 + E_B Y_2 + E_C Y_3}{Y_1 + Y_2 + Y_3}$$ (8-12)

如果在正常状态下各相导纳呈容性，那么由于扰动的结果，假定使 B 相和 C 相对地电压瞬时升高，L_2 和 L_3 将减小，电感电流增大，可能使 B、C 两相的导纳变成电感性的，结果使总导纳 $Y_1 + Y_2 + Y_3$ 显著减小，从而使位移电压 U_O 大大增加。如果参数配合不当，恰好使总导纳接近于零，就将产生串联谐振现象，使中性点位移电压急剧上升。此时，三相导线对地电压等于各相电源电动势和中性点位移电压的相量和，如图 8-11 所示。在电网运行中，通常发生两相对地电压升高，一相对地电压降低，这与系统内出现单相接地时的现象相仿，但实际上并不是单相接地，所以称为"虚幻接地"现象。显然，中性点位移电压 U_O 越高，相对地的过电压也越高。

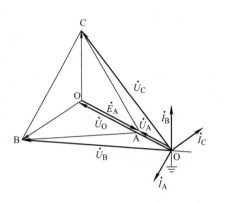

图 8-11　中性点位移时三相电压相量图

由于回路参数及外界激发条件的不同，可能造成分频、工频或高频不同形式的铁磁谐振过电压。若是基波谐振，则可能出现两相对地电压升高；若是谐波谐振，则可能导致三相对地电压同时升高，或引起"虚幻接地"现象。在分频谐波谐振时可能导致相电压以低频（每秒一次左右）摆动。此时电压互感器的励磁电抗低，且由于铁磁非线性特性，使励磁电流大为增加，可高达额定励磁电流的几十倍甚至上百倍以上，虽然此时分频过电压一般不超过 2p. u.，但此极大的励磁电流会烧坏熔丝或引起互感器严重过热，进而冒油、烧损或爆炸。

8.2　操作过电压

操作过电压是在电力系统中由于操作所引起的一类过电压。这里所称的操作，包括正常的操作如空载线路的合闸与分闸，还包括非正常的故障，如线路通过间歇性电弧接地。

产生操作过电压的原因是：在电力系统中存在储能元件的电感与电容，当正常操作或故障时，电路状态发生了改变，由此引起了振荡的过渡过程，这样就有可能在系统中出现超过正常工作电压的过电压，这就是操作过电压。在振荡的过渡过程中，电感的磁场能量与电容的电场能量互相转换。在某一瞬间储存于电感中的磁场能量会转变为电容中的电场能量，由此在系统中就出现数倍于系统电压的操作过电压。

操作过电压有如下特点：

1）持续时间比较短。操作过电压的持续时间虽比雷电过电压长，但比工频过电压短得多，一般在几毫秒至几十毫秒。操作过电压存在于暂态过渡过程之中，当同时又存在工频电压升高时，操作过电压表现为在工频过电压基础上迭加暂态的振荡过程，可使操作过电压的幅值达到更高的数值。

2）由于电感中磁场能量与电容中电场能量都来源于系统本身，所以操作过电压幅值与系统相电压幅值有一定倍数关系。

3）操作过电压的幅值与系统的各种因素有关，且具有强烈的统计性。在影响操作过电压的各种因素中，系统的接线与断路器的特性起着很重要的作用。另外，许多影响操作过电压的因素，如影响合闸过电压的合闸相位等因素有很大的随机性，因此操作过电压的具体幅值也具有很大的随机性，但是不同幅值操作过电压出现的概率服从一定的规律分布，这就是操作过电压的统计特性。一般认为操作过电压幅值近似以正态分布规律分布。

4）各类操作过电压依据系统的电压等级不同，显示的重要性也不同。在电压等级较低的中性点绝缘的系统中，单相间隙电弧接地过电压最引人注意。对于电压等级较高的系统，随着中性点的直接接地，切空载变压器与空载线路分闸过电压就较为突出。而在超高压系统中，空载线路合闸过电压已成为重要的操作过电压。

5）操作过电压是决定电力系统绝缘水平的依据之一。系统电压等级越高，操作过电压的幅值随之也越高，另一方面，由于避雷器性能在高电压等级系统中的不断改善，大气过电压保护的不断完善，使得操作过电压对电力系统绝缘水平的决定作用越来越大。在超高压系统中，操作过电压对某些设备的绝缘选择将逐渐起着决定性的作用。

由于系统运行方式、故障类型、操作过程的复杂多样，以及其他各种随机因素的影响，所以对操作过电压的定量分析，大都依靠系统中的实测记录、模拟研究以及计算机计算。本节就几种常见操作过电压进行一些定性的分析，分析各种操作过电压的形成机理、影响过电压幅值的因素以及常用的过电压限制措施。

8.2.1 空载线路分闸过电压

空载线路的分闸（切除空载线路）是电网中最常见的操作之一。对于单端电源的线路，正常或事故情况下，在将线路切除时，一般总是先切除负荷，后断开电源，那么后者的操作即为切除空载线路。而对于两端电源的线路，由于两端的断路器分闸时间总是存在一定的差异（一般约为 0.01 ~ 0.05s），所以无论哪一端先断开，后断开的操作即为空载线路的分闸。运行经验表明，在 35 ~ 220kV 电网中，都曾因为切除空载线路时出现过电压而引起多次绝缘闪络和击穿。经统计，切除空载线路时出现的过电压——空载线路分闸过电压不仅幅值高，而且持续时间长，可达 0.5 ~ 1 个工频周期以上。所以在确定 220kV 及以下电网绝缘水平时，空载线路分闸过电压是最重要的操作过电压。

空载线路分闸过电压是空载线路分闸操作时，在空载线路上出现的过电压。初看起来，线路既从电源断开，哪来过电压？问题是断路器分闸后，断路器触头间可能会出现电弧的重燃，电弧重燃又会引起电磁暂态的过渡过程，从而产生这种切空载线路过电压。所以，产生这种过电压的根本原因是断路器开断空载线路时断路器触头间出现电弧重燃。切除空载线路时，流过断路器的电流为线路的电容电流，其比起短路电流要小得多。但是能够切断巨大短路电流的断路器却不一定能够不重燃地切断空载线路，这是因为断路器分闸初期，触头间恢复电压值较高，断路器触头间抗电强度耐受不住高幅值恢复电压而引起电弧重燃。

1. 过电压形成的物理过程

空载线路是容性负载，定性分析时可用 T 形集中参数电路来等效，如图 8-12a 所示。图中 L_T 为线路电感，C_T 为线路对地电容，L_S 为电源系统等效电感（即发电机、变压器漏感之和），$e(t)$ 为电源电动势。图 8-12a 的电路可以进一步简化成图 8-12b 所示的等效电路。

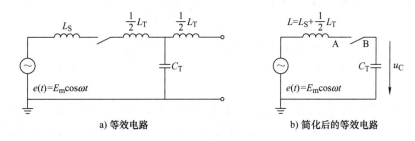

a) 等效电路   b) 简化后的等效电路

图 8-12　切除空载线路时的等效电路

下面就图 8-12b 所示的等效电路来分析空载线路分闸过电压的形成与发展过程。设电源电动势

$$e(t) = E_m \cos\omega t$$

则电流

$$i(t) = \frac{E_m}{X_{C_T} - X_L}\cos(\omega t + 90°)$$

因此，电流 $i(t)$ 超前电源电压 $e(t)$ 90°。

在空载线路分闸过程中，电弧的熄灭和重燃具有很大的随机性，在以下的分析过程中，以产生过电压最严重的情况来考虑。

（1）$t = t_1$ 时，发生第一次熄弧

如图 8-13 所示，$t = t_1$ 时，$e(t) = E_m$，由于电流超前电源电压 90°，所以此时流过断路器的工频电流恰好为零。此时断路器分闸，断路器断口 A、B 间第一次断弧。若断路器不在 t_1 时刻分闸，设在 t_1 前工频半周内任何一个时刻分闸，只要不发生电流的突然截断现象，断路器断口间电弧总是要等到电流过零，也在 $t = t_1$ 时才会熄灭。

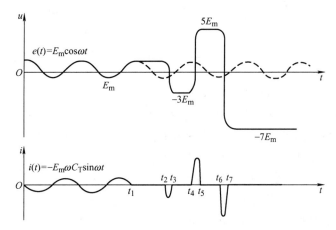

图 8-13　空载线路分闸过电压的产生过程

t_1—第一次熄弧　t_2—第一次重燃　t_3—第二次熄弧　t_4—第二次重燃

t_5—第三次熄弧　t_6—第三次重燃　t_7—第四次熄弧

断路器分闸后，线路电容 C_T 上的电荷无处泄漏，使得线路上保持这个残余电压 E_m。即图 8-12 中断路器断口 B 侧对地电压保持 E_m。然而断路器断口 A 侧的对地电压在 t_1 之后仍要

按电源作余弦规律的变化（见图 8-13 中的虚线），断路器触头间（即断口间）的恢复电压 u_{AB} 为

$$u_{AB} = e(t) - E_m = -E_m(1 - \cos\omega t)$$

$t = t_1$ 时，$u_{AB} = 0$，随后恢复电压 u_{AB} 越来越高，在 $t = t_2$（再经过半个周期）时达到最大为 $2E_m$。

在 t_1 之后若断路器触头间去游离能力很强，触头间抗电强度的恢复超过恢复电压的升高，则电弧从此熄灭，线路被真正断开，这样无论在母线侧（即断口 A 侧）或线路侧（即断口 B 侧）都不会产生过电压。但若断路器断口间抗电强度的恢复赶不上断口间恢复电压的升高，断路器触头间（即断口间）可能发生电弧重燃。

（2）$t = t_2$ 时发生第一次重燃

电弧重燃时刻具有强烈的统计性，从而使这种过电压的数值大小也具有统计性。当考虑过电压最严重的情况时，假定在恢复电压 u_{AB} 达到最大时发生电弧重燃，也即在图 8-13 中 $t = t_2$ 时发生第一次电弧重燃。此刻电源电压 $e(t)$ 通过重燃的电弧突然加在 L 和具有初始值 E_m 的线路电容 C_T 上，而此回路是一振荡回路，所以电弧重燃后将产生暂态的振荡过程，而在振荡过程中就会产生过电压。振荡回路的固有频率 $f_0 = \dfrac{1}{2\pi\sqrt{L_S C_T}}$ 要比工频 50Hz 大得多，因而 $T_0 = 1/f_0$ 要比工频周期 0.02s 小得多，这样可以认为在暂态高频振荡期间电源电压 $e(t)$ 保持 t_2 时的值 $-E_m$ 不变。若不计及回路损耗所引起的电压衰减，则线路上的过电压幅值可按下式估算：

过电压幅值 = 稳态值 + （稳态值 - 初始值）= $-E_m + (-E_m - E_m) = -3E_m$

（3）$t = t_3$ 时发生第二次熄弧

当线路上电压（即 C_T 上电压）振荡达到最大值 $-3E_m$ 瞬间，由于振荡回路中流过的是电容电流，故此瞬间断路器中流过的高频振荡电流恰好为零，此时（t_3 时刻）电弧第二次熄灭（断路器试验的示波图表明，电弧几乎全部都在高频振荡电流第一次过零瞬间熄灭）。电弧第二次熄灭后，线路对地电压保持 $-3E_m$，而断路器断口 A 侧的对地电压在 t_3 之后要按电源作余弦规律的变化（见图 8-13 中的虚线），断路器触头间恢复电压 u_{AB} 越来越高，再经半个工频周期将达最大（$4E_m$）。

（4）$t = t_4$ 时发生第二次重燃

考虑过电压最严重的情况，恢复电压 u_{AB} 达到最大 $4E_m$ 时发生电弧第二次重燃。电弧重燃后又要发生暂态的振荡过程，在此振荡过程中，C_T 上电压的初始值为 $-3E_m$，振荡过程结束后的稳态值为 E_m，所以产生的过电压幅值为

稳态值 + （稳态值 - 初始值）= $E_m + [E_m - (-3E_m)] = 5E_m$

假若继续每隔半个工频周期电弧重燃一次，则过电压将达 $-3E_m$、$5E_m$、$-7E_m$、… 越来越高，直到触头已有足够的绝缘强度，电弧不再重燃为止。

2. 影响过电压的因素

上述所分析的过电压产生过程是理想化的、考虑最为严重的情况。实际上不一定要等到触头两端达到最大值时才发生电弧重燃，也不一定在高频电流第一次过零时电弧就立即熄灭，在高频振荡时电源电压也会略有下降，线路上的电晕放电、泄漏电导等也会使过电压的最大值有所降低。影响过电压大小的主要因素归纳如下：

（1）电弧发生与熄灭的随机性

过电压的大小主要取决于电弧重燃的时刻以及灭弧时刻。这两个因素有很大的随机性，不但使过电压幅值受到很大的限制，而且具有统计性质，统计分布近似正态分布。若重燃提前发生，振荡幅值和相应的过电压会随之降低；同样，若熄弧发生在高频电流第二次过零或更后时刻，则线路上残留电压下降，也会使恢复电压及再次重燃引起的过电压大为下降。

（2）母线出线数

当母线上有多路出线时，相当于加大了母线电容。切除其中的一条线路时，工频电流过零时熄弧，被分闸的线路保持 $-E_m$，未分闸的线路电压按电源电压变化，半个周期后断路器触头间出现幅值为 $2E_m$ 的恢复电压，电弧可能重燃。在重燃的瞬间，未开断线路（电压为 E_m）上的电荷将迅速与断开线路（电压为 $-E_m$）上的残余电荷中和，使断开线路的残余电荷降为零（或为正），使得电弧重燃之后暂态过程中稳态值与起始值的差别变小，从而降低了过电压。

（3）线路负载及电磁式电压互感器

当线路末端有负载（如空载变压器）或线路侧装有电磁式电压互感器时，断路器分闸后，线路上的残余电荷经由它们释放，将降低重燃后的过电压。我国 220kV 线路的多次拉闸试验表明，如果被切除的线路上接有电磁式电压互感器，则可使最高过电压降低 30% 左右。

（4）中性点接地方式

在中性点直接接地系统中，各相自成独立的回路，相间电容影响不大，切除空载线路过电压的产生过程可以如上所述按单相分析，实测过电压一般不大于 3p.u. 。但在中性点非有效接地系统中，三相断路器分闸的不同期会形成瞬间的不对称电路，使中性点发生偏移，相间电容也将产生作用，使整个分闸过程变得更为复杂，在不利的条件下，过电压明显增大，一般比中性点直接接地时的过电压高 20% 左右。

3. 限制过电压的措施

目前降低切除空载线路过电压的主要措施为采用具有强灭弧能力的断路器。因为产生空载线路分闸过电压的主要原因是断路器开断后触头间电弧的重燃。目前降低这种过电压的措施主要有以下几种：

（1）提高断路器灭弧性能

因为产生空载线路分闸过电压的主要原因是断路器开断后触头间电弧的重燃，因此限制这种过电压的最有效措施是改善断路器的结构、提高触头间介质的恢复强度和灭弧能力，以减少或避免电弧重燃。已经广泛采用的 SF_6 断路器、压缩空气断路器、带压油式灭弧装置的少油断路器都大大改善了灭弧性能，在切除空载线路时，基本上不发生重燃，所以过电压也比较低。

（2）采用带并联电阻的断路器

通过断路器的并联电阻降低断路器触头间的恢复电压，避免电弧重燃，这也是限制这种过电压的一种有效措施。

如图 8-14 所示，在断路器主触头 S_1 上并联一分闸电阻 R（约 3000Ω），和辅助触头 S_2 一起实现线路的逐级开断。线路分闸时，主触头 S_1 先断开，此时 S_2 仍闭合，由于 R 串在回路中从而抑制了 S_1 断开后的振荡。而这时 S_1 触头两端间的恢复电压只是电阻 R 上的压降，

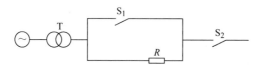

图 8-14　带并联电阻断路器以限制
空载线路分闸过电压

其值较低，故主触头间电弧不易重燃。经 1.5～2 个工频周期，辅助触头 S_2 断开，由于串入电阻后，线路上的稳态电压降低，线路上残余电压较低，故触头 S_2 上的恢复电压不高，S_2 中的电弧也就不易重燃。即使 S_2 触头间发生电弧重燃，由于电阻 R 的阻尼作用及对线路残余电荷的泄放作用，过电压也会显著下降。实践表明，即使在最不利情况下发生重燃，过电压实际也只有 2.28 倍。

　　此外，线路上接有电磁式电压互感器，以及线路末端接有空载变压器，也有助于降低这种空载线路分闸过电压。

8.2.2　空载线路合闸过电压

　　在电力系统中，空载线路的合闸也是常见的一种操作，通常分成正常（计划性）合闸和自动重合闸两种情况。由于合闸初始条件的不同，过电压大小是不同的。空载线路无论是计划性合闸还是自动重合闸，合闸之后要发生电路状态的改变，又由于 L、C 的存在，这种状态改变，即从一种稳态到另一稳态的暂态过程表现为振荡型的过渡过程，而过电压就产生于这种振荡过程中。振荡过程中最大过电压幅值同样可用下面公式估算：

$$过电压幅值 = 稳态值 + （稳态值 - 初始值）$$

　　1. 过电压形成的物理过程

　　（1）计划性合闸

　　在计划性合闸时，线路上不存在接地，线路上初始电压为零。如 8.2.1 节中图 8-12 所示空载线路等效电路，断路器合闸后，电源电压 $e(t)$ 通过系统等效电感 L 对空载线路的等效电容 C_T 充电，若合闸瞬间电源电压刚好为零则合闸后直接进入稳态而无暂态过程。若合闸时电源电压非零，则合闸后回路中将发生高频振荡过程。考虑过电压严重的情况，即在电源电压 $e(t)$ 为幅值 E_m（或 $-E_m$）时合闸，则合闸过电压的幅值 = 稳态值 + （稳态值 - 初始值）= $2E_m$（或 $-2E_m$）。考虑回路中存在损耗，最严重的空载线路合闸过电压要比 $2E_m$（或 $-2E_m$）低。

　　（2）自动重合闸

　　自动重合闸是线路发生故障跳闸后，由自动装置控制而进行的合闸操作，这是中性点直接接地系统中经常遇到的一种操作。如图 8-15 所示，当 C 相接地后，断路器 QF_2 先跳闸，然后断路器 QF_1 跳闸。在断路器 QF_2 跳开后，流过断路器 QF_1 中健全相的电流是线路电容电流，故当电流为零、电压达最大值时（两者相位差 90°），断路器 QF_1 熄弧。但由于系统内存在单相接地，健全相的电压将为（1.3～1.4）E_m，因此断路器 QF_1 跳闸熄弧后，线路上残余电压也将为此值。在断路器 QF_1 重合前，线路上的残余电荷将通过线路泄漏电阻入地，使线路残余电压有所下降，残余电压下降的速度与线路绝缘子污秽情况、气

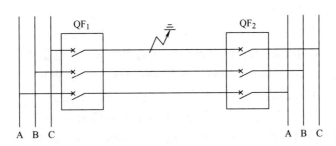

图 8-15   自动重合闸示意图

候条件有关。经 Δt 时间间隔后，QF_1 将重新合闸，此时假定线路残余电压已经降低了 30%，即为 $0.7 \times (1.3 \sim 1.4) E_m = (0.91 \sim 0.98) E_m$。

考虑过电压最严重的情况，即重合闸时电源电压恰好与线路残余电压极性相反且为峰值 $-E_m$，则合闸时过渡过程中最大过电压为 $-E_m + [-E_m - (0.91 \sim 0.98) E_m] = (-2.98 \sim -2.9) E_m$。在实际情况下，由于在重合闸时刻电源电压不一定恰好在峰值，也并不一定与线路残余电压极性相反，因此这时过电压的倍数还要低些。

若线路不采用三相重合闸，而是采用单相重合闸，则重合闸过电压与计划性合闸电压相同，因重合的故障相上无残余电压。

2. 影响过电压的因素

1）合闸相位。电源电压在合闸瞬间的瞬时值取决于它的相位，是一个随机量，若合闸不是在电源电压接近幅值时发生，则出现的合闸过电压就会低一些。

2）线路损耗。实际线路能量损耗主要有线路中电阻的阻尼作用，还有当电压超过导线的起晕电压时，导线上出现的电晕损耗。

3）线路残余电压的变化。自动重合闸之前，大约有 0.5s 的间歇期，导线上的残压电荷在这段时间内会泄放一部分，从而使线路的残压下降，有助于降低合闸过电压。若在线路侧接有电磁式电压互感器，则可以与线路电容组成阻尼振荡回路，使残余电荷在几个工频周期内泄放掉。

4）三相不同期合闸。断路器合闸时，总存在一定程度的三相不同期，因而形成三相电路瞬时不对称，由于三相之间存在互感及电容的耦合作用，在未合闸相上感应出与已合闸相极性相同的电压，该相合闸时可能出现反极性合闸的情况，以至产生高幅值的过电压。模拟试验表明，断路器的不同期合闸会使过电压幅值增高 10% ~ 30%。在超高压输电系统中采用单相自动重合闸，以降低合闸过电压。

5）变电所母线上出线数。当断路器 QF 合闸时，首先是合闸线路 l' 与被合闸线路 l 之间的高频率的电荷重新分配过程，其后是电源对接于母线上所有线路的低频充电过程。经过电荷重新分配后，总会使线路上电压的初始值与稳态值更接近，从而降低了过电压。

3. 限制过电压的措施

1）采用带有合闸电阻的断路器。带并联合闸电阻 R 的断路器如 8.2.1 节图 8-14 所示。

线路的合闸操作分两步进行。辅助触头 S_2 先闭合，电阻 R 的串入对回路中的振荡过程起阻尼作用，使过渡过程中过电压降低，电阻越大阻尼作用越强，过电压也就越低。经 1.5 ~ 2 个工频周期，主触头 S_1 闭合，将合闸电阻 R 短接，完成合闸操作。由于 S_1 闭合前主触头两

端的电位差即 R 上的压降，而 R 上压降由于之前的振荡被阻尼而较低，所以 S_1 闭合之后的过电压也就较低。很明显，此时 R 越小，S_1 闭合后过电压越低。从以上分析可见，辅助触头 S 闭合时要求合闸电阻 R 要大，而主触头 S_1 闭合时要求合闸电阻要小，两者同时考虑时，可以找到某一电阻值（对于 500kV 线路一般为 $400 \sim 600\Omega$），在此电阻值下，可将合闸过电压限制到最低（500kV 线路的合闸过电压可被限制到不超过 2 倍）。

2）选相（位）合闸。通过一些电子装置来控制断路器的动作时间，使断路器在触头间电位差接近于零时完成合闸操作，从而将合闸过电压降至尽可能低的程度。

3）采用单相自动重合闸。这是超高压线路都采取的有效措施，以此降低重合闸过电压。

4）装氧化锌避雷器。这种避雷器仅作为限制合闸过电压的后备措施以避免出现避雷器的频繁动作。

8.2.3　切除空载变压器过电压

切除空载变压器也是电力系统中常见的一种操作。空载变压器在正常运行时表现为一个电感，切除空载变压器就是开断一个小容量电感负荷，这时会在变压器和断路器上产生很高的过电压。

1. 过电压形成的物理过程

产生这种过电压的根本原因是断路器分闸时的截流现象。实验表明，在切断 100A 以上交流电流时开关触头间的电弧通常是在工频电流自然过零点熄灭的。当切除电流较小时，断路器的灭弧能力比较强，电弧往往提前熄灭，即电流会在自然过零之前就被强行切断，这就是截流现象。

图 8-16 为切除空载变压器单相等效电路，L_T 为变压器的励磁电感，C_T 为变压器绕组及连线对地电容。工频电压作用下，由于 $1/(\omega C_T) \gg \omega L_T$，因此 $i_C \ll i_L$，开关要切断的电流 $i = i_L + i_C \approx i_L$ 为感性小电流。

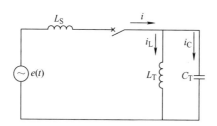

图 8-16　切除空载变压器等效电路

假如电流 i_L 在自然过零时被切断，电容 C_T 和电感 L_T 上的电压均为电源电压 U_φ，流过电感的电流为 0，此时总的能量是存储在电容中的电场能，切断后，电场能在电容和电感组成的回路中振荡并衰减至零，振荡最大电压（也就是全部能量全部转化成电场能时）也就是 U_φ，不会引起过电压。

如果电流在自然过零点之前被截断，设此时的电流瞬时值为 I_0，电压瞬时值为 U_0，切断瞬间在电容和电感中储存的能量为

$$W_L = L_T I_0^2 / 2$$

$$W_C = C_T U_0^2/2$$

这么多能量在 L_T 和 C_T 中振荡，在某一瞬间电磁能量全部转化为电场能量，电容 C_T 上出现最大电压 U_{max}，因此有

$$C_T U_{max}^2/2 = L_T I_0^2/2 + C_T U_0^2/2$$

$$U_{max} = \sqrt{\frac{L_T}{C_T}I_0^2 + U_0^2} \tag{8-13}$$

式中，Z_T 为变压器的特性阻抗，$Z_T = \sqrt{L_T/C_T}$。

Z_T 值很大，因此有 $L_T I_0^2/C_T \gg U_0^2$，可以忽略 U_0 得到

$$U_{max} \approx \sqrt{\frac{L_T}{C_T}I_0^2} = Z_T I_0 \tag{8-14}$$

从物理上讲，截流通常发生在电流曲线下降部分，设 I_0 为正值，U_0 则为负值。当突然灭弧时，电感中的电流不能突变，继续向电容充电，使电容上的电压向更大的负值方向增大。实际切除空载变压器的情况比较复杂，断路器触头间会发生多次电弧重燃，由于电弧重燃时，电容向电源放电，电容电压很快降低到电源电压，电弧熄灭，储能降低，在此瞬间电感中电流来不及变化。熄弧后电感继续对电容充电，恢复电压继续回升，再次发生重燃消耗储能，从而使过电压幅值变小。因此，用开断感性小电流时灭弧能力差的断路器切空载变压器不会产生高幅值的过电压。

2. 影响过电压的因素

1) 断路器性能。这种过电压的幅值与断路器的截流值 I_0 成正比。每种断路器开断时的截流值有很大分散性，但其最大可能截流值 $I_{0(max)}$ 有一定的限度，且基本上保持稳定，由此可以确定各种不同类型断路器所造成的切空载变压器过电压最大值。一般来讲，灭弧能力越强的断路器，切空载变压器过电压最大值也越大。

2) 变压器特性。变压器的空载励磁电流 $I_L = U_\varphi/(\omega L_T)$，若 $I_L \leq I_{0(max)}$，过电压幅值 U_{max} 将随 I_L 的增大而增大，最大的过电压幅值出现在 $i_L = I_L$ 时；若 $I_L > I_{0(max)}$，则最大的 U_{max} 将出现在 $i_L = I_{0(max)}$ 处。近年来的大容量变压器励磁电流减小很多，同时变压器对地电容也有所增大，使过电压降低。

3. 限制过电压的措施

虽然切除空载变压器的过电压幅值较高，但这种过电压持续时间短、能量小，采用避雷器可进行有效的限制。用来限制切除空载变压器过电压的避雷器应装在断路器的变压器侧，否则在切除空载变压器时将使变压器失去避雷器的保护。另外，这组避雷器在非雷雨季节也不能退出运行。

当空载变压器从一侧被切除引起过电压时，其他绕组将通过电磁耦合按电压比关系产生同样倍数的过电压。因此，原则上讲，只要绕组连接方式相同，避雷器安装在任何一侧均可起到同样的保护效果。考虑到一般变压器高压绕组的绝缘裕度较中压和低压绕组低，以及限制大气过电压和其他类型操作过电压的需要，高压侧总是装有避雷器的。

8.2.4 间歇电弧接地过电压

间歇电弧接地过电压发生于中性点不接地（也称中性点绝缘）的系统中，在中性点不

接地系统中发生单相接地，如图 8-17 中所示 A 相接地时，由于中性点对地绝缘，所以 A 相与 C 相、A 相与 B 相通过对地电容 C_2 和 C_3 构成回路，无短路电流流过接地点。此时流过接地点的电流为电容电流 $\dot{I}_K = \dot{I}_2 + \dot{I}_3$（由于容抗很大）；与此同时，系统三相电源电压仍维持对称不变，所以这种系统在一相接地情况下，不必立即切除线路，而中断对用户的供电，运行人员可借助接地指示装置来发现故障并设法找出故障所在并及时处理，这样就大大提高了供电可靠性。

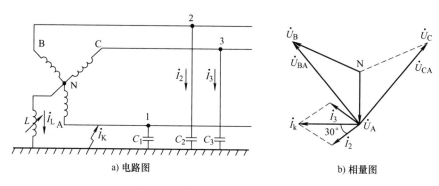

图 8-17　单相接地电路图及相量图

　　然而从另一方面看，中性点不接地系统会带来两个不利影响：① 非故障相的对地相电压升至线电压；② 引起间歇电弧接地过电压。第一个影响作用不会构成对绝缘的危险，因为这些系统的绝缘水平要比线电压高得多。至于第二个影响作用，由于间歇电弧接地过电压幅值高（可能超过绝缘水平）、持续时间长（这类系统允许带单相接地运行 $0.5 \sim 2h$）、出现的概率又相当大，所以对这种过电压须予以充分重视。

　　电力系统中大多数接地故障都伴有电弧发生。中性点不接地系统中单相接地时，这种电弧接地电流就是流过非故障相对地电容的电流。当这种接地电容电流在 $6 \sim 10kV$ 线路中超过 30A，在 $20 \sim 60kV$ 线路中超过 10A（对应线路较长）时，接地电弧不会自行熄灭，又不会形成稳定持续电弧（因为这种电容电流并不足够大），而是表现为接地电流过零时电弧暂时性熄灭，随后在恢复电压作用下又重新出现电弧——电弧重燃，而后又过零暂时熄灭，如此反复，即出现电弧熄灭重燃的不稳定状态，这种电弧称之为间歇性电弧。每次电弧熄灭和重燃的同时，将引起电磁暂态的振荡过渡过程，在过渡过程中会出现过电压，这种过电压就是间歇电弧接地过电压。所以在中性点不接地系统中出现间歇电弧接地过电压的根本原因是接地电弧的间歇性熄灭与重燃。而出现这种间歇性电弧的条件：一是电弧性接地；二是接地电流超过某数值。

　　1. 过电压形成的物理过程

　　多数学者认为电弧的熄灭和重燃时刻是决定过电压的重要因素。电弧电流过零时电弧熄灭，电弧是否重燃取决于电流过零后弧道的恢复电压与介质恢复强度之间的相对关系。系统单相接地时弧道中出现两个电流分量：工频电流和高频电流。在燃弧瞬间弧道中电流为高频电流，高频电流迅速衰减后弧道电流为工频电流。以高频电流第一次过零熄弧为前提进行分析称为高频熄弧理论，按此分析过电压较高。以工频电流过零时熄弧为前提进行分析，称为工频熄弧理论，按此理论分析过电压较低，接近于系统中实测过电压值。

下面采用工频熄弧理论来分析间歇电弧接地过电压的形成。

图 8-17a 为中性点不接地系统中的单相接地故障等效电路图。在这里忽略线间电容，并假设各导线的对地电容相等且等于 C。

设故障点发生于 A 相，而且是正当 A 相电压为幅值 U_φ 时发生，A 相导线电位立即变为零，中性点电位则由零变为 $\dot{U}_N = -\dot{U}_A$，B、C 两相的对地电压均升高到线电压 $\dot{U}_{BA}$、$\dot{U}_{CA}$，这样流过电容 C_2 的电流 $\dot{I}_2$ 比 $\dot{U}_{BA}$ 超前 90°，流过电容 C_3 的电流 $\dot{I}_3$ 比 $\dot{U}_{CA}$ 超前 90°。流过故障点的电流为 $\dot{I}_K = \dot{I}_3 + \dot{I}_2$，相量图如图 8-17b 所示。

由于 $|\dot{I}_2| = |\dot{I}_3| = \sqrt{3}\omega C U_\varphi$，则

$$|\dot{I}_K| = \sqrt{3}|\dot{I}_2| = 3\omega C U_\varphi \propto U_n l$$

式中，U_n 为线路额定电压；l 为线路长度。

由此可知：① 流过故障点的电流 $\dot{I}_K$ 是线路对地电容所引起的电容电流，相位较 $\dot{U}_A$ 滞后 90°。② 故障电流的大小与电网额定电压和线路总长度成正比。

通过以下分析可得出图 8-18 所示的电压发展过程。其中，u_A、u_B、u_C 为三相电源电压；u_1、u_2、u_3 为三相对地电压。

1）$t = t_1$ 瞬间，此时 $u_A = +U_\varphi$ 对地发弧，发弧前瞬间（t_1^-）三相电容上的电压（即三相对地电压）分别等于各相此时的相电压瞬时值，即

$$\left.\begin{array}{l} u_1(t_1^-) = +U_\varphi \\ u_2(t_1^-) = -0.5U_\varphi \\ u_3(t_1^-) = -0.5U_\varphi \end{array}\right\}$$

发弧后瞬间（t_1^+），C_1 上电荷通过电弧泄入地下，电压降为零，健全相电容 C_2、C_3 则通过与线路电感组成的高频振荡回路向线电压 u_{BA}、u_{CA} 的瞬时值过渡，此时线电压的瞬时值为 $-1.5U_\varphi$，因此三相导线电压经过高频振荡后的稳态值为

$$\left.\begin{array}{l} u_1(t_1^+) = 0 \\ u_2(t_1^+) = -1.5U_\varphi \\ u_3(t_1^+) = -1.5U_\varphi \end{array}\right\}$$

在振荡过程中健全相导线上可能达到的最大电压值均为

$$u_{2m}(t_1) = u_{3m}(t_1) = 2u_2(t_1^+) - u_2(t_1^-) = -2.5U_\varphi$$

2）$t = t_1 \sim t_2$，故障点电流 $\dot{I}_K$ 包含工频分量和高频分量。若在高频电流过零点电弧不熄灭，故障点电弧将持续燃烧半个工频周期，直到工频电流过零时熄灭。在此时段，电容 C_1 电压为零，C_2 和 C_3 上电压分别为 $\dot{u}_{BA}$ 和 $\dot{u}_{CA}$。

3）$t = t_2$ 时，电弧在过零点熄灭，此时三相导线电压初始值为

$$\left.\begin{array}{l} u_1(t_2^-) = 0 \\ u_2(t_2^-) = +1.5U_\varphi \\ u_3(t_2^-) = +1.5U_\varphi \end{array}\right\}$$

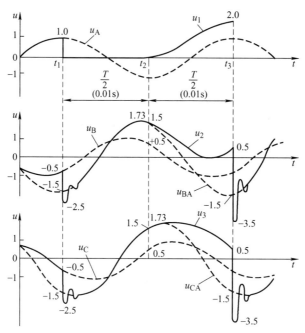

a) 三相导线上的电压波形

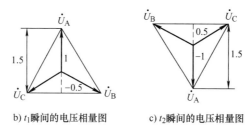

b) t_1瞬间的电压相量图　　c) t_2瞬间的电压相量图

图 8-18　在工频电流过零时熄弧的条件下，断续电弧接地过电压的发展过程

熄弧瞬间，三相导线电容上的电荷重新分配，使三相电容上的电荷均相等，从而使三相导线的对地电位也相等（零输入响应，去掉电源，相当于三个电容器并联）。此等电位为

$$U(t_2) = \frac{0 \times C_1 + 1.5U_\varphi C_2 + 1.5U_\varphi C_3}{C_1 + C_2 + C_3} = U_\varphi$$

可见在故障点熄弧后，三相电容上的电压是由相电压与该直流电压的叠加，可以得到熄弧后电压稳态值分别为

$$\left.\begin{array}{l} u_1(t_2^+) = -U_\varphi + U_\varphi = 0 = u_1(t_2^-) \\ u_2(t_2^+) = 0.5U_\varphi + U_\varphi = +1.5U_\varphi = u_2(t_2^-) \\ u_3(t_2^+) = 0.5U_\varphi + U_\varphi = +1.5U_\varphi = u_3(t_2^-) \end{array}\right\}$$

由于三相电压的稳态值与初始值相同，因此在 t_2 瞬时熄弧将没有振荡出现。

4）再经过半个周期，即 $t = t_3$ 时，故障相电压达到最大值 $2U_\varphi$（即 $U_\varphi + U_\varphi$），故障相再次发弧，电弧重燃前三相电压初始值为

$$u_1(t_3^-) = 2U_\varphi$$
$$u_2(t_3^-) = -0.5U_\varphi + U_\varphi = 0.5U_\varphi$$
$$u_3(t_3^-) = -0.5U_\varphi + U_\varphi = 0.5U_\varphi$$

新的稳态值为

$$u_1(t_3^+) = 0$$
$$u_2(t_3^+) = u_{BA}(t_3) = -1.5U_\varphi$$
$$u_3(t_3^+) = u_{CA}(t_3) = -1.5U_\varphi$$

振荡过程中的最大过电压为

$$u_{2m}(t_3) = u_{3m}(t_3) = 2u_2(t_3^+) - u_2(t_3^-) = -3.5U_\varphi$$

以后每半个周期的熄弧 – 重燃过程与此相同，过电压最大值为 $3.5U_\varphi$。

由此可得：① 两健全相上的最大过电压倍数为 3.5；② 在重燃过程中，故障相等效电容上电荷通过电弧泄入地下，因此故障相上不存在振荡过程，最大过电压倍数为 2.0。

大量试验研究表明，故障点电弧在工频电流过零和高频电流过零时熄灭都是可能的。一般在大气中发生的开放性电弧要到工频电流过零时才能熄灭；在强烈去游离情况下可能在高频电流过零点熄灭，这时分析得到的过电压倍数将比上述大。

电弧的接地所引起的过电压具有统计性质。在实际电网中，由于很多因素的影响，过电压的实测值一般在 $3U_\varphi$ 以下。但是这种过电压持续时间很长，波及范围广，是一种危害性很大的过电压。

2. 限制过电压的措施

为了抑制这种过电压，最根本的方法是不让断续电弧出现，这可以通过改变中性点接地方式来实现。

（1）采用中性点有效接地方式

一般采用中性点直接接地或中性点经小电阻接地方式。这时单相接地故障发生时，会造成很大的单相短路电流，断路器立即动作切断故障，经过一段时间后等故障点电弧熄灭后再自动重合闸，若不成功，则断路器将再次跳闸，不会出现断续电弧现象。110kV 及以上电网均采用这种中性点有效接地方式。这种方式还可以降低绝缘水平。

（2）中性点经消弧线圈接地方式

在中性点有效接地系统中，每次发生单相故障都会引起断路器跳闸，大大降低了供电可靠性。对于低压配电网，大部分采用中性点非有效接地方式，中性点经过消弧线圈接地，以避免断续电弧的出现。

在中性点不接地系统中限制间歇电弧接地过电压的有效措施就是中性点经消弧线圈接地。消弧线圈是一个铁心有气隙的电感线圈，其伏安特性相对来说不易饱和。消弧线圈接在中性点与地之间。下面分析消弧线圈是如何限制（降低）间歇电弧接地过电压的。在原中性点不接地系统的中性点与地之间接上一消弧线圈 L，如图 8-17a 所示。同样假设 A 相发生电弧接地。A 相接地后，流过接地点的电弧电流除了原先的非故障相通过对地电容 C_2、C_3 的电容电流相量和 $\dot{I}_2 + \dot{I}_3$ 之外，还包括流过消弧线圈 L 的电流 $\dot{I}_L$（A 相接地后，消弧线圈上的电压即为 A 相电源电压），根据图 8-17b 所示的相量图分析，$\dot{I}_L$ 与 $\dot{I}_2 + \dot{I}_3$ 相位反向，所以适当选择消弧线圈的电感量 L 值，亦即适当选择电感电流 $\dot{I}_L$ 的值，可使得接地电流 $\dot{I} = \dot{I}_L + (\dot{I}_2 + \dot{I}_3)$ 的数值（称经消弧线圈补偿后的残流）减小到足够小，使接地电弧能很快熄灭，并使弧道的恢复电压上升速率下降而不易重燃，从而限制（降低）了电弧接地过电压。

通常把消弧线圈电感电流补偿系统对地电容电流的百分数称为消弧线圈的补偿度（又称为调谐度），用 K 表示；而将 $1 - K$ 称为脱谐度，用 ν 表示，即

$$K = \frac{I_L}{I_C} = \frac{U_\varphi / \frac{1}{\omega L}}{\omega(C_1 + C_2 + C_3)U_\varphi} = \frac{1}{\omega^2 L(C_1 + C_2 + C_3)} = \frac{\left(\frac{1}{\sqrt{L(C_1 + C_2 + C_3)}}\right)^2}{\omega^2} = \frac{\omega_0^2}{\omega^2}$$

$$\omega_0 = \frac{1}{\sqrt{L(C_1 + C_2 + C_3)}}$$

$$\nu = 1 - K = 1 - \frac{I_L}{I_C} = \frac{I_C - I_L}{I_C} = 1 - \frac{\omega_0^2}{\omega^2}$$

式中，ω_0 为电路的自振角频率。

根据补偿度的不同，消弧线圈可以处于三种不同的运行状态：

1）欠补偿（$I_L < I_C$）。表示消弧线圈的电感电流不足以完全补偿电容电流，此时故障点流过的电流（残流）为容性电流。欠补偿时，$K < 1$，$\nu > 0$。

2）全补偿（$I_L = I_C$）。表示消弧线圈的电感电流恰好完全补偿电容电流。此时消弧线圈并联后的三相对地电容处于并联谐振状态，流过故障点的电流（残流）为非常小的电阻性泄漏电流。全补偿时，$K = 1$，$\nu = 0$。

3）过补偿（$I_L > I_C$）。表示消弧线圈的电感电流不仅完全补偿电容电流而且还有数量超出。此时流过故障点的电流（残流）为感性电流。过补偿时，$K > 1$，$\nu < 0$。

消弧线圈的脱谐度不能太大（补偿度不能太小）。脱谐度太大时，故障点流过的残流增大，且故障点恢复电压增长速度加大，不利于熄弧。脱谐度越小，故障点恢复电压增长速度减小，电弧越容易熄灭。但脱谐度也不能太小，当 ν 趋近于零时，在正常运行时，中性点将发生很大的位移电压。

为了避免危险的中性点电压升高，最好使三相对地电容对称。因此在电网中要进行线路换位。但由于实际上对地电容电流受各种因素影响是变化的，且线路数目也会有所增减，很难做到各相电容完全相等，为此要求消弧线圈处于不完全调谐工作状态。

通常消弧线圈采用过补偿 5% ~ 10% 运行。采用过补偿的原因是，电网发展过程中可以逐渐发展成为欠补偿运行，若采用欠补偿，将会出现随着电网的发展而导致脱谐度过大失去消弧作用的情况；其次，若采用欠补偿，在运行中因部分线路退出而可能形成全补偿，产生较大的中性点电压偏移，有可能引起零序网络中产生严重的铁磁谐振过电压。中性点经消弧线圈接地后，在大多数情况下能够迅速地消除单相的接地电弧而不破坏电网的正常运行，且接地电弧一般不重燃，从而把单相电弧接地过电压限制到不超过 2.5 倍数的数值。

8.3 电力系统绝缘配合

8.3.1 绝缘配合的基本概念和原则

1. 绝缘配合

电力系统中的绝缘包括发、变电所中电气设备的绝缘和线路的绝缘。它们在运行中除了长期承受额定工频电压（工作电压）作用之外，还会受到波形、幅值、持续时间不同的各种过电压（暂时过电压、操作过电压和雷电过电压）的作用。如何确保绝缘能耐受各种电压，尤其是耐受过电压的作用，是保证电力系统可靠运行的一个非常重要的方面，因为绝缘的击穿是造成电力系统停电的主要原因之一。

在设计电力网和电气设备时，要确定各带电部分的绝缘水平（即绝缘强度）。在某一额定电压下，所选择的绝缘水平越低，则投资越省，但是在过电压和工频电压作用下，太低的绝缘水平会导致频繁的闪络和绝缘击穿事故，不能保证电网的安全运行；反过来，绝缘水平过高将使投资大大增加，造成浪费。另一方面，降低和限制过电压可以降低对绝缘水平的要求，降低设备的投资，但过电压保护设备方面的投资将增加。因此，采用何种过电压保护措施和过电压保护设备，使之在不增加过多投资的前提下，既限制了可能出现的高幅值过电压以保证设备安全，使系统可靠地运行，又降低了对输变电设备的绝缘水平的要求并且减少了主要设备的投资费用，这就需要处理好过电压、限压措施、绝缘水平三者之间的协调配合关系。

绝缘配合就是根据设备在电力系统中可能承受的各种电压（正常工作电压及过电压），并考虑过电压的限制措施和设备的绝缘性能后，确定设备的绝缘水平（绝缘耐受强度），以便把作用于电气设备上的各种电压所引起的绝缘损坏降低到经济上和运行能接受的水平。

绝缘配合不仅要在技术上处理好各种电压、各种限压措施和设备绝缘耐受能力三者间的配合关系，还要在经济上协调好投资费用、维护费用和事故损失等三者之间的关系。同时，因为系统中可能出现的各种过电压与电网结构、地区气象条件和污秽条件等密切相关，并具有随机性，而电气设备的绝缘性能以及限压和保护设备的性能也有随机性，因此绝缘配合是个相当复杂的问题，不可孤立地、简单地以某一种情况作出决定。

2. 绝缘配合的原则

第一，电压等级不同的电力系统，绝缘配合原则也有所不同。在各种电压等级的系统中，正常运行条件下的工频电压不会超过系统的最高工作电压，所以系统最高工作电压是绝缘配合的基本参数。然而，其他作用电压在绝缘配合中所起的作用在不同电压等级系统中是不同的，因此在高压电力系统与在超高压电力系统中的绝缘配合具体原则及绝缘耐压试验也有所不同。

对于 220kV 及以下系统，要求把大气过电压限制到低于内过电压的数值是很不经济的，因此在这些系统中电气设备的绝缘水平主要由大气过电压来决定。也就是说，对于 220kV 及以下系统，具有正常绝缘水平的电气设备应能承受内过电压的作用，因此一般不专门采用限制内过电压的措施。限制大气过电压的主要装置是避雷器，这样，绝缘配合时以避雷器的保护水平为基础确定设备的绝缘水平，并保证输电线路具有一定的耐雷水平。

在超高压系统中，操作过电压的幅值因电压等级较高而达到更高的数值，逐渐成为要限压的主要对象。在超高压系统中一般都采取了限制内过电压的措施，如并联电抗器、带并联电阻的断路器及氧化锌避雷器。由于对过电压限制措施的要求不同，绝缘配合就有两种不同的原则。一种以前苏联为代表，主要采用复合型避雷器和氧化锌避雷器限制操作过电压，绝缘配合时以避雷器在操作过电压下的保护特性为基础确定设备的绝缘水平；另一种以美国、日本、法国等为代表，通过改进断路器性能（如并联电阻）将操作过电压限制到规定水平，避雷器作为操作过电压的后备保护以免出现避雷器的频繁动作。这样，设备绝缘水平是由避雷器在大气过电压下保护特性为基础确定的。我国采用后一种原则。

第二，绝缘配合时在技术上要力求做到作用电压与设备绝缘全伏秒特性的配合。这可通过避雷器伏秒特性与设备绝缘伏秒特性的配合来实现将过电压限制在设备绝缘耐受强度以下。实际的绝缘耐压试验只能在某几种波形的电压下进行，因此所谓全伏秒特性配合，实际上是在伏秒特性曲线上的某几点进行协调。

第三，为了兼顾到设备造价、运行费用和停电损失等综合经济效益，绝缘配合的具体实施也要因系统结构、地区、发展阶段的不同而有所差异。过电压的大小与系统结构密切相关，而且同一系统中不同地点的过电压水平亦有差异，造成事故的后果也是不同的。因此，从经济方面考虑，对同一电压等级，不同地点、不同类型的设备，允许选择不同的绝缘水平。不同的发展阶段也允许根据实际情况选择不同的绝缘水平。

第四，对于输电线路的绝缘水平，一般不需要考虑其与变电所绝缘水平的配合。例如，若降低线路绝缘水平以与变电所绝缘水平相配合，则会使线路事故大增。

3. 绝缘水平

所谓某一电压等级电气设备的绝缘水平，就是指该设备可以承受（不发生闪络、击穿或其他损坏）的试验电压标准。这些试验电压标准在各国的国家标准中都有明确的规定。考虑到电气设备在运行时要承受运行电压、工频过电压、大气过电压及内部过电压的作用，在试验电压标准中分别规定了各种电气设备绝缘的工频试验电压（1min）（对外绝缘还规定了干闪、湿闪电压）、雷电冲击试验电压及操作冲击试验电压。考虑到在运行电压和工频过电压作用下绝缘的老化和外绝缘的污秽性能，还规定了某些设备的长时间工频试验电压。

对 220kV 及以下电压等级的电气设备，往往用 1min 工频耐压试验代替雷电冲击与操作冲击耐压试验。之所以能用 1min 工频试验电压作用来代替操作过电压及大气过电压的作用，这是因为：

1）工频试验电压作用时间长，对设备绝缘的考验更严格。

2）试验方便。

3）工频耐压试验电压值是按图 8-19 所示流程确定的。

其中，β_1 为雷电冲击系数，$\beta_1 = \dfrac{雷电冲击耐受电压}{等效工频耐受电压}$；$\beta_2$ 为操作冲击系数，

$\beta_2 = \dfrac{操作冲击耐受电压}{等效工频耐受电压}$。

这样，工频试验电压实际上代表了绝缘对内、外过电压的总耐受水平。一般除了型式试

验要进行冲击耐压试验外，只
要能通过工频耐压试验就认为
在运行中遇到内外过电压都能
保证安全。

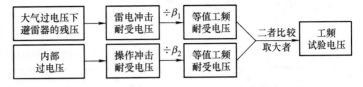

图 8-19　确定工频耐压试验电压值的流程图

必须指出，对超高压电气
设备而言，普遍认为用工频耐
压试验代替操作冲击耐压试验是不恰当的。首先，对超高电压等级，用 1min 工频试验电压
代替操作过电压对绝缘可能要求过高，且二者等价性不能确切肯定；其次，操作波对绝缘的
作用有其特殊性，在绝缘内部的电压分布与在工频电压下时各不相同。因此，对超高压电气
设备还规定了操作波试验电压。

8.3.2　绝缘水平的确定

1. 确定绝缘水平的方法

绝缘配合的核心问题是要确定电气设备、线路的绝缘水平。确定绝缘水平有惯用法、统
计法和简化统计法三种方法。惯用法是按作用在绝缘上的"最大过电压"和"最小绝缘强
度"的概念进行配合的。即首先确定设备或线路上可能出现的最危险的过电压，然后根据
运行经验乘上一个考虑各种因素影响和一定裕度的系数，确定出绝缘应耐受的电压水平，即
绝缘水平。由于电压幅值及绝缘强度都是随机变量，很难找到一个严格的规则去估计它们
的上限和下限，因此，用惯用法确定绝缘水平常有较大裕度，也无法预估绝缘的故障率。惯
用法对自恢复绝缘和非自恢复绝缘都是适用的，是目前除了超高压系统自恢复绝缘部分之外
主要采用的方法。统计法根据过电压幅值和绝缘强度都是随机变量的实际情况，在已知过电
压幅值和绝缘闪络电压统计特性的前提下，用计算方法求出绝缘闪络的概率和线路跳闸率，
在技术、经济比较的基础上，确定合理的绝缘水平。统计法的主要困难在于随机因素较多，
而且某些随机因素的统计规律还有待于资料的累积与认识。简化统计法则对过电压和绝缘特
性的统计规律做一些允许的假定，如假定为正态分布并已知其标准偏差。根据这些过电压及
绝缘特性的概率分布曲线，过电压及绝缘耐受电压就与概率——对应，在此基础上就可以计
算出绝缘的故障率。统计法和简化统计法至今只能用于自恢复绝缘，主要用于输变电设备的
外绝缘。

2. 线路绝缘水平的确定

线路绝缘所处的情况与变电所内的电气设备不同。线路上发生的事故主要是绝缘子串的
沿面放电和导线对杆塔或导线与导线间空气间隙的击穿。在确定线路绝缘水平时，就要确定
线路绝缘子串的长度和确定导线间及导线与杆塔间的空气间隙。

线路绝缘子串每串的绝缘子个数（根据机械负载先选定绝缘子的型式）是按工作电压
下所要求的泄漏距离来确定的。然后再按内、外过电压的要求进行校验。计算时常用到单位
泄漏距离，即泄漏比距 S（cm/kV）

$$S = \frac{n\lambda}{U_N}$$

式中，n 为每串绝缘子的个数；λ 为每片绝缘子的泄漏距离（cm）；U_N 为线路的额定电压
（kV）。

确定每串绝缘子个数时，必须使 $S \geqslant S_0$（最小泄漏比距），否则闪络事故严重。而 S_0 则根据地区污秽等级的不同有不同的规定值，见表 8-2。对一般非污秽地区取 $S_0 \geqslant 1.6 \text{cm/kV}$。

表 8-2 不同污秽等级下的最小泄漏比距 S_0

外绝缘污秽等级	最小泄漏（爬电）比距/（cm/kV）	
	线 路	电站设备
0	1.39	1.48
1	1.6	1.6
2	2.0	2.0
3	2.5	2.5
4	3.1	3.1

由 $S \geqslant S_0$ 可得出每串的绝缘子个数

$$n \geqslant \frac{S_0 U_N}{\lambda}$$

表 8-3 给出了海拔 1000m 以下非污秽地区线路选用 X－4.5 型悬式绝缘子时，每串绝缘子个数的计算结果，从表中可以看出在非高海拔的清洁地区，按不同要求所决定的每串绝缘子的个数基本相同。

表 8-3 不同要求下每串绝缘子需要的绝缘子数量

线路额定电压/kV	35	110	220	330
中性点接地方式	不直接接地		直接接地	
按工作电压下泄漏比距要求决定	2	6～7	13	19
按内部过电压下湿闪要求决定	3	7	12～13	17～18
按大气过电压下耐雷水平要求决定	3	7	13	19
实际采用值	3	7	13	19

我国 500kV 线路绝缘子串每串绝缘子个数是按操作过电压决定的，要求在内部过电压下不应引起绝缘闪络。

线路的空气间隙主要有导线对大地、导线对导线、导线对避雷线、导线对杆塔和横担。导线对地面的高度主要是考虑穿越导线下面的最高物体与导线间的安全距离，在超高压下，还应考虑地面物体的静电感应问题。导线间的距离主要是考虑导线弧垂的最低点在风力的作用下，当发生导线摇摆时的最小间隙应能耐受工作电压。因这种极端的摇摆现象很少发生，所以在电压等级较低时，就以不碰线为原则来决定。导线与避雷线的间隙是以雷击避雷线档距中央不引起对导线的空气间隙击穿的原则来决定的。因此，线路上的空气间隙主要是确定导线与杆塔的间距问题。

3. 电气设备试验电压的确定

电气设备包括电机、变压器、电抗器、断路器、互感器等，这些设备的绝缘包括内绝缘和外绝缘两部分。内绝缘是指密封在箱体内的部分，它们与大气隔离，其耐受电压值基本上与大气条件无关，但应注意内绝缘中所使用的固体绝缘，在过电压的多次作用下会出现累积效应而使绝缘强度下降，故在决定其绝缘水平时须留有裕度。外绝缘指暴露于空气中的绝缘

（如套管表面），其耐受电压与大气条件有很大的关系。

变电所内电气设备的绝缘水平与过电压保护设备（避雷器）的性能、接线方式和绝缘配合原则有关。避雷器对电气设备的保护可以有两种方式：

1）避雷器只用来保护大气过电压而不用来保护内部过电压。我国对 220kV 及以下电压等级的系统采用这种方式。在这些系统中，内过电压对正常绝缘无危险，避雷器在内过电压下不动作。

2）避雷器主要用来保护大气过电压，但也用作内过电压的后备保护，我国对超高压系统采用这种方式。在这些系统中，依靠改进断路器的性能（如并联分、合闸电阻）将内过电压限制到一定水平，在内过电压作用下，避雷器一般不动作，只在极少情况下，内过电压值超过规定的水平时，避雷器才动作，此时避雷器对内过电压而言，作为后备保护用。

电气设备绝缘耐受大气过电压（即雷电冲击电压）的能力称为电气设备的基本冲击绝缘水平（BIL）。电气设备绝缘耐受操作过电压（即操作冲击电压）的能力称为电气设备的操作冲击绝缘水平（SIL）。它们分别是设备绝缘能耐受的雷电和操作冲击电压值，也分别是耐压试验时的雷电冲击耐压试验电压值和操作冲击耐压试验电压值。上面已指出，对 220kV 及以下的电气设备，其操作冲击绝缘水平是用等效工频试验电压，即工频绝缘水平来代替的，并且，这种工频试验电压实际上是由电气设备的基本冲击绝缘水平和操作冲击绝缘水平共同决定的总的绝缘水平。电气设备的各种耐压试验电压都是以避雷器在雷电冲击电压与操作冲击电压下的残压为基础来决定的。

根据我国电力系统发展情况及电器制造水平，结合我国运行经验，并参考 IEC 推荐的绝缘配合标准，我国国家标准对各电压等级电气设备的试验电压作了具体规定，见表8-4。

表 8-4　3～500kV 输变电设备基准绝缘水平

额定电压	最高工作电压	额定操作冲击耐受电压		额定雷电冲击耐受电压		额定短时工频耐受电压	
（kV，有效值）	（kV，有效值）	（kV，峰值）	相对地过电压（p.u.）	（kV，峰值）		（kV，有效值）	
				I	II	I	II
3	3.5	—	—	20	40	10	18
6	6.9	—	—	40	60	20	23
10	11.5	—	—	60	75	28	30
15	17.5	—	—	75	105	38	40
20	23.0	—	—	—	125	—	50
35	40.5	—	—	—	185/200*	—	80
110	126.0	—	—	—	450/480*	—	185
220	252.0	—	—	—	850	—	360
		—	—	—	950	—	395
330	363.0	850	2.85	—	1050	—	(460)
		950	3.19	—	1175	—	(510)
500	550.0	1050	2.34	—	1425	—	(630)
		1175	2.62	—	1550	—	(680)

注　1. 带 * 的数值，仅用于变压器类设备的内绝缘。

　　2. 括号内的短时工频耐受电压值，仅供参考。

思考题与习题

1. 内部过电压有哪些类型？各有什么特点？

2. 为什么在超高压电力系统中很重视工频电压升高？引起工频电压升高的主要原因有哪些？

3. 试分析空载长线路电容效应引起工频电压升高的过程。

4. 铁磁谐振过电压是怎样产生的？与线性谐振相比，有何不同特点？

5. 试分析电磁式电压互感器引起基波铁磁谐振过电压的原因及其抑制措施。

6. 产生断线过电压的条件是什么？如何限制和消除？

7. 空载线路合闸过电压产生的原因及其影响因素是什么？

8. 切除空载线路与切除空载变压器时产生过电压的原因有何不同？断路器灭弧性能对这两种过电压有何影响作用？

9. 带并联电阻的断路器为何可限制空载线路合闸过电压和分闸过电压？分、合闸时如何操作？

10. 用等效电路及相量图分析说明消弧线圈的作用并说明为何通常采用过补偿的补偿度？

11. 何为绝缘配合？何为电气设备的绝缘水平？

12. 电力系统绝缘配合的原则是什么？

13. 内部过电压按照其产生原因可以分为（　　　　）。

（a）操作过电压和工频过电压　　　　　　（b）操作过电压和谐振过电压

（c）操作过电压和暂时过电压　　　　　　（d）操作过电压和雷电过电压

14. 过电压幅值为 U_1，系统线电压为 U_2，相电压为 U_3，系统最高运行相电压为 U_4，则内部过电压倍数为（　　　　）。

（a）U_1/U_2　　　　（b）U_1/U_3　　　　（c）U_1/U_4　　　　（d）以上答案都不是

15. 随电源容量减少，空载长线的电容效应（　　　　）。

（a）变显著　　　　（b）变不显著　　　　（c）不变　　　　（d）不确定

16. 限制空载长电路电容效应导致工频电压升高现象的措施为（　　　　）。

（a）避雷器　　　　（b）并联电容　　　　（c）并联电抗　　　　（d）串联电抗

17. 下面不属于操作过电压的是（　　　　）。

（a）空载线路合闸过电压　　　　　　（b）切断空载线路过电压

（c）切断空载变压器过电压　　　　　　（d）发电机突然甩负荷引起的过电压

18. 间歇电弧接地过电压产生的根本原因是（　　　　）。

（a）电弧时燃时灭　　　　　　（b）断路器重燃

（c）避雷器失效　　　　　　（d）产生电弧

19. 空载线路分闸过电压产生的根本原因是（　　　　）。

（a）储存的电磁能量在 LC 回路中振荡

（b）断路器重燃

（c）避雷器失效

（d）以上原因都不是

第8章自测题

附　　录

一球接地时，标准球隙放电电压表

$t = 20℃，P = 1.013 \times 10^5 Pa$ （单位：kV）

球隙/cm	球直径/cm											
	2	5	6.25	10	12.5	15	25	50	75	100	150	200
0.05	2.8											
0.10	4.7											
0.15	6.4											
0.20	8.0	8.0										
0.25	9.6	9.6										
0.30	11.2	11.2										
0.40	14.4	14.3	14.2									
0.50	17.4	17.4	17.2	16.8	16.8	16.8						
0.60	20.4	20.4	20.2	19.9	19.9	19.9						
0.70	23.2	23.4	23.2	23.0	23.0	23.0						
0.80	25.8	26.3	26.2	26.0	26.0	26.0						
0.90	28.3	29.2	29.1	28.9	28.9	28.9						
1.0	30.7	32.0	31.9	31.7	31.7	31.7	31.7					
1.2	(35.1)	37.6	37.5	37.4	37.4	37.4	37.4					
1.4	(38.5)	42.9	42.9	42.9	42.9	42.9	42.9					
1.5	(40.0)	45.5	45.5	45.5	45.5	45.5	45.5					
1.6		48.1	48.1	48.1	48.1	48.1	48.1					
1.8		53.0	53.5	53.5	53.5	53.5	53.5					
2.0		57.5	58.5	59.0	59.0	59.0	59.0	59.0	59.0			
2.2		61.5	63.0	64.5	64.5	64.5	64.5	64.5	64.5			
2.4		65.5	67.5	69.5	70.0	70.0	70.0	70.0	70.0			
2.6		(69.0)	72.0	74.5	75.0	75.5	75.5	75.5	75.5			
2.8		(72.5)	76.0	79.5	80.0	80.5	81.0	81.0	81.0			
3.0		(82.5)	79.5	84.0	85.0	85.5	86.0	86.0	86.0	86.0		
3.5		(88.5)	(87.5)	95.5	97.0	98.0	99.0	99.0	99.0	99.0		
4.0			(95.0)	105	108	110	112	112	112	112		

（续）

球隙/cm	球直径/cm											
	2	5	6.25	10	12.5	15	25	50	75	100	150	200
4.5			(101)	115	119	122	125	125	125	125		
5.0			(107)	123	129	133	137	138	138	138	138	
5.5				(131)	138	143	149	151	151	151	151	
6.0				(138)	146	152	161	164	164	164	164	
6.5				(144)	(154)	161	173	177	177	177	177	
7.0				(150)	(161)	169	184	189	190	190	190	
7.5				(155)	(168)	177	195	202	203	203	203	
8.0					(174)	(185)	206	214	215	215	215	
9.0					(185)	(198)	226	239	240	241	241	
10					(195)	(209)	244	263	265	266	266	266
11						(219)	261	286	290	292	292	292
12						(229)	275	309	315	318	318	318
13							(289)	331	339	342	342	342
14							(302)	353	363	366	366	366
15							(314)	373	387	390	390	390
16							(326)	392	410	414	414	414
17							(337)	411	432	438	438	438
18							(347)	429	453	462	462	462
19							(357)	445	473	486	486	486
20							(366)	460	492	510	510	510
22								489	530	555	560	560
24								515	565	595	610	610
26								(540)	600	635	655	660
28								(565)	635	675	700	705
30								(585)	665	710	745	750
32								(605)	695	745	790	795
34								(625)	725	780	835	840
36								(640)	750	815	875	885
38								(655)	(775)	845	915	930
40								(670)	(800)	875	955	975
45									(850)	945	1050	1080
50									(895)	(1010)	1130	1180
55									(935)	(1060)	1210	1260

（续）

球隙/cm	球直径/cm											
	2	5	6.25	10	12.5	15	25	50	75	100	150	200
60									(970)	(1110)	1280	1340
65										(1160)	1340	1410
70										(1200)	1390	1480
75										(1230)	1440	1540
80											(1490)	1600
85											(1540)	1660
90											(1580)	1720
100											(1660)	1840
110											(1730)	(1940)
120											(1800)	(2020)
130												(2100)
140												(2180)
150												(2250)

注：1. 本表不适用于 10kV 以下的冲击电压。

2. 对球隙距离大于 0.5D 时，括号里的数字的准确度较低。

附表 B　正极性冲击放电电压（峰值）

$t = 20℃$，$P = 1.013 \times 10^5 Pa$　　　　（单位：kV）

球隙/cm	球直径/cm											
	2	5	6.25	10	12.5	15	25	50	75	100	150	200
0.05												
0.10												
0.15												
0.20												
0.25												
0.30	11.2	11.2										
0.40	14.4	14.3	14.2									
0.50	17.4	17.4	17.2	16.8	16.8	16.8						
0.60	20.4	20.4	20.2	19.9	19.9	19.9						
0.70	23.2	23.4	23.2	23.0	23.0	23.0						
0.80	25.8	26.3	26.2	26.0	26.0	26.0						

（续）

球隙/cm	球直径/cm											
	2	5	6.25	10	12.5	15	25	50	75	100	150	200
0.90	28.3	29.2	29.1	28.9	28.9	28.9						
1.0	30.7	32.0	31.9	31.7	31.7	31.7	31.7					
1.2	(35.1)	37.8	37.6	37.4	37.4	37.4	37.4					
1.4	(38.5)	43.3	43.2	42.9	42.9	42.9	42.9					
1.5	(40.0)	46.2	45.9	45.5	45.5	45.5	45.5					
1.6		49.0	48.6	48.1	48.1	48.1	48.1					
1.8		54.5	54.0	53.5	53.5	53.5	53.5					
2.0		59.5	59.0	59.0	59.0	59.0	59.0	59.0	59.0			
2.2		64.5	64.0	64.5	64.5	64.5	64.5	64.5	64.5			
2.4		69.0	69.0	70.0	70.0	70.0	70.0	70.0	70.0			
2.6		(73.0)	73.5	75.5	75.5	75.5	75.5	75.3	75.5			
2.8		(77.0)	78.0	80.0	80.5	80.5	81.0	81.0	81.0			
3.0		(81.0)	82.0	85.5	85.5	85.5	86.0	86.0	86.0	86.0		
3.5		(90.0)	(91.5)	97.5	98.0	98.5	99.0	99.0	99.0	99.0		
4.0		(97.5)	(101)	109	110	111	112	112	112	112		
4.5			(108)	120	122	124	125	125	125	125		
5.0			(115)	130	134	136	138	138	138	138	138	
5.5				(139)	145	147	151	151	151	151	151	
6.0				(148)	155	158	163	164	164	164	164	
6.5				(156)	(164)	168	175	177	177	177	177	
7.0				(163)	(173)	178	187	189	190	190	190	
7.5				(170)	(181)	187	199	202	203	203	203	
8.0				(189)	(196)	211	214	215	215	215	215	
9.0				(203)	(212)	233	239	240	241	241	241	
10				(215)	(226)	254	263	265	266	266	266	266
11					(238)	273	287	290	292	292	292	292
12					(249)	291	311	315	318	318	318	318
13						(308)	334	339	342	342	342	342
14						(323)	357	363	366	366	366	366
15						(337)	380	387	390	390	390	390
16						(350)	402	411	414	414	414	414
17						(362)	422	435	438	438	438	438
18						(374)	442	458	462	462	462	462

（续）

球隙/cm	球直径/cm											
	2	5	6.25	10	12.5	15	25	50	75	100	150	200
19							(385)	461	482	486	486	486
20							(395)	480	505	510	510	510
22								510	545	555	560	560
24								540	585	600	610	610
26								570	620	645	655	666
28								(595)	660	685	700	705
30								(620)	695	725	745	750
32								(640)	725	760	790	795
34								(660)	755	795	835	840
36								(680)	785	830	880	885
38								(700)	(810)	865	925	935
40								(715)	(835)	900	965	980
45									(890)	980	1060	1090
50									(940)	1040	1150	1190
55									(985)	(1100)	1240	1290
60									(1020)	(1150)	1310	1380
65										(1200)	1380	1470
70										(1240)	1430	1550
75										(1280)	1480	1620
80											(1530)	1690
85											(1580)	1760
90											(1630)	1820
100											(1720)	1930
110											(1790)	(2030)
120											(1860)	(2120)
130												(2200)
140												(2280)
150												(2350)

注：对球隙距离大于 0.5D 时，括号里的数字的准确度较低。

参 考 文 献

[1] 刘振亚. 特高压交直流电网 [M]. 北京：中国电力出版社，2013.

[2] 赵智大. 高电压技术 [M]. 北京：中国电力出版社，2013.

[3] 吴广宁. 高电压技术 [M]. 北京：机械工业出版社，2016.

[4] 林福昌. 高电压工程 [M]. 北京：中国电力出版社，2016.

[5] 严璋，朱德恒. 高电压绝缘技术 [M]. 北京：中国电力出版社，2015.

[6] 梁曦东，周远翔，曾嵘. 高电压工程 [M]. 北京：清华大学出版社，2015.

[7] 屠志健，张一尘. 电气绝缘与过电压 [M]. 北京：中国电力出版社，2009.

[8] 施围，邱毓昌，张乔根. 高电压工程基础 [M]. 北京：机械工业出版社，2006.

[9] 唐矩. 高电压工程基础 [M]. 北京：中国电力出版社，2018.

[10] 张仁豫，陈昌渔，王昌长. 高电压试验技术 [M]. 北京：清华大学出版社，2009.

[11] 张一尘. 高电压技术 [M]. 北京：中国电力出版社，2015.

[12] 沈其工，方瑜，周泽存，等. 高电压技术 [M]. 北京：中国电力出版社，2012.

[13] 小崎正光. 高电压与绝缘技术 [M]. 李福寿，金之俭译. 北京：科学出版社，2001.

[14] M S NAIDU，等. 高电压工程 [M]. 肖登明，等译. 北京：中国电力出版社，2019.

[15] 关根志. 高电压工程基础 [M]. 北京：中国电力出版社，2003.

[16] 文远芳. 高电压技术 [M]. 武汉：华中科技大学出版社，2001.

[17] 华中工学院，上海交通大学. 高电压试验技术 [M]. 北京：水利电力出版社，1983.

[18] 解广润. 电力系统过电压 [M]. 北京：水利电力出版社，1985.

[19] 唐兴祚. 高电压技术 [M]. 重庆：重庆大学出版社，2003.

[20] 全国高电压试验技术和绝缘配合标准化技术委员会. 高电压试验技术第1部分　一般定义及试验要求：GB/T 16927.1—2011 [S]. 北京：中国标准出版社，2011.

[21] 中国电力科学研究院. 交流电气装置的过电压保护和绝缘配合设计规范：GB/T 50064—2014 [S]. 北京：中国计划出版社，2014.

[22] 全国绝缘材料标准化技术委员会. 电气绝缘耐热性分级：GB/T 11021—2007 [S]. 北京：中国标准出版社，2008.